红树林
之城
湛江

施保国◎主编

叶继海　刘锴栋◎副主编

暨南大学出版社
JINAN UNIVERSITY PRESS

中国·广州

图书在版编目（CIP）数据

红树林之城：湛江 / 施保国主编；叶继海，刘锴
栋副主编. -- 广州：暨南大学出版社，2024. 12.
ISBN 978-7-5668-3987-9

Ⅰ. S796

中国国家版本馆 CIP 数据核字第 2024B4R524 号

红树林之城：湛江
HONGSHULIN ZHI CHENG：ZHANJIANG

主　编：施保国
副主编：叶继海　刘锴栋

出 版 人：阳　翼
责任编辑：冯　琳　雷晓琪
责任校对：孙劭贤　王雪琳
责任印制：周一丹　郑玉婷

出版发行：暨南大学出版社（511434）
电　　话：总编室（8620）31105261
　　　　　营销部（8620）37331682　37331689
传　　真：（8620）31105289（办公室）　37331684（营销部）
网　　址：http：//www. jnupress. com
排　　版：广州市新晨文化发展有限公司
印　　刷：佛山市浩文彩色印刷有限公司
开　　本：787mm×1092mm　1/16
印　　张：15. 5
字　　数：296 千
版　　次：2024 年 12 月第 1 版
印　　次：2024 年 12 月第 1 次
定　　价：79. 80 元

序　言

拓展红树林之城建设的多维空间

　　湛江，这座被誉为"红树林之城"的城市，以其丰富的红树林资源和独特的生态环境、人文优势而闻名。湛江通过打造"红树林之城"的特色品牌、守护好"国宝红树林"、探寻"红树林之城"的高质量发展密码、形成"五融合""五进"的科普建设模式以及拓展红树林生态文明建设的国际意蕴等多方面，拓展红树林之城建设的多维空间。

　　打造"红树林之城"特色品牌。为深入贯彻习近平生态文明思想，推动湛江红树林保护利用，走生态优先、绿色低碳的高质量发展之路，发挥湛江作为红树林面积全国最大、分布最集中，红树林保护底蕴深厚，红树林生物多样性丰富，红树林湿地生态文明建设氛围好等独特优势，打响"红树林之城"特色品牌，让"红树林之城"成为广东生态建设的新名片、绿美中国现代文明的新亮点，中共湛江市委、湛江市人民政府于 2021 年 12 月印发《湛江市建设"红树林之城"行动方案（2021—2025 年）》。方案明确了"红树林之城"建设的总体要求、重点任务和保障措施。岭南师范学院主动参与和服务湛江红树林生态保护的实践，在高校中率先建立红树林研究院，组建红树林生态文明建设科普基地，举办首届岭南红树林学术论坛，为湛江建设"红树林之城"提供人才、科技和文化支撑，为区域高质量发展贡献绿色动能，为拓展"红树林之城"特色品牌空间，为中国式现代化的绿色发展提供教育界的智慧和力量。

守护好"国宝"红树林。2023年4月，习近平总书记视察广东视察湛江，在考察湛江麻章金牛岛红树林片区时指出："这片红树林是国宝，要像爱护眼睛一样守护好。"习近平总书记关于红树林保护的重要论述为中国式现代化生态文明建设提供了指导，极大鼓舞了红树林保护发展的信心。作为广东省社会科学普及基地的岭南师范学院红树林生态文明建设科普基地深入践行习近平生态文明思想，按照习近平总书记关于红树林保护发展的要求，积极担当、勇于探索，开展了一系列科普实践和学术活动。基地主任施保国教授首次提出"国宝"红树林的五色五景、十大神奇、十种生态、十种经济等，推动研究和发掘"国宝"红树林的湿地生态、生产生态、生活生态、人文生态、经济生态、廉洁生态、生活生态、精神生态、教育生态、国际生态等丰富内涵，取得了较好的社会反响。研究成果在中宣部"学习强国"、光明网、《中国社会科学报》、中国理论网、马克思主义研究网、中国环境、"南方＋"、《湛江日报》等登载，在挖掘红树林的人文优势及精神内涵、助力湛江红树林湿地生态文明建设研究、宣传推广"红树林之城"的文化建设等方面取得成果，拓展了红树林生态文明建设的现代空间。基地被评为"2023年度全国社科组织先进单位"。

探寻"红树林之城"高质量发展的密码。2024年6月，在岭南师范学院举行的2024年湛江市社会科学普及周主题日活动掀起了绿美旋风。科普展览解密"红树林之城"的"生态密码"，科普短片聚智守护"国宝"红树林，科普讲座解读"红树林之城"高质量发展的"金钥匙"，生物博物馆展现生态魅力，科普食品红树林"微藻香蕉"让人既饱眼福又饱口福。精彩纷呈的科普活动展现社会科学融合自然科学的魅力，助力"红树林之城"精彩"湛"放。详细解读"国宝"红树林与"百千万工程"的十种经济关系，促进红树林与现代企业、红树林与生态价值、红树林与渔业、红树林与养殖业、红树林与林业、红树林与药业、红树林与旅游业、红树林与餐饮业、红树林与文化事业、红树林与体育产业等融合发展，拓展红树林与经济社会发展的链接空间。红树林之城的生态密码，也是红树林之城高质量发展的密码。

形成"五融合""五进"的科普建设模式。基地探索形成"五融合"的科普建设定位：一是融合多方面人才，共同推进红树林科普及研究，融合人文科学与社会科学人才。二是把红树林科普和生态文明建设融合起来，依托红树林保护区、生态公园、学校等场所开展活动，宣传习近平生态文明思想，普及红树林科学知识、生态文明知识。三是融合红树林自然科学探索与社会科学研究，一体化推进科学研究与普及提高。四是融合"百千万工程"推进与"五进"举措，开展一系列科普实践和学术活动。五是融合红树林人文精神研究与经济社会发展，挖掘红树林的人文优势及精神内涵，推动红树林生态文明建设研究，助力美丽中国建设。"五进"的科普路径，即推进习近平生态文明思想和红树林科普"进校园""进机关""进企业""进社区""进农村"。一为进校园，开设"红树林研究"专题课程，打造红树林生态文明建设精品课程；二为进机关，宣讲红树林科普知识专题，在理论宣讲活动中融入红树林科普知识；三为进企业，以红树林文化丰富企业文化，服务现代企业发展；四为进社区，发放"红树林科普资源包"，发动社区群众践行生态文明思想；五为进农村，通过大学生"三下乡"等活动，推动红树林科普活动在农村有效开展。以多种方式方法拓展红树林的科普空间，营造全社会共同守护"国宝"红树林的良好氛围。

拓展红树林生态文明建设的国际意蕴。鉴于红树林保护的重要性、紧迫性，国际社会已采取积极行动，对全球范围内的红树林开展保护合作与可持续开发利用。以联合国为代表的国际组织发起的有关红树林全球合作行动与项目众多，有代表性的协议和议程有：《生物多样性公约》、《联合国气候变化框架公约》和联合国森林论坛以及政府间环境公约，如《湿地公约》等。2023 年 11 月，我与基地成员一同前往法国、德国调研，在与多所高校研讨交流时，以生态文明及红树林生态文明建设作为议题，得到了较为广泛的认同。拓展红树林生态文明建设的国际意蕴，为打造绿色"一带一路"、建设绿色家园作出积极探索。

欣闻基地二十多位成员合作完成的《红树林之城：湛江》即将出版。全书以系统观念为方法论，对红树林与湛江经济、政治、文化、社会、生态、教育、人文精神、"双碳"、生物多样性发展等方面展开研究，对湛江打造"红树林之城"的特色品牌、守护好"国宝红树林"、探寻"红树林之城"的高质量发展密码、形成"五融合""五进"的科普建设模式以及拓展红树林生态文明建设的国际意蕴等方面进行呼应。本书在理论与实践相结合、地域性与全局性相结合的基础上，开辟了一些新视角，探索科学普及与学术研究、生态保护与经济社会发展的互动关系，具有一定的时代意义和价值，值得期待。

是为序。

兰艳泽

2024 年 10 月 2 日

（兰艳泽，广东省政协委员，广东财经大学教授，岭南师范学院原党委书记）

目 录

绪　论

施保国①

地球上的生命物种历经数十亿年的演化、发展，经历生命大爆发时代及第一次物种大灭绝、鱼类时代及第二次物种大灭绝、森林时代及第三次物种大灭绝、鳄类时代及第四次物种大灭绝、恐龙时代及第五次物种大灭绝共五次物种大灭绝，到人类的产生与人类文明的形成与演化，以残酷的方式呈现着生命进化、文明发展的规律，昭示着海洋生命、天空生命、陆地生命、人类生命的内在关系，生物多样性与人类文明的紧密联系。自古以来，人们不得不长久思考生命与自然、人与自然、文明与自然紧密相连的逻辑关系。16万年前，位于广东湛江的湖光岩地区因火山爆发形成大玛珥湖。目前湖水四周被绿茵茵的植株覆盖，湖底沉积层记录了十几万年的地球演变历史，被视为"天然年鉴"和"自然博物馆"。湖光岩风景区成为生态环境良好的"天然大氧吧"。从生命大灭绝昭示自然的神秘力量，到人类适应、征服、改造自然，以生产力的概念阐释自然的神圣法则，到原始文明、农业文明、工业文明、生态文明以文明的形态塑造天人合一、和谐共生的自然密码，作为自然一部分的人类以思考生命、人类、文明与自然之间的联系为自始至终的准则。生态文明包含了生命、人类、文明的自然内涵，囊括了经济、政治、文化、社会与生态等方方面面，既是历时性的结果和产物，属于更高级别的文明形态，又是共时性的存在和坚守，镌刻着原始文明拙朴敬畏的时代表达。尊重自然、恢复自然的生机与活力是人类孜孜以求的目标。湛江人民一直思考着生态问题并为生态文明建设付出多方面的努力。

在中国大陆最南边的城市——湛江，在南海之滨，在一片片绿意葱葱的红树林笼罩之下，全国面积最大的红树林自然保护区里，弹涂鱼正以优雅的弧线弹奏着潮起潮落、生命种类众多、和谐相处、湿地生态良好的生命乐章。这片汇聚花鸟虫树、鱼虾蟹贝的红树林湿地赋予这座美丽的城市崭新的时代内涵——"红树

① 施保国，岭南师范学院马克思主义学院副院长、教授，研究生学历、哲学博士，广东省红树林生态文明建设科普基地主任、广东省普通高校人文社科重点基地当代中国马克思主义研究中心主任；研究方向：习近平生态文明思想、哲学与当代中国马克思主义研究。

林之城"。2023 年 4 月，习近平总书记视察湛江红树林时指出："这片红树林是'国宝'，要像爱护眼睛一样守护好。"习近平总书记关于红树林的讲话精神为我们课题组提供了极大的研究动力。

一、湛江打造 "红树林之城" 概况

"红树林之城"赋予湛江绿色发展的源动力。湛江打造"红树林之城"的意义和目的是什么？下面主要介绍打造国家级"红树林之城"的意义、湛江打造"红树林之城"的独特优势、湛江"红树林之城"的内涵等。

（一）打造国家级"红树林之城"的意义

湛江打造国家级"红树林之城"的意义主要体现在生态意义、经济意义、文明意义、政治意义等方面。

1. 生态意义

（1）人类生态文明建设的需要。

随着人类文明由原始农业文明发展到工业文明、现代文明，人类对于生态文明建设的呼声越来越高。"二战"后，新一轮科技革命再次掀起发展的浪潮，大量发展中国家步入发展的快车道，全球范围内各国逐步对由发展带来的环境与气候问题、生态问题达成越来越广泛的共识。特别是近年来温室气体排放使温室效应显现，冰山融化、生物多样性锐减、自然灾害增多，全球极端天气频发，对人类生存环境构成严峻挑战。全世界各国更加迫切需要携手，共同践行生态发展理念，尊重自然、保护自然，维护生物多样性，不仅造福于现代人类，也为子孙后代留下福泽。

作为国际重要议题，全球气候问题首次引起关注是在 20 世纪 70 年代。1972 年，联合国成立环境规划署（UNEP）负责全球环境事务，旨在促进环境领域的国际合作，审查世界环境状况，促进环境问题被各国政府重视并得到有效解决，定期审查国际环境政策执行对发展中国家的影响，促进信息交流。环境规划署是首个专门负责环境事务的联合国机构。1992 年，联合国环境和发展大会在里约热内卢召开，通过《联合国气候变化框架公约》。此公约作为全球应对气候变化的基础性文件，要求各缔约方采取有效措施防止人类活动对气候系统造成有害影响，公约的通过标志着国际社会开始正式关注和应对气候变化。

（2）形成全球红树林保护的共识。

"红树林是地球母亲给予人类的礼物。"红树林被称为"护岸卫士""海洋绿

肺""鸟类天堂""鱼虾粮仓",与珊瑚礁、上升流、海岸湿地并称为最有生命力的四大海洋自然生态系统。红树林还与海草床、珊瑚礁同为三大海洋生态系统,与海草床、盐沼同为三大蓝碳系统。红树林位于海洋与陆地的交汇处,可以减少洪水冲击,并发挥天然的防风、防浪屏障作用,它既是森林,又是湿地,兼具森林的"地球之肺"和湿地的"地球之肾"功能。2004年印度洋海啸造成的灾难震惊世界,但是灾后人们发现,泰国拉廊红树林自然保护区在红树林保护下,房屋几乎完好无损,附近居民生活没有受到大的影响;而在数十公里外,没有红树林保护的海岸、村庄、民宅均被夷为平地,70%的居民遇难。据《深圳特区报》的报道,有人以红树林为例算过一笔账:建造防20年一遇风浪的1公里海堤,造价需500万元,而起到同样消浪作用的1公里长20米宽的红树林,造价仅3.6万元。① 除此以外,红树林发达的根系和茂密的枝叶还具有吸附污染物、防治污染物的能力,同时,它可以起到过滤的作用,能净化海水、防止赤潮、保护海水水质,被称为"地球的肾"。从碳汇的角度来说,红树林是空气清洁剂,是"人类的肺"。因此说红树林统揽"海陆空",净化海水、加固土地、清洁空气、澄明天空,对于营造人与自然和谐共生的环境具有重要作用。红树林不仅造福人类,也造福其他物种,它是多种水禽的栖息地和候鸟的"停歇站",是鱼虾蟹贝的天堂。在天然状态下,如果不遭受重大自然灾害,红树林是一个巨大且稳定的生态系统。2015年,《巴黎协定》在联合国气候变化大会上通过,得到全球几乎所有国家认同。"碳达峰""碳中和"成为《巴黎协定》的核心要素。协定要求各国采取行动,努力将升温控制在1.5℃以内,以缓解温室效应给人类带来的负面影响。联合国教科文组织(UNESCO)大会决定,从2015年起,将每年的7月26日定为"国际红树林生态系统日"。2018年,世界自然保护联盟等成立了全球红树林联盟(GMA),推动各国红树林保护的切实行动。目前,全球红树林联盟开展国际合作,绘制高分辨率的全球红树林观察(GMW)地图,识别重要保护地并实现规模化的保护,同时启动变化警报等平台功能,实时跟踪红树林覆盖情况的变化,以便及时应对新的威胁。② 2021年9月,在联合国《生物多样性公约》第十五次缔约方大会非政府组织平行论坛举行期间,中国-东盟红树林保护网络成立,发布红树林保护倡议。

(3)践行习近平总书记关于守护好湛江红树林"国宝"的论述精神。

① 申卫峰:《红树林是地球母亲给予人类的礼物》,《深圳特区报》,2023年2月1日。
② 申卫峰:《红树林是地球母亲给予人类的礼物》,《深圳特区报》,2023年2月1日。

习近平主席在 2020 年 9 月第七十五届联合国大会上提出中国力争在 2030 年以前实现二氧化碳排放量达峰（碳达峰）和 2060 年以前实现碳中和的"双碳"目标。践行"双碳"目标，是中国政府践行绿色发展的新发展理念、推动经济社会绿色转型、促进生态文明发展、建设中华民族现代文明的重大战略决策，也是应对全球气候变化行动时中国政府向世界作出的积极承诺。为实现"双碳"目标，包括推动红树林保护在内的各项环保措施和行动及践行绿色生产生活方式正在富有成效地展开。2022 年在印尼参加 APEC 会议的各国领导人每人栽下一棵红树，表示在红树林保护及红树林对海洋生态和对人类生存方面，各国达成了广泛的共识。

党的十八大以来，习近平总书记对红树林生态修复与生态文明建设多次作出科学指导。2023 年 4 月，习近平总书记视察广东湛江红树林国家级自然保护区的麻章区湖光镇金牛岛红树林片区时强调，这片红树林是"国宝"，要像爱护眼睛一样守护好。要坚持绿色发展，一代接着一代干，久久为功，建设美丽中国，为保护好地球村作出中国贡献。为了在岭南大地深入践行习近平生态文明思想和习近平总书记关于红树林保护与修复重要讲话、重要指示精神，全省上下正落实中共广东省委"1310"部署，将"绿水青山就是金山银山"的理念贯穿生态保护和开发的各领域、全链条，坚持生态优先的发展方向、朝着绿色发展的道路开拓前进，提升发展的"含绿量"，为打造人与自然和谐共生的中国式现代化广东样板作出贡献。① 为了深入践行习近平总书记关于守护好湛江"国宝"红树林的重要指示精神，湛江积极打造"红树林之城"，促进红树林保护与修复，为绿美广东的湛江实践、增色美丽中国的亮丽名片作出积极探索和贡献。习近平总书记的论述极大地鼓舞了湛江人民打造"红树林之城"的信心，全市上下凝心聚力，为"红树林之城"的打造、湛江生态文明的建设、经济社会的高质量发展而团结奋斗。

2. 经济意义

生态文明建设和绿色发展不仅是生态问题，也是重大经济问题。

（1）发展红树林经济。

习近平总书记在 2013 年 4 月到海南考察时指出："良好的生态环境是最公平

---

① 胡建斌：《为打造人与自然和谐共生的现代化广东样板贡献力量》，《中国自然资源报》，2023 年 10 月 16 日。

的公共产品，是最普惠的民生福祉。"① 党的十八大以来，我们党把生态问题摆在全局工作的重要位置，不断深化对生态文明建设规律的认识，形成习近平生态文明思想，把"坚持人与自然和谐共生"纳入新时代坚持和发展中国特色社会主义的基本方略，把"促进人与自然和谐共生"纳入中国式现代化的本质要求，把"美丽中国"纳入社会主义现代化的强国目标，把"绿色"纳入新发展理念。党的十九大把"增强绿水青山就是金山银山的意识"等写进党章，2018 年 3 月，十三届全国人大一次会议通过的宪法修正案，将生态文明写入宪法。党的二十大报告指出，要推动绿色发展、促进人与自然和谐共生。大自然是人类赖以生存和发展的基本条件。尊重自然、顺应自然、保护自然是全面建设社会主义现代化国家的内在要求。必须牢固树立和践行"绿水青山就是金山银山"的理念，站在人与自然和谐共生的高度谋划发展。② 由此可见，经济发展与生态环境具有很强的相关性。21 世纪以来，人们对基于美好生态环境的高质量经济发展的期待值越来越高。良好的生态条件是经济发展的优势资源，挖掘生态价值，创造经济效益和社会效益，使经济发展与生态优化形成良性循环，是新时代经济社会发展的必然要求，也是满足人民日益增长的美好生活需要的必然要求。

近年来，湛江市委、市政府坚持"绿水青山就是金山银山"理念，科学谋划湛江的绿色发展之路，创造性地提出打造"红树林之城"的战略部署，推动将绿水青山转变成金山银山的湛江实践。通过发展思路与发展方式的转型，深度挖掘红树林的生态价值，生态资源的优势得以转化成产业优势，拓宽湛江生态产业化发展道路，创造更多绿色 GDP。一是基于红树林碳汇功能，面向市场开发更多蓝碳交易产品，使红树林变成"金树林"。蓝碳，是指通过蓝色海洋活动及海洋生物吸收大气中的二氧化碳，将其固定、储存在海洋生态系统中的活动过程及机制，也称海洋碳汇或蓝色碳汇。碳汇交易，是依据《联合国气候变化框架公约》中关于二氧化碳排放指标的相关规定，创设的一种可用于抵消人为碳排放当量的虚拟性交易。湛江于 2021 年达成全国第一笔蓝碳交易，必将在此基础上继续开拓，争取更大成绩。红树林具有高于绿色树林数倍的碳汇能力，而湛江拥有规模庞大的红树林，可为我国碳达峰、碳中和目标作出积极贡献。当前，国家已

① 习近平：《最公平的公共产品，最普惠的民生福祉——新时代生态文明建设观察》，《人民日报》，2024 年 7 月 16 日。

② 习近平：《高举中国特色社会主义伟大旗帜，为全面建设社会主义现代化国家而团结奋斗——在中国共产党第二十次全国代表大会上的报告》，北京：人民出版社，2023 年，第 49 - 50 页。

确立"双碳"目标，红树林的碳汇价值必将越发突显。二是发掘红树林生态经济学价值，促进生态旅游经济。湛江要增强对红树林品牌的影响力宣传，融合更多社会力量参与品牌建设，形成品牌效应；加大对红树林的修复保护力度，增加基础设施投入，打造更多红树林休闲观光带，建设红树林湿地公园、休闲栈道，让人们能够走近红树林、观赏红树林、喜欢红树林，为推介红树林旅游产品、发展红树林经济奠定基础。三是发展红树林"种植＋养殖"耦合共生的生态型经济，开发出高附加值的生态产品，拓展湛江绿色发展新路子。① 四是发展红树林文化经济。以挖掘红树林深厚的文化资源为纽带，深度"唤醒"湛江地区历史文化遗产，推进文化产品的市场化运作，立体化湛江的红树林经济模式，丰富其内涵。

（2）推进生产方式绿色转型。

坚持"生态产业化、产业生态化"的发展理念。一方面，推动红树林生态产业化，通过促进碳汇交易，发展红树林经济来促进经济社会发展。另一方面，通过"红树林之城"的打造，推进产业生态化，推动"绿色发展"。党的二十大报告指出，"推动经济社会发展绿色化、低碳化是实现高质量发展的关键环节。加快推动产业结构、能源结构、交通运输结构等调整优化。……加快节能降碳先进技术研发和推广应用，倡导绿色消费，推动形成绿色低碳的生产方式和生活方式"②，使得传统产业转型升级，让降污减排、节能环保成为基本理念。湛江的现代企业以打造"红树林之城"为契机，推动生产方式转型升级。如宝钢湛江公司打造绿色现代化企业梦工厂，中科炼化各项排放指标处于全国同行前列，巴斯夫等企业以零排放为目标，中海油以打造现代清洁能源企业为动力，等等。

3. 文明意义

打造"红树林之城"对于践行习近平生态文明思想具有重要意义。习近平总书记在全国生态环境保护大会正式提出生态文明思想，该思想集中体现为"十个坚持"，其中之一便是"坚持人与自然和谐共生"，二十大报告更是将"人与自然和谐共生"作为中国式现代化的特征。人与自然和谐共生的现代化即生态文明现代化是在人类农业文明、工业文明之后的新文明形态，发掘其丰富内涵，需

---

① 陈红文：《挖掘红树林生态价值 拓展湛江绿色发展之路》，《湛江日报》，2022 年 8 月 16 日。
② 习近平：《高举中国特色社会主义伟大旗帜，为全面建设社会主义现代化国家而团结奋斗——在中国共产党第二十次全国代表大会上的报告》，北京：人民出版社，2023 年，第50 页。

研究其建立在人与自然和谐共生的现代化基础上的文明底蕴。自古以来，中华优秀传统文化追求人与自然和谐共生理念。打造"红树林之城"的文明意义在于三个方面：

（1）焕发传统生态智慧。

中国古代的生态智慧为打造"红树林之城"提供了有益借鉴，"红树林之城"打造践行了传统生态智慧，使得"传统文化成为现代的"，彰显了中华民族现代文明的中国特色。著名传统文化学者杨海文以孟子的论述为例，概括古代生态文明的丰富资源。如古代倡导"不违农时"，主张在对的时间做对的事，这对于人们根据红树林湿地生态规律推进工作具有重要意义；"齐王舍牛"，说的是不忍宰杀动物的情怀，人类面对自然界中的生物要有"不忍"之心，即仁爱之心，红树林湿地生态的大量鱼虾蟹贝和鸟类需要保护；"缘木求鱼"说的是要遵从各自本性，不能"整齐划一"，表达的是要尊重并保护世界的差异性；"拔苗助长"，说的是自作聪明会更加伤害自然界，勿操之过急；大禹治水的"行其所无事"是最高智慧，以"疏"为导；"得其所哉"指的是自然界每一种生物有自己的使命，要按照其使命，遵从其习性；"牛山濯濯"指光秃秃的山的样子，说的是不要把太多人为因素强加给大自然，要热爱大自然，还大自然本真。[①] 应将对自然万物的热爱内化于心，使万物皆备于我。我们不仅要避免人为过分砍伐、牛羊过分啃食，还青山绿水本来的样子，还要存夜气，养平旦之气、浩然之气，使身心和谐。这些成语表达了古人的生态智慧，古人对时候选取、仁爱之心、遵从本性、各得其所等的论述，对于红树林湿地保护及"红树林之城"打造具有一定启示作用。我们要根据红树林湿地各物种的习性，营造适合它们的生长环境，为守护"红树林之城"、建设"水清、岸绿、滩净、湾美"作出贡献。

（2）唤醒中华优秀传统生态哲学。

哲学是文化发展的基础。中华传统哲学是中华传统生态文化思想的主要依据。儒家注重仁爱思想并将之由己及人、由人及物，宇宙万物与我共生；道家主张"人法地，地法天，天法道，道法自然"，天人合一；佛家主张佛性缘起、色空为一。中华优秀传统文化的生态智慧立足于"仁民爱物"，由爱民到爱物。孟子曰："君子之于物也，爱之而弗仁；于民也，仁之而弗亲。亲亲而仁民，仁民而爱物"，指的是君子爱惜万物，但谈不上仁爱；仁爱百姓，但谈不上亲爱。由亲爱亲人推而仁爱百姓，由仁爱百姓推而爱惜万物。这里"爱"的生态层次是

---

① 　杨海文：《七个成语解读孟子生态智慧》，《深圳商报》，2021 年 10 月 29 日。

由亲爱亲人到仁爱人类到爱惜万物。对于"物"的爱，应是"取之有度，用之有节"，要珍惜自然资源，具有环境保护的理念和意志。对于"人"的爱，"老吾老以及人之老，幼吾幼以及人之幼"表达了这种由己及人的爱的关系。对于亲人的爱，倡导"亲亲"，要爱自己的亲人，这是爱的起点，由此形成"爱的系列"。这个系列和《大学》所开列的"修身、齐家、治国、平天下"的演进逻辑是统一的。这些生态哲学理念为现代生态文明提供坚实的传统依据。由此可知，推进红树林生态文明建设，探究传统生态哲学，推动相互性生成，可为生态文明提供丰厚底蕴，同时赋予传统生态哲学以"现代文明"意义。

（3）发掘湛江的生态文明底蕴。

红树林生态属于海洋生态。湛江海洋生态文化底蕴深厚。湛江的历史名人众多，通过挖掘红树林文化，整合湛江籍的名人、曾贬谪湛江的名人或与湛江有密切关系的名人等丰富资源，彰显文化的相互性价值，红树林文化有了历史纵深，历史文化散发现代生态文明的光芒。据史料记载，历史上关于雷州半岛的海洋生态之美有较多论述。如苏轼贬谪海南儋州时，与贬谪雷州的苏辙相遇，多次受贬的苏轼写下诗歌《次前韵寄子由》，其中说道："胡为适南海，复驾垂天雄。下视九万里，浩浩皆积风。"尽管苏轼处于发配流离之中，但不失乐观主义精神，写下海洋生态浩瀚之美。而苏辙在题为《次韵子瞻过海》的诗中写道："我迁海康郡，犹在寰海中。送君渡海南，风帆若张弓。笑揖彼岸人，回首平生空。"诗句描绘出雷州之景、之情、之境。宋元符三年（1100）六月，苏轼发配之期告终，他离开儋州，至徐闻时写诗《六月二十日夜渡海》："参横斗转欲三更，苦雨终风也解晴。云散月明谁点缀，天容海色本澄清。"[①] 诗作写出了湛江海边的澄明景色。这些书写海洋的美丽诗篇构成红树林文化的深厚底蕴。

4. 政治意义

打造"红树林之城"是深入践行习近平生态文明思想和关于红树林保护重要讲话指示精神的需要。习近平生态文明思想是习近平新时代中国特色社会主义思想的重要组成部分，是马克思主义基本原理同中国生态文明建设实践相结合、同中华优秀传统生态文化相结合的重大成果。其内涵非常丰富，包括坚持党对生态文明建设的领导、生态兴则文明兴、人与自然和谐共生、绿水青山就是金山银山、良好生态环境是最普惠的民生福祉、绿色发展是发展观的深刻革命等。应以

---

① 《湛江通史》编委会编：《湛江通史》（上卷），广州：广东人民出版社，2021年，第275 –277页。

习近平生态文明思想为指导打造"红树林之城"实践，发挥湛江独特的红树林优势，满足人民群众对美好生活的需要，推动湛江高质量发展，为绿美广东的湛江实践作出贡献。

要以高度政治自觉学习和贯彻习近平总书记关于红树林保护的重要讲话重要指示精神。2023 年 4 月 10 日上午，习近平总书记在视察广东湛江红树林国家级自然保护区湛江麻章金牛岛红树林片区红树林长势和周边生态环境时，作出重要讲话和重要指示。他强调，这片红树林是"国宝"，要像爱护眼睛一样守护好。加强海洋生态文明建设，是生态文明建设的重要组成部分。"红树林保护，我在厦门工作的时候就亲自抓。党的十八大后，我有过几次指示。这是国宝啊，一定要保护好。"远眺红树林深处的水天一色，习近平总书记强调："海洋生态文明建设是生态文明建设重要组成部分。沿海地区生产最密集、人口最密集，同时对自然生态影响也比较大，一定要真正重视起来，采取真正有效的举措加强保护。这是国家战略，要一代接着一代干，久久为功，建设美丽中国，为保护好地球村作出我们中国人的贡献。"① 在听取广东省委、省政府工作汇报时，习近平总书记指出，要加强陆海统筹、山海互济，强化港产城整体布局，加强海洋生态保护，全面建设海洋强省。习近平总书记一直重视生态文明保护并提出许多创新理念。这里，以"国宝"为喻，强调红树林生态文明建设的重要性。2017 年，习近平总书记在广西考察了北海金海湾红树林生态保护区，叮嘱"一定要尊重科学、落实责任，把红树林保护好"。2022 年，习近平总书记以视频方式出席《湿地公约》第十四届缔约方大会开幕式，宣布在深圳建立"国际红树林中心"。保护好生态环境是"国之大者"。2021 年 6 月，习近平总书记在青海考察时指出："要牢固树立绿水青山就是金山银山理念，切实保护好地球第三极生态。要把三江源保护作为青海生态文明建设的重中之重，承担好维护生态安全、保护三江源、保护'中华水塔'的重大使命。"②这里以"重大使命"来讨论生态保护的重要价值。

（二）湛江打造"红树林之城"的独特优势

湛江打造"红树林之城"的独特优势主要体现在湛江红树林面积最大、分

---

① 《"在推进中国式现代化建设中走在前列"——习近平总书记考察广东纪实》，http：//www. xinhuanet. com/politics/2023 – 04/15/c_1129525066. html，2023 年 4 月 15 日。

② 党史学习教育领导小组办公室：《百年初心成大道：党史学习教育案例选编》，北京：人民出版社，2022 年，第 209 页。

布最集中、生物多样性丰富等方面。

1. 湛江红树林面积最大

广东湛江红树林国家级自然保护区是我国面积最大、分布最集中、种类较多、保护底蕴深厚的红树林自然保护区。《中共广东省委关于深入推进绿美广东生态建设的决定》明确提出，高水平建设深圳"国际红树林中心"，加快红树林营造修复。《广东省万亩级红树林示范区建设工作方案》指出，到2025年，在江门台山镇海湾、湛江雷州沿岸、湛江徐闻东北海域、惠州惠东考洲洋创建4个万亩级红树林示范区。全面提升红树林等湿地生态系统质量和服务功能。在4个新创建的万亩级红树林示范区中，湛江占了2个。据广东湛江红树林国家级自然保护区编《探秘湛江红树林》记载，广东湛江红树林国家级自然保护区地处中国大陆最南端——雷州半岛沿海湾滩涂，沿着雷州半岛1 500公里海岸线间断性分布，是我国面积最大的红树林自然保护区。红树林湿地呈现出树上白鹭、海鸥翔集，树下鱼虾、蟹贝集聚的自然景观。湛江红树林自然保护区是留鸟的栖息地和繁殖地，也是候鸟的迁徙、停留地，是国际候鸟通道。保护区的红树林湿地为鸟类提供了大量食物和良好的自然环境。

最新数据显示，湛江拥有全国面积最大的红树林自然保护区，全市红树林面积6 398.3公顷，占全省红树林面积的60.1%，占全国红树林面积23.7%。① 湛江红树林湿地及滩涂是中国南部沿海濒危物种的重要栖息繁衍地，是候鸟迁徙往返西伯利亚和澳大利亚的必经停歇地。2002年1月成为中国第21个被列入《湿地公约》"国际重要湿地名录"的保护区之一。2006年，保护区被国家林业局确定为全国首批示范建设自然保护区，同时，建立国家级陆生野生动物疫源疫病监测站、国家级沿海防护林生态监测站。2010年，保护区成为中国人与生物圈保护区。2019年，保护区成为广东省首批自然教育示范基地，是我国生物多样性保护的关键性地区和国际湿地生态系统就地保护的重要基地。

2. 湛江红树林保护底蕴深厚

近年来，湛江市委、市政府在红树林保护底蕴深厚的基础上，打造"红树林之城"，推动形成政府主导、企业主体、全社会参与的共同建设模式，取得越来越显著的成效。广东湛江红树林国家级自然保护区在生态保护环境趋好的大背景下，强化管理、创新发展，保护区生态修复成果显著，生物多样性持续增长，红

---

① 刘红兵：《湛江：带着海的"胎记"成长为翩翩港"公子"》，《学习时报》，2023年5月26日。

树林自然资源及生态系统得到有效保护，保护区被列入"国际重要湿地名录""全国首批示范建设自然保护区""中国人与生物圈保护区"等，还获得"广东十大最美森林""广东十大最美湿地""广东最美湿地森林旅游目的地"等称号。2023 年，保护区被确立为"广东省习近平新时代中国特色社会主义思想研究中心调研基地"。基地的确立是对党的二十大精神和习近平总书记视察广东重要讲话重要指示精神的深入贯彻，进一步构建广东省习近平新时代中国特色社会主义思想研究中心平台矩阵所设立的特色平台。2023 年，由中国海洋石油（以下简称"中海油"）湛江分公司牵头、南海西部地区驻湛单位委托中海油信托股份有限公司成立的"海上塞罕坝"蓝碳促进公益信托计划红树林保护项目，在中国海油南海西部地区启动，这也是全国首个聚焦红树林生态保护的公益信托项目。广东湛江红树林国家级自然保护区成立与发展的历程，见证了红树林保护取得的成绩及社会的认可。这些成绩的取得，与湛江红树林保护底蕴深厚密切相关。早在清朝同治年间，湛江坡头区乾塘镇就有保护红树林的传统，根据保存下来的"禁伐葭丁碑"记载，要求村民禁止砍伐红树林。同治四年（1865），村中长者在陈氏宗祠召集乡贤达士，"合族议定规条，以便世守勿替"，通过村规民约的形式，以氏族之名立碑，告知"乾塘族人等自后永不得斩伐葭丁"。碑文写道："太祖海浦之葭丁，吾后人务宜培植生长，使此地葭丁郁郁苍苍……""葭丁"即红树，这一"生态古训"至今影响着当地人，"父母和乡亲叮嘱我们不能破坏葭丁树"。为保护家园，数百年来，陈氏族人在海岸滩涂上广种红树、保护红树林。① 1990 年 1 月，广东省人民政府批准成立广东湛江红树林自然保护区。1997年 11 月，经国务院批准，晋升为国家级自然保护区，是我国面积最大的红树林自然保护区。从 1865 年"禁伐葭丁碑"到 20 世纪 90 年代红树林自然保护区界碑的设立，斗转星移一百多年间，保护红树林的观念赓续至今，已达成广泛共识。

2002 年 1 月，湛江红树林自然保护区被列入《湿地公约》国际重要湿地名录，成为我国生物多样性保护的关键地区和国际湿地生态系统就地保护的重要基地。2005 年，被确立为国家级野生动物（鸟类）疫源疫病监测点、国家级沿海防护林监测点。2006 年，被国家林业局评定为全国首批示范建设自然保护区。② 湛江的红树林保护工作是一以贯之的，在红树林生态文明建设方面，具有独特的

① 张永幸等：《人不负葭丁，葭丁定不负人》，《湛江日报》，2023 年 7 月 30 日。
② 张颖等：《雷州半岛红树林湿地：植物篇》，北京：海洋出版社，2020 年，第 19 页。

优势。坡头地区的"禁伐葭丁碑"即禁止砍伐红树的规定在一百多年前的湛江就留下了，为今天传承红树林保护精神提供了良好的示范。湛江的红树林在国际上具有较大影响力，被国际湿地专家称为世界湿地恢复的成功范例。

进入新时代，勤劳的湛江人民继承"禁伐葭丁"的古训，续写红树林保护崭新篇章。如今的湛江人民积极利用现代科技，实施红树林常态化、网格化巡护监管制度，利用卫星遥感、无人机等技术对红树林开展动态监测，切实把红树林守护好，助力绿美广东生态建设。

湛江红树林保护成绩在国内重要媒体播放后产生较好的影响。2022 年 3 月 5 日，央视《新闻联播》"大美中国"栏目用 23 秒展现了湛江红树林春意盎然、生机勃勃的风光。为了深入推进红树林保护工作，以实际行动践行习近平生态文明思想，2021 年底，湛江市提出打造"红树林之城"，从加强红树林保护修复、完善相关体制机制等方面着手，推动红树林生态旅游经济带建设，将自然生态优势转化为经济社会发展优势，把生态文明建设提升到一个全新的发展高度。尤其令人鼓舞的是，习近平总书记于 2023 年 4 月 10 日亲临湛江红树林，作出"要像爱护眼睛一样守护好"红树林"国宝"的重要指示，极大激励了湛江建设"红树林之城"的信心，鼓舞了全市上下的干劲。

湛江红树林保护范围广泛，雷州半岛几乎所有县区都留下红树林保护的文明密码。湛江红树林国家级自然保护区位于广东省雷州半岛沿海滩涂，包括湛江的徐闻县、雷州市、遂溪县、廉江市和麻章、坡头、霞山、开发区等。具体范围包括徐闻县的和安、新寮等 7 个乡镇，雷州市的附城、企水等 12 个乡镇，遂溪县的界炮、杨柑等 9 个乡镇，廉江市的高桥、营仔等 6 个乡镇，麻章的太平、湖光 2 个镇，坡头区的乾塘镇等乡镇，开发区的民安镇以及霞山区的海头镇，共计 30 多个乡镇的红树林有林地和部分滩涂。保护区东至坡头区乾塘镇的大沙墩，西至雷州市企水镇的企水港，南至徐闻县五里乡仕尾村鱼尾海湾，北至廉江市高桥镇高桥河口咸淡水交界处，处处留下生态之美，亦是文明传播的种子。

3. 湛江红树林生物多样性丰富

湛江红树林有真红树和半红树植物 16 科 26 种，主要树种包括白骨壤、红海榄、木榄、秋茄、桐花树等；[①] 记录鸟类 297 种，包括勺嘴鹬、东方白鹳、中华凤头燕鸥等全球珍稀水禽。主要红树林植物群落的类型如下：一为白骨壤群丛；主要分布于徐闻县的东海岸。白骨壤生于高潮线以内，在群丛片段的外缘有部分

---

① 张颖等：《雷州半岛红树林湿地·植物篇》，北京：海洋出版社，2020 年，第 16 页。

生于低潮位之下，整个群丛片段涨潮时都被淹没在海水里。高度一般仅为1.2米。白骨壤在作为一个单优种群落时，生势极旺盛，在混合优势的群落中时，则多衰退或仅生于前缘，起着先锋树种的作用。二为桐花树群丛；主要分布在遂溪县乐民港和杨柑港，以桐花树占优势，多生长于白骨壤群丛中的靠岸地带，由海岸向海港逐渐减少。本群丛呈黄绿色；近边的比较矮小，高度在1米以下，靠海港的一面较高大，可达3米；多为先锋树种。三为秋茄群丛；主要分布于坡头乾塘、麻章及雷州附城，以秋茄占绝对优势，从内缘到外缘纵深约200米，沿海岸的长度约2公里，是面积最大的一个群丛。四为白骨壤和桐花树群丛；主要分布于徐闻县东海岸，以白骨壤和桐花树最占优势。桐花树多位于群丛中央部分。五为桐花树群丛和秋茄群丛，主要分布于雷州市东北部、遂溪县杨柑港、徐闻县锦和及通明河口，其中雷州市东部分布面积较大。[1]

鸟类主要有297种，其中冬候鸟133种，留鸟114种，夏候鸟24种，繁殖鸟18种，过境鸟4种，迷鸟4种等。此外，海生及林内动物种类众多，主要有贝类110种，鱼类127种。[2]贝类以帘蛤科种类最多，鱼类以鲈形目种类占绝对优势。

4. 红树林湿地生态文明建设氛围好

广东省红树林分布范围广。东起潮州市饶平县，西至湛江市徐闻县，红树林广泛分布于广东沿海14个地级以上市39个县（市、区），全省各地兴起红树林保护与修复高潮，对于湛江打造"红树林之城"具有一定支撑作用，可促进相关城市的红树林城市群的整体性建设。据广东省林业局数据，广东省红树林面积居全国第一。全省已建立以红树林为主要保护对象的国际重要湿地3处、省级重要湿地2处。《中共广东省委关于深入推进绿美广东生态建设的决定》明确提出，高水平建设深圳"国际红树林中心"，加快红树林营造修复，建设四个万亩级红树林示范区，提升红树林等湿地生态系统质量和服务功能。绿美广东生态建设全面铺开以来，广东沿海各市高度重视红树林保护工作，将红树林保护纳入绿美广东生态建设的重要内容。广东省委、省政府高度重视红树林保护修复工作。2021年3月，广东省自然资源厅、林业局联合印发《广东省红树林保护修复专项行动

---

[1]　广东湛江红树林国家级自然保护区管理局、保护国际基金会编著：《广东湛江红树林国家级自然保护区综合科学考察报告》，广州：广东教育出版社，2019年，第4页。

[2]　广东湛江红树林国家级自然保护区管理局、保护国际基金会编著：《广东湛江红树林国家级自然保护区综合科学考察报告》，广州：广东教育出版社，2019年，第5页。

计划实施方案》。2023 年 4 月，广东省自然资源厅、林业局印发《广东省红树林保护修复专项规划》，部署七大主要任务和六项重点工程，细化分解红树林营造修复任务。规划提出，到 2025 年，全省将营造红树林 5 500 公顷，修复红树林 2 500 公顷，建立 4 个万亩级红树林示范区，红树林保有量将达到 1.61 万公顷。目前，在政策的激励和支持下，全省 14 个沿海城市正"比学赶超"，加快红树林保护修复工作。一座座"海上森林"在广东沿海形成，成为广东生态文明建设一道亮丽的风景线。① 2023 年 3 月，湛江市印发《湛江市深入推进绿美湛江生态建设行动方案》，在绿美广东生态建设"六大行动"的基础上，融入市情，提出"七大提升行动"，其中增加了"建设红树林之城"专项行动，将在雷州沿岸和徐闻东北海域各创建一个万亩级红树林示范区，探索实施海洋碳汇项目，建设独具特色的红树林生态旅游经济带。

此外，周边地区红树林生态文明建设氛围好。不仅广东省内红树林保护与修复氛围好，而且有海南、广西等邻省（自治区）的红树林湿地生态文明建设取得的不少好经验可借鉴。福建、浙江等地的红树林保护都取得不错的成绩。各省（自治区）之间及省（自治区）内各城市之间建立好的协作机制，共商共享红树林建设成果，与湛江相互促进，有利于推动湛江"红树林之城"的建设。

（三）湛江"红树林之城"的内涵

"红树林之城"的打造不仅是红树林湿地专家的事，更是全市人民的事，是生态良好、生产发展、生活富裕的事。"红树林之城"的内涵包括红树林湿地生态、生产生态、生活生态、人文生态等。

1. "红树林之城"的红树林湿地生态

红树林是生长在热带、亚热带海岸潮间带，由以红树植物为主体的常绿乔木或灌木组成的湿地木本植物群落，在净化海水、防风消浪、固碳储碳、维护生物多样性等方面发挥着重要作用，有"海岸卫士""海洋绿肺""地球的肾"等美誉。红树表面看上去并不是红色的，之所以被称为红树，是因为这种植株树皮内含有单宁酸，木材中的单宁酸遇到空气后会氧化，氧化后木材表面就会变成红色，成片的植株就形成红树林。湛江是全国红树林面积最大的地区，打造"红树林之城"当以保护与建设红树林湿地生态为起点，维护红树林湿地生物多样性，促进红树林绿意葱葱、蓬勃发展，为人们创造生产良好、生态良好和充满诗意的

---

① 史成雷、温柔：《"国宝"何以在广东绽放美丽》，南方网，2023 年 8 月 15 日。

环境，为文明城市建设打下坚实基础。在全球红树林面积逐年递减的大趋势下，湛江红树林面积不断增加，不断出现的珍稀水鸟等物种也证实了这座生态之城的环境优势。党的二十大报告提出，高质量发展是全面建设社会主义现代化国家的首要任务。据《中国环境报》报道，湛江在构建高水平现代产业体系、打造广东沿海经济带制造业高质量发展示范区的同时，持续推进红树林湿地修复与保护，在国内率先提出建设"红树林之城"，不断探索红树林等生态产品价值实现的机制和路径，把生态资源优势转化为地方高质量发展优势。① 红树林湿地的良好生态体现在维护生物多样性等方面。湛江红树林湿地目前有真红树（具有潮间带环境生长、胎萌、呼吸根与支柱根、泌盐组织和高渗透性等特征）和半红树（两栖木本植物）植物 26 种，鸟类 297 种，贝类 110 种，鱼类 127 种。红树林湿地生态建设在保护红树林湿地生物多样性的同时，还主张通过红树林湿地本身发展红树林经济，既推动红树林生态文明建设，又推动以红树林经济发展带动经济社会高质量发展。

2. "红树林之城"的生产生态

习近平总书记指出："推动形成绿色发展方式和生活方式，是发展观的一场深刻革命。"② 生态环境问题归根结底是发展方式和生活方式问题。建立健全绿色低碳循环发展经济体系、促进经济社会全面绿色转型是基础之策，加快形成节约资源和保护环境的空间格局、产业结构、生产方式、生活方式，把经济活动、人的行为限制在自然资源和生态环境能够承受的限度内，才能给自然生态留下休养生息的时间和空间，实现经济社会发展和生态环境保护协调统一、人与自然和谐共生。绿色生产方式主要指企业在产品的研发、用料、生产、包装、运输、销售、消费等环节始终坚持环保原则，考虑废物的回收和再利用的一种环保生产方式。其内涵是物质资料生产过程中注重转变经济增长方式，在资源节约和环保兼顾情况下实现经济增长。③ 国家强化产业结构调整等源头管控措施，探索大气污染物和温室气体排放协同控制，推动重点领域、重点行业绿色低碳转型，推行绿色低碳生产方式，统筹协调推进经济和社会发展各领域深入开展应对气候变化工作，增强控制温室气体，践行绿色低碳生活。推动重点行业持续开展节能工作，

---

① 郑秀亮、黄艺文：《红树林之城如何发展绿色经济》，《中国环境报》，2023 年 2 月 8 日。
② 中共中央宣传部编：《习近平新时代中国特色社会主义思想学习纲要》（2023 年版），北京：学习出版社、人民出版社，2023 年，第 226 页。
③ 赵壮道：《中国特色社会主义制度的文化基因》，北京：中国社会科学出版社，2017 年，第 198 页。

降低单位产品能耗。提高企业能源利用效率，树立一批能效领跑、技术先进的示范领军企业。推动经济社会发展绿色化、低碳化是实现高质量发展的关键环节。加快发展方式绿色转型，要把实现减污降碳同增效作为促进经济社会发展全面绿色转型的总抓手，划定并严守生态保护红线、环境质量底线、资源利用上线三条红线。[①] 一方面，对于红树林本身来说，湛江将深入挖掘红树林旅游价值、推动现有红树林景区提档升级、加快建设红树林博物馆、红树林科普宣传基地、红树林研发平台等，促进"产业生态化、生态产业化"，将"绿水青山"蕴含的生态系统服务"盈余"和"增量"转化为"金山银山"。发展海洋经济，建立生态产品价值实现机制，这是党的二十大报告提出的要求。2021 年 6 月，"湛江红树林造林项目"首笔 5 880 吨的碳减排量转让协议签署，这标志着我国首个蓝碳交易项目正式完成，红树林逐渐成为绿色经济发展的沃土。[②] 另一方面，对于现代企业来说，湛江坚持走现代化企业绿色发展路子，中科炼化、宝钢、巴斯夫、中海油湛江分公司（中海油南海西部）等现代企业坚持践行绿色发展的新发展理念，创新打造"红树林之城"的企业发展模式，深刻领悟人与自然和谐共生的现代化的重大意义。宝钢湛江钢铁矢志建设世界最高效率绿色钢铁"梦工厂"，中科炼化绿色指标居国内同行前列，巴斯夫企业将碳排放目标确立为"零排放"，中海油等大型企业实施发展海洋清洁能源战略。

3. "红树林之城"的生活生态

加快形成绿色生活方式，在全社会树立生态文明理念，增强全民节约意识、环保意识、生态意识，培养生态道德和行为习惯，让天蓝地绿水清深入人心。开展全面绿色行动，倡导简约适度、绿色低碳的生活方式，倡导绿色消费，反对奢侈浪费和不合理消费，形成文明健康的生活风尚。通过生活方式的绿色革命，倒逼生产方式的绿色转型，将美丽中国转化为全体人民的自觉行动。[③] 宣传上，要利用全国"节能宣传周""全国低碳日""六五环境日"等宣传节点开展节能低碳生活的宣传教育。运用传统媒体和新媒体，加强节能减排降碳宣传教育，报道好的典型、先进的技术等，曝光反面案例，营造良好生活生态的舆论环境。推动节能低碳知识进校园、进社区、进家庭、进机关、进企业、进农村、进网络等。

---

① 中共中央宣传部编：《习近平新时代中国特色社会主义思想学习纲要》（2023 年版），北京：学习出版社、人民出版社，2023 年，第 227 页。

② 郑秀亮、黄艺文：《红树林之城如何发展绿色经济》，《中国环境报》，2023 年 2 月 8 日。

③ 中共中央宣传部编：《习近平新时代中国特色社会主义思想学习纲要》（2023 年版），北京：学习出版社、人民出版社，2023 年，第 227 – 228 页。

推动全民在衣、食、住、行、游等各方面向简约适度、绿色低碳、文明健康的方式转变，使绿色生活、勤俭节约成为全社会的良好习惯。体验上，创新开展节能低碳体验性、趣味性活动，拓宽广大群众的参与渠道。推行绿色办公，加大绿色采购力度。推进生活垃圾源头减量和回收利用。鼓励公共场所推广使用节能、节水、环保、再生等绿色产品。提倡低碳餐饮，秉持"节约光荣、浪费可耻"理念，推行餐桌上的"光盘行动"。

积极引导消费者购买节能与新能源汽车、高效能家电、节水型器具等节能环保低碳产品，减少一次性用品的使用。鼓励自行车、步行等绿色出行方式。湛江营造"近悦远来"的人才生态，打造"红树林之城"。据报道，近年来，湛江市麻章区以各镇级驿站为切口，着力打造"人才驿站＋"工作格局，构建多场景、多种类人才服务配套设施，积极引导各类人才服务生态发展，描绘一幅"近悦远来"的人才生态图景。麻章区各级乡村振兴人才驿站通过科技特派员下乡、开展种养技能培训和红树林保护与修复交流等多种形式活动，以驿站为桥梁，促进人才服务与乡村产业发展的"双向奔赴"。湛江市兰盈农业科技有限公司采用"农业科技企业＋基地＋合作社农户＋电商"的产业化运作模式，带动农民致富，助力乡村振兴，案例"兰盈赋能乡村振兴，助力'富贵路'"入选广东省"千企帮千镇　万企兴万村"十大典型案例之一。①

4. "红树林之城"的人文生态

红树林是一种独特的滨海湿地生态系统，具有促淤保滩、固岸护堤、沉降污染、调节气候、净化空气等生态功能，其物种独特的功能属性对于人文生态的形成具有积极的启发意义。湛江红树林湿地是40多种植物的"家园"、300多种鸟类的"天堂"、300多种鱼虾蟹贝的"游乐场"、300多种浮游生物和底栖硅藻类的"温床"、130多种昆虫的"乐园"，且统揽"海陆空"净化空气、海水、泥土，当从中发掘其精神品质和人文价值。历年来，湛江人民高度重视生态文明建设，以民生工程、民生事项强力推进绿化美化行动，先后获得"全国绿化达标城市""国家园林城市""中国十大低碳生态城市""中国十佳绿色生态城市"等10多项荣誉称号，体现了人文生态的作用。湛江人民在绿美广东"六大行动"基础上自我加压，增加了"建设红树林之城"这项行动，组成深入推进绿美湛江的"七大提升行动"，全力建设人与自然和谐共生的绿美半岛，使得湛江这座

---

① 张蔓丽、宋晓燕：《深入推进"百千万工程"绘就麻章乡村振兴新画卷》，《湛江日报》，2023年10月8日。

"红树林之城""绿起来""美起来""兴起来""管起来"，形成因"绿"而美、因"绿"而兴、因"绿"而富的崭新图景，"讲好人与自然和谐共生的湛江故事①。要深入挖掘红树林精神，把"顽强不屈的意志、激浊扬清的正气、勇于创新的品质、团结奋进的力量"②的精神内涵践行到发展中去。红树林顽强不屈的意志表现在"树坚强"，克服了如底泥不稳定、土壤缺氧、海水盐度高、水位涨落变化大等恶劣环境影响。激浊扬清的正气表现为"一颗红心一身正气"，体现在心红叶不红（单宁酸）、固碳能力强、防风护堤（作为防波堤、阻挡强风巨浪、固定水土流失）、维护生物多样性等方面。勇于创新的品质表现为"生生不吸"，如类似"胎生"的繁殖本领（长十几厘米，直径约两厘米；胎体脱离母体后可在两三个月内找寻合适的生存环境）、拒盐泌盐功能（又称"植物海水淡化器"）、发达的缆状根（水平分布）、表面根（露出地表）、板状根和拱状支柱根（扩大固定能力）、气根（从枝上向下垂）、笋状呼吸根（地面横走、膝状、垂直向上）等。团结奋进的力量表现为"真假难分友情真"，团结互助的物种间保持多样性，如真红树和半红树（两栖木本植物）植物种类多、飞鸟种类多、鱼虾蟹贝浮游生物种类多等。研究红树林之城的人文生态当提炼顽强不屈的意志，如奥运冠军的拼搏精神等，湛江籍的奥运冠军有全红婵、劳丽诗、何冲等。湛江的国家级非物质文化遗产石狗、飘色、雷剧、人龙舞等具有丰富的时代内涵。湛江是海上丝绸之路的始发地之一，当研究海上丝绸之路文化等传统文化的价值。汉代徐闻港被确认为"海上丝绸之路最早始发港之一"（大汉三墩），当研究红树林与海上丝绸之路文化、汉俚文化、雷州文化、流寓文化等，创新国家级非物质文化遗产的内涵。建设"红树林之城"，要深入贯彻习近平生态文明思想，持续用力、久久为功抓好红树林保护和修复，努力走出一条生态优先、绿色低碳、人文良好的城市发展之路，要充分挖掘、发挥红树林的综合效益，加快把生态优势转化为发展优势，更好造福湛江人民。

此外，红树林生态文明建设离不开生态文化及相应文化思想的支撑和滋养。红树林之城的文化建设需要以习近平文化思想为根本，赓续中华文脉、推动中华优秀传统文化创造性转化和创新性发展。习近平文化思想在文化理论观点上具有创新和突破，明体达用、体用贯通，标志着我们党对中国特色社会主义文化建设

---

① 邵一弘、湛新、林荫：《刘红兵：凝心聚力建设"红树林之城"，推动生态优势转化为发展优势》，《南方日报》，2023 年 5 月 23 日。

② 施保国：《红树林的精神内涵及文化特质》，《湛江日报》，2023 年 5 月 13 日。

规律的认识达到新高度，同时也表明我们党的历史自信、文化自信达到新高度，在我国社会主义文化建设中展现出强大伟力，为推动新时代新征程宣传思想文化工作、担负起新的文化使命提供强大思想武器和科学行动指南。湛江历史悠久、人文底蕴深厚，历史上不少官宦名人、流寓墨客与湛江关系密切，如两位伏波将军（路博德、马援）、寇准、苏轼、秦观、李纲、赵鼎、汤显祖等影响至今。地方优秀文化孕育了一大批明贤俊杰，如陈文玉、陈瑸、陈昌齐、林召棠、陈兰彬、陈乔森、黄学增、张炎等灿如星辰，光彩熠熠。① 习近平文化思想是一个不断展开的、开放式的思想体系，必将随着实践深入不断丰富发展湛江传承久远的文明智慧。践行习近平文化思想需要着力赓续中华文脉、推动优秀传统文化与生态文化创造性转化和创新性发展。② 要以习近平文化思想为指导，丰富红树林精神文化的内涵，推进湛江文化传统、文明传统的创新和发展，为打造"红树林之城"、拓展红树林的精神文化内涵作出贡献。

二、 习近平生态文明思想视域下的红树林专题研究

习近平生态文明思想是习近平新时代中国特色社会主义思想的重要组成部分，是新时代生态文明建设的根本遵循和行动指南。我们要以习近平生态文明思想为指导，推动红树林专题研究工作，擦亮湛江"红树林之城"这一崭新的生态名片，将红树林保护与修复及生态文明建设实践落在实处，为绿美广东、大美中国、清洁世界作出应有的贡献。

（一）习近平生态文明思想

中共中央宣传部关于认真组织学习《习近平生态文明思想学习纲要》的通知指出，要"深入学习领会习近平生态文明思想的核心要义、精神实质、丰富内涵、实践要求，努力掌握贯穿其中的马克思主义立场观点方法，不断深化认识，全面理解把握，自觉做习近平生态文明思想的坚定信仰者和忠实践行者——不断提高推动生态文明建设的能力和水平，切实把学习成效转化为建设美丽中国的生动实践"③。

---

① 《湛江通史》编委会编：《湛江通史》（上卷），广州：广东人民出版社，2021 年，第 1 - 2 页。
② 《人民日报》评论员：《深入学习贯彻习近平文化思想——论贯彻落实全国宣传思想文化工作会议精神》，《人民日报》，2023 年 10 月 11 日。
③ 中共中央宣传部、中华人民共和国生态环境部编：《习近平生态文明思想学习纲要》，北京：学习出版社、人民出版社，2022 年，第 1 页。

1. 习近平生态文明思想的精髓要义

习近平生态文明思想是习近平新时代中国特色社会主义思想的重要组成部分，是马克思主义基本原理同中国生态文明建设实践相结合、同中华优秀传统生态文化相结合的重大成果。其内涵非常丰富，包括坚持党对生态文明建设的领导、生态兴则文明兴、人与自然和谐共生、绿水青山就是金山银山、良好生态环境是最普惠的民生福祉、绿色发展是发展观的深刻革命、统筹山水林田湖草沙系统治理、最严格制度最严密法治保护生态环境、把建设美丽中国转化为全体人民自觉行动、共谋全球生态文明等。

中共中央宣传部关于认真组织学习《习近平生态文明思想学习纲要》的通知指出，习近平生态文明思想是习近平新时代中国特色社会主义思想的重要组成部分，"是以习近平同志为核心的党中央治国理政实践创新和理论创新在生态文明建设领域的集中体现，是新时代我国生态文明建设的根本遵循和行动指南"[①]。学习的核心内涵主要有：一为学习贯彻习近平生态文明思想的重要意义。习近平生态文明思想是推进美丽中国建设、实现人与自然和谐共生的现代化的思想武器，"为筑牢民族复兴绿色根基、实现中华民族永续发展提供了根本指引"。二为把握习近平生态文明思想的科学性和真理性、人民性和实践性、开放性和时代性，系统把握其核心要义、精神实质、逻辑内涵。三为在融会贯通上下功夫。将学习贯彻习近平生态文明思想同习近平经济思想、习近平法治思想、习近平外交思想、习近平强军思想、习近平文化思想结合起来，将生态文明思想要求体现到经济、政治、文化、社会建设各方面和全过程。四为把学习成效转化为生态文明建设、美丽中国建设的生动实践，转化为解决人民群众身边突出环境问题、提供更多优质生态产品、不断满足人民日益增长的优美生态环境需要的自觉行动和工作成果。五为学习贯彻习近平生态文明思想是一项长期的政治任务，不断从习近平总书记关于生态文明建设的最新论述中汲取营养、深化认识，做到学思用贯通、知信行统一，以生态环境高水平保护推动高质量发展、创造高品质生活，让绿色成为美丽中国最鲜明、最厚重、最牢靠的底色，开创新时代生态文明思想建设新局面，为全面建设社会主义现代化国

---

① 中共中央宣传部、中华人民共和国生态环境部编：《习近平生态文明思想学习纲要》，北京：学习出版社、人民出版社，2022 年，第 1 页。

家、实现中华民族伟大复兴而持续奋斗。①

习近平生态文明思想的要义包括：

（1）"保护"与建设观。

马克思主义生态文明思想认为，人是自然界最高等的生命形态，为"万物之灵长"。在实践基础上发挥主观能动性是人的本质特征。要将"自在自然"转化为"人化自然"，通过人化自然、改造自然，实现自然的和谐发展。人作为自然界的高级产物，依然可以通过生产实践活动对自然进行一定程度的改造和利用，准确地剔除不利因素，促进自然发展，增加人类社会福祉，通过实践活动将"自在自然"转化为"人化自然"。党的十八大首次提出"建设美丽中国"，将之写入党章、宪法，列为现代化目标之一。要"像保护眼睛一样保护生态环境，像对待生命一样对待生态环境"；要坚持党对生态文明建设的全面领导，这是生态文明建设的根本保证。要把生态文明建设摆在全局工作的突出位置，建设人与自然和谐共生的现代化，提高党领导生态文明建设的能力和水平。用最严格制度最严密法治保护生态环境。让制度成为刚性的约束和不可触碰的高压线，推进生态环境治理体系和治理能力现代化。

（2）"尊重"与适应观。

"绿水青山就是金山银山"表达了尊重自然的思想。人是"自然存在物"，要尊重自然。正如马克思所言，"人直接地是自然存在物"，要尊重客观规律，否则便会遭到自然界的报复，只有尊重自然、顺应自然才能更好维持人与自然之间的平衡。冰川消融、环境污染、生物多样性锐减、土地沙漠化等全球性环境问题、自然灾害相应出现，提醒我们应树立尊重自然的理念。习近平总书记指出，中华文明历来强调天人合一、尊重自然，"只有尊重自然规律，才能有效防止在开发利用自然上走弯路"②。恩格斯认为："我们不要过分陶醉于我们人类对自然的胜利，对于每一次的胜利，自然界都对我们进行报复。"③ 这是对不尊重自然的预警。

①　中共中央宣传部、中华人民共和国生态环境部编：《习近平生态文明思想学习纲要》，北京：学习出版社、人民出版社，2022 年，第 109－113 页。

②　中共中央宣传部、中华人民共和国生态环境部编：《习近平生态文明思想学习纲要》，北京：学习出版社、人民出版社，2022 年，第 13 页。

③　中共中央马克思恩格斯列宁斯大林著作编译局编译：《马克思恩格斯选集》（第 4 卷），北京：人民出版社，1995 年，第 383 页。

（3）"共谋"与整体观。

"山水林田湖草沙冰是生命共同体"①，习近平总书记以生态共同体理念创新发展了马克思主义生态文明思想。我们要以"生命共同体"理念推动"双碳"和共谋绿色发展工作，妥善处理人与自然、保护与发展、整体与局部、国内与国际等关系，以减污降碳为主抓手，加快形成节约资源和保护环境的产业结构、生产方式、生活方式、空间格局。一方面，习近平总书记提出"山水林田湖草沙冰是生命共同体"的理念体现了"共谋"生态、共同建设"红树林之城"的思维方式，指出同一性和多样性相统一的生态特征。绿水青山就是金山银山，冰天雪地也是金山银山。靠山吃山，靠水吃水。宜山则山、宜水则水，因地制宜抓良好生态。另一方面，习近平总书记提出"人类命运共同体"理念和整体观倡议，在全球范围内形成共同谋划生态、共同享受生态的广泛共识。人类只有一个地球，只有人类共同拥抱这个地球，重视生态、谋划生态，才能迎来一个清洁美丽的共同家园。

2. 习近平总书记关于红树林保护及生态建设的重要论述

习近平总书记在湛江市麻章区湖光镇金牛岛红树林片区考察时说："这片红树林是'国宝'，要像爱护眼睛一样守护好。加强海洋生态文明建设，是生态文明建设的重要组成部分。要坚持绿色发展，一代接着一代干，久久为功，建设美丽中国，为保护好地球村作出中国贡献。"习近平总书记在这里主要强调了以下几方面：一是以国宝的高度表达红树林保护的重要价值和意义；二是将红树林保护提升到海洋生态文明乃至于生态文明的高度，将红树林保护的海洋生态文明价值与生态文明价值联系起来；三是将红树林保护与坚持绿色发展结合起来，将红树林生态建设与推动绿色生产方式、生活方式结合起来；四是将红树林保护、修复与可持续发展结合起来，眼前可见的效益与长期发展密切相关。

习近平总书记对于红树林保护与生态文明建设的重视是一以贯之的。2017年4月19日，习近平总书记在广西北海视察红树林时指出："保护珍稀植物是保护生态环境的重要内容，一定要尊重科学、落实责任，把红树林保护好。"为了深入践行习近平总书记关于红树林保护的讲话精神和指示精神，2020年，国家印发《红树林保护修复专项行动计划（2020—2025年）》。2021年3月，广东省印发《广东省红树林保护修复专项行动计划实施方案》。2021年12月，中国共产党湛江市第十二次代表大会提出加大红树林蓝碳碳汇项目开发力度，擦亮"红

---

① 中共中央宣传部、中华人民共和国生态环境部编：《习近平生态文明思想学习纲要》，北京：学习出版社、人民出版社，2022年，第71页。

树林之城"特色品牌，让"湛江红树林"成为广东生态建设的新名片。2022年印尼巴厘岛峰会上，每位国家元首植下一棵红树，昭示着国家元首们对红树林生态文明建设形成共识。

习近平总书记多次以形象通俗的说法强调生态文明建设的重要性。"银行"说：2013年4月，习近平总书记在海南考察时指出，希望做生态文明建设的表率，为子孙后代留下可持续发展的"绿色银行"。① "生命"说：2018年4月，习近平总书记在海南考察时指出，青山绿水、碧海蓝天是海南最强的优势和最大的本钱，是一笔既买不来也借不到的宝贵财富，要"像对待生命一样对待这一片海上绿洲和这一汪湛蓝海水"②。"大者"说：2022年4月，习近平总书记在海南热带雨林国家公园五指山片区考察时说，海南以生态立省，要跳出海南看国家公园建设，视之为"国之大者"，应认识其对国家的战略意义。"本钱"说：2013年4月，习近平总书记在海南考察时说，青山绿水、碧海蓝天是建设国际旅游岛的"最大本钱"。"一体"说："要深入实施山水林田湖草一体化生态保护和修复"③，"统筹山水林田湖草沙系统治理，必须坚持保护优先、自然恢复为主，深入推进生态保护和修复"④。"高压线"说：习近平总书记指出，保护生态环境必须依靠制度、依靠法治，要实施最严格的生态环境保护制度，"用最严格制度最严密法治保护生态环境"，"让制度成为刚性的约束和不可触碰的高压线"，不能让制度成为"没有牙齿的老虎"。⑤ "共谋"说：应对气候变化需要世界各国同舟共济、共同努力，任何一国都无法置身事外、独善其身，要"共谋全球生态文明建设"，努力形成世界环境保护和可持续发展的解决方案，要"共谋绿色生活，共建美丽家园"，要"推进'一带一路'建设，让生态文明的理念和实践造福沿线各国人民"⑥。"双碳"说："有序推进碳达峰碳中和工作"，体现了中国担当，为推动美丽中国、绿美广东建设的湛江实践提供了依据。

---

① 《海南：生态立省，为子孙后代留下"绿色银行"》，http：//news. cnr. cn/native/gd/20180613/t20180613_524269447. shtml，2018年6月13日。

② 王晖余等：《"生态立省"，海南正在这样努力》，http：//www. szss. gov. cn/sstbhzq/wyzt/wps/qygcs/content/post_9698167. html，2022年4月13日。

③ 习近平：《习近平谈治国理政》（第3卷），北京：外文出版社，2020年，第363页。

④ 中共中央宣传部、中华人民共和国生态环境部编：《习近平生态文明思想学习纲要》，北京：学习出版社、人民出版社，2022年，第73页。

⑤ 习近平：《习近平谈治国理政》（第3卷），北京：外文出版社，2020年，第363－364页。

⑥ 习近平：《习近平谈治国理政》（第3卷），北京：外文出版社，2020年，第364页。

（二）红树林的精神文化阐释

习近平生态文明思想坚持党对生态文明建设的领导。践行中国共产党人的精神谱系的丰富内涵为生态文明建设和红树林精神提炼、阐释提供依据。我们以阐释红树林精神来领略并传承中国共产党人的精神谱系。

1. 践行中国共产党人精神谱系，推进红树林的精神阐释

按照中共湛江市委、市政府关于《湛江市建设"红树林之城"行动方案(2021—2025年)》，打造"红树林之城"特色文化，提炼"红树林精神"，面向全社会，线上线下开展"红树林精神"大讨论活动，统一思想，凝聚建设"红树林之城"共识，让红树林文化广泛传播，将"红树林精神"内化于心、外化于行，使绿色、低碳、高质量发展成为全市人民、各行各业的行动自觉，让湛江成为践行绿色发展理念的城市典范，城市知名度和美誉度不断提高，在国内外享有盛誉。

如何提炼红树林精神，让红树林文化成为特色鲜明的文化名片？可以从中国共产党人的精神谱系中获得启示。中国共产党人的精神谱系中精神名称的确立与精神内涵的发掘密切相关。中国共产党人精神谱系中的精神命名是在长期革命、建设和改革实践中，逐步提炼、发展、完善并被中央确立的。其精神内涵的提炼和发掘可分为多种类型，如以人物命名的有张思德精神、雷锋精神、焦裕禄精神、王杰精神等。以地名命名的有井冈山精神、延安精神、西柏坡精神、大别山精神、红旗渠精神等。以物品和动物名称命名的有"两路"精神、"三牛"精神等。湛江红树林的精神阐释当以践行伟大建党精神和中国共产党人精神谱系为时代使命，以红树林物种本身的自然特性为依据，以湛江人的精神品质为引申义，旨在促进红树林保护与修复，推动湛江经济社会高质量发展。深入推进红树林的精神内涵"顽强不屈的意志、激浊扬清的正气、勇于创新的品质、团结奋进的力量"落地生根，充分彰显迎风破浪的奋斗精神、激浊扬清的担当精神、勇于变革的创新精神和众木成林的团结精神。以"红树林之城"建设为契机，湛江将深入挖掘和弘扬红树林精神，将其精神内涵体现到推动湛江发展的生动实践中。通过对红树林精神的阐发与提炼来形成全社会合力，同舟共济，为湛江生态文明建设作出贡献。

2. 红树林精神阐释建立在湛江深厚的文化底蕴基础上

习近平总书记在哲学社会科学工作座谈会上指出："文化自信是更基本、更

深沉、更持久的力量。"① 文化自信来源于地域文化的性格基因、红色革命文化的宝贵遗产、历史传统的数千年遗产、社会主义先进文化的时代追求，是地域性、方向性、历史性与时代性的统一。《广东省建设文化强省规划纲要（2011—2020 年)》将雷州文化列为岭南四大文化之一，雷州文化的发掘和创新发展迎来了难得的机遇。对湛江来说，红树林精神阐释的深厚文化底蕴建立在地域维度的雷州文化、方向维度的红色苏区文化、历史维度的非物质文化遗产、时代维度的创新发展文化及其统一基础上。②

（1）地域维度的雷州文化。

从地域维度说，雷州文化内涵丰富，有许多内容契合红树林精神品质。如政治精英陈瑸在多地为官，坚持秉公执法，廉洁爱民，展现了公正、法治、廉洁的价值观，被康熙皇帝赐谥号"清端"。徐闻、合浦港海上丝绸之路的开辟等奋斗史表现了人们勇于创新、敢于开拓的品质。百姓不畏牺牲，英勇抗法，体现了"寸土寸金"爱国主义的豪迈情怀。此外，雷州文化理念及中西合璧建筑文化"负阴而抱阳"特征表达了海洋文化外向、包容、道法自然的价值追求，体现了追求自由、平等的取向。要研究骆越文化、荆楚文化、海上丝绸之路文化、冼夫人与汉俚文化、陈文玉与雷文化、"三陈"与雷阳文化、林召棠与精英文化、流寓文化（如寇准、苏轼、秦观、苏辙、汤显祖）等，发掘并秉承其顽强不屈的意志等价值基因，对红树林的精神品质阐述具有一定意义。

（2）蕴含革命故事的红色文化。

红树林是抗击敌人的青纱帐、掩护革命战士的天然屏障。研究新民主主义革命时期的红色文化与抗法入侵的爱国文化、建设时期的红色文化、社会主义先进文化等一脉相承的关系，对彰显共产党人信仰之坚定、意志之顽强、追求之高尚有积极作用。这些红色革命文化的结晶，是引领社会主义文化的重要载体。人们通过对爱国主义教育基地寸金桥公园、谭平山纪念园、黄学增纪念馆、渡海战役遗址等的瞻仰纪念活动，领略红色文化、传承革命精神、孕育家国情怀。曾在雷州中学堂（岭南师范学院前身）工作数年的谭平山后来成为中国共产党广东党组织早期创始人之一，为推动国共合作和八一南昌起义如期进行起到了关键作用。他的民主革命精神和敢于牺牲精神值得传承和弘扬。广东南路书记、"四大农民领袖"之一的黄学增为革命献出年轻生命。在抗日战争时期，著名史学家陈

① 习近平：《习近平谈治国理政》（第 2 卷），北京：外文出版社，2017 年，第 349 页。
② 参见施保国：《丰富岭南文化自信的深厚底蕴》，《湛江日报》，2021 年 5 月 2 日。

寅恪，作家夏衍、许地山，京剧大师梅兰芳等大批文化名流和民主人士在共产党的营救下来到湛江，他们领悟了革命精神，感知党的统战思想。从湛江出发，野战军在解放海南岛的渡海战役中表现出的革命精神可歌可泣。这些红色文化和革命故事可转化为阐释红树林精神的动力源泉。

（3）历史维度的非物质文化遗产。

红树林是古代海上丝绸之路的见证者，红树林精神阐释需要传承包括古代海上丝绸之路文化在内的传统文化资源。习近平总书记说"不忘本来才能开辟未来，善于继承才能更好创新。对历史文化特别是先人传承下来的价值理念和道德规范，要坚持古为今用、推陈出新"，① 从传统文化之"本"中开出"新"来，努力用中华先人创造的传统智慧来"以文化人、以文育人"，让"陈列在广阔大地上的遗产、书写在古籍里的文字都活起来"。② 研究当地文化及与南迁汉文化的互动关系，打造湛江传统文化之乡品牌，需要创新和发展国家级非物质文化遗产，如醒狮、石狗、雷州歌、雷剧、飘色、傩舞、粤剧南派艺术等。近代，雷州人民的宽广胸襟和对异质文化的包容，使得广州湾成为中西文化交融、碰撞、融合的基地。如今保存的中西合璧的建筑，如教堂、学校、邮局、银行、灯塔、港口设施以及居民文化观念、生活方式等，都昭示着中西文化与当地的交流与结合。在新时代，传承和发展这种包容开放的文化品质具有重要的价值和意义。

（4）时代维度的创新发展文化。

红树林精神富含勇于创新的品质。随着新时代人们对于文化的重视，传统文化越来越需要进行创造性转化与创新性发展。在民间，各种文化教育和普及活动可加强群众的文化自觉、文化自信。坚持政府主导、企业主体、市场运作、社会参与、"互联网＋"，扩大对外文化交流，推动中华文化创新发展，使得中华文化能够借鉴国外优秀文化以及古代优秀文化成果而获得更大发展空间，在创新发展的新理念指引下做到"洋为中用，古为今用"。建设时期，党和国家重视湛江的创新发展。毛泽东主席重视湛江的地位，他在国防建设会议上说："湛江是个方向，湛江要设防，湛江要坚守，湛江不能丢。"周恩来、邓小平、董必武、郭沫若等为湛江的创新发展加油鼓劲。改革开放以来，党中央

① 于洪波：《中华优秀传统文化的价值认同与创新转化》，《光明日报》，2017 年 7 月 7 日。
② 杜立晖：《让古籍纸背文献研究"活起来"》，https：//www.cssn.cn/skgz/bwyc/202404/t20240411_5745710.shtml，2024 年 4 月 11 日。

重视湛江的发展。1983 年，胡耀邦总书记视察湛江；1993 年，江泽民总书记视察湛江；2003 年，胡锦涛总书记视察湛江；2023 年，习近平总书记视察湛江。党和国家历代领导人视察湛江，对湛江的创新发展给予直接的指导。1984 年，湛江被列为国家首批 14 个沿海开放城市之一。新时代以来，作为港口城市的湛江迎来发展的春天。2012 年 12 月，党的十八大后，习近平总书记第一次出京考察就来到广东，传递将改革开放继续推向前进的鲜明信号。2018 年 10 月，习近平总书记第二次考察广东，正值改革开放 40 周年之际，习近平总书记发出"继续全面深化改革、全面扩大开放，努力创造令世界刮目相看的新的更大奇迹"的号召。2020 年 10 月，习近平总书记第三次视察广东，提出"努力在全面建设社会主义现代化国家新征程中走在全国前列、创造新的辉煌"的要求。2023 年是全面贯彻党的二十大精神的开局之年，总书记视察湛江、视察红树林并作出重要指示。习近平总书记对湛江的创新发展、打造沿海经济带、守护好"国宝"红树林寄予厚望。研究和践行党和国家领导人对湛江的指示精神构成红树林精神阐释的文化力。

习近平总书记指出，要把湛江作为重要发展极，打造现代化沿海经济带。我们要丰富红树林精神的深厚底蕴，多维度拓展其内涵，打响红树林之城的文化品牌，有利于发挥湛江沿海经济带和开放城市建设的优势特色，为省域副中心、现代化沿海经济带重要发展极建设、生态城市高质量发展作出贡献。

三、 红树林专题研究的基本思路和特色

打造"红树林之城"是个系统工程，包含政治、经济、文化、社会、生态、教育等各方面。课题组通过"红树林之城"专题研究，旨在为"红树林之城"建设工作提供学术参考。

（一）红树林专题研究的基本思路

坚持系统观念是习近平新时代中国特色社会主义思想的世界观和方法论。系统观念要求研究红树林专题时须注重全面与局部、普遍性与特殊性统一等方面。我们要以此为基本思路来推进研究工作。

从全面与局部来说，应系统、全面研究与"红树林之城"紧密相关的经济、政治、文化、社会、生态、旅游、精神内涵、教育、国际合作、"双碳"、生物多样性等角度。一为从政治层面来剖析，健全、完善红树林生态文明制度体系，完善生态治理保障机制以及加强国际领域的交流与合作是习近平生态文

明思想走向实践的必然选择。因此，应制定严格的生态环境保护制度，涵盖源头、过程、赔偿、追责等方面。二为经济层面的实践向度。保护环境与提高生产力之间有密切的联系，习近平总书记提出"保护环境就是保护生产力，改善环境就是发展生产力"的观念。因此，应将农业、工业、服务业等相关产业合理地纳入红树林生态系统的循环体系，实现农业、工业、服务业等相关领域的绿色发展。建设生态文明必须综合考量生态效益和社会效益，大力发展循环经济，建立完备的循环经济体系，逐步增加生态产业、环保产业以及清洁能源产业在产业发展中的比重。三为文化层面的向度。习近平总书记指出，生态文明建设要"加强生态文明宣传教育"，"形成全社会共同参与的良好风尚"。因此，要发挥红树林生态文化潜移默化的作用，积极为群众提供优质生态文化产品，引导群众树立生态文明观念，加强群众生态道德建设；用生态道德的力量推动生态文明的建设发展，将红树林研究放在经济、社会、文化、生态等综合发展的全部过程中。

从普遍性与特殊性统一来看，应研究湛江红树林生态与其他生态统一的关系、研究湛江"红树林之城"与全球红树林保护统一的关系、研究红树林生态文明与其他文明的统一。区域的就是世界的。研究湛江的"红树林之城"，需坚持以红树林的精神阐释为纽带，促进湛江全社会凝心聚力、同舟共济，推动经济社会创新发展，以建设"红树林之城"为抓手，加强红树林生态系统保护和集中连片修复，大力推动红树林生态保护与滨海旅游、观光农业、休闲渔业等业态深度融合，走出一条生态优先、绿色低碳的高质量发展之路。研究湛江打造"红树林之城"实践，需结合湛江的特殊性，即地域特征和特色，发掘湿地生态、生产生态、生活生态、人文生态、旅游价值、治理价值、发展价值的深刻内涵，为中国式现代化生态文明建设提供借鉴，为新质生产力的绿色发展作出积极探索，为美丽中国的广东样板作出湛江贡献。

（二）红树林专题研究的特色

本书课题组坚持多学科、多角度对红树林开展研究，拓宽打造"红树林之城"的丰富内涵，以不同学科专业为视角，探讨"红树林之城"打造的内涵，坚持社会科学与自然科学相结合，学术论述与普及提高相结合。本书二十多位作者来自不同学科专业，专业领域包括哲学、史学、思政教育、文化学、生物学、心理学、马克思主义理论、鸟类学、植物学、生态学等，分别从经济、政治、文化、社会、生态、教育、国际合作等角度对湛江打造红树林之城进行研究；其中有三位教授、六位副教授，基本是博士、硕士。本书的出版旨在增加广大群众对红树林及湛江打造"红树林之城"的了解和支持，为保护红树林、共建"红树林之城"提供科学支持。

（三）本书主要内容

第一部分"红树林与湛江生态标签"，分别从红树林生态的独特性、陆地生态与海洋生态等方面进行论述。从"花园城市"（1959 年）、"国家园林城市"（2006 年）、"海鲜美食之都"（2010 年）、"中国十佳绿色城市"（2010 年）到"红树林之城"，湛江的红树林保护意识越来越强。全球红树林分布最南界到新西兰东部地区，最北界到中国浙江省中南部。红树林沿赤道绕地球一周分布，堪称地球的"绿飘带"。而湛江的红树林则是这条"绿飘带"上最绿的部分之一，被列入国际重要湿地名录的湛江红树林国家级自然保护区（2002 年），是中国红树林面积最大、种类较多的自然保护区，是生态标签的重要依据。

第二部分"红树林与湛江绿色发展"，从绿色发展的角度探讨红树林作为国际绿色议题的重要性，分析习近平总书记视察湛江红树林的重要意义、生态城市建设的战略考量，以及湛江建设"红树林之城"的绿色意蕴。从"全球化"议题、"人工智能与技术竞争"议题到红树林绿色议题，通过对红树林议题的分析，展示红树林在国际政治、国内发展以及地方建设的战略价值和政策意义。

第三部分"红树林与湛江经济"，主要论述湛江红树林的经济效益、湛江的"红树林 + 生态产业"发展模式及其政策支持、湛江红树林保护和经济开发的挑战及应对策略。结合全球视野下的红树林状况与挑战，剖析湛江如何在保护红树林的同时，充分挖掘其经济价值，实现红树林的可持续发展。

第四部分"红树林与湛江文化"，主要从传统文化视域下的红树林文化、红树林的现代文化价值、红树林赋能湛江创建社会主义先进文化等方面进行论述，包括作为物质文化的红树林文化、作为生活习俗的红树林文化、作为艺术形式的红树林文化、作为文化知识的红树林文化等。对红树林的科学认识与自然界构成了一个有机的统一整体。

第五部分"红树林与湛江社会"，主要论述湛江红树林的社会价值、面临的挑战、湛江红树林保护的可持续发展方案等。厘清生态保护价值、科学研究价值、教育价值、经济价值、文化价值，提出湛江红树林保护的可持续发展方案，主张建立健全湛江红树林保护法律体系，加强监督，完善执法体制，加大执法力度，增强司法保护等。

第六部分"红树林与湛江旅游"，主要从湛江红树林的旅游价值、红树林资源与湛江旅游发展战略、打造湛江"红树林之城"等方面进行论述。倡议打造湛江"红树林之城"——建设全国重点生态旅游目的地。推出"红树林之城"系列文创产品。以"互联网＋""人工智能＋"思维打造一批体现湛江作为"红树林之城"的特色文化标识。全球征集红树林卡通形象、红树林之歌和"红树林之城"形象标识。与知名艺术家合作，高水平制作推出红树林主题漫画，研发制作红树林主题手信等文创产品。

第七部分"红树林的精神内涵与文化特质"，主要从红树林的精神内涵、红树林精神阐释的文化特质等方面进行论述，讨论红树林的四种文化特质。准确提炼和生动阐释"红树林精神"，对于凝心聚力建设绿美湛江、"碳路湛江"和人文湛江意义深远，从自然之物到精神意象、移情与比德、人文精神新标识的建构等对红树林的精神提炼作了论述。文化特质主要从"红树林之城"所依据的地域性文化特质红色文化、蓝色文化、古色文化、绿色文化进行研究，夯实论证红树林精神的丰厚文化土壤。

第八部分"红树林与湛江教育"，主要论述红树林精神的教育价值、红树林精神契合社会主义核心价值观、红树林精神融入社会主义核心价值观教育及其作用。用习近平生态文明思想武装头脑，增强全社会生态文明意识与行动自觉，持续践行"绿色"发展理念，推动形成人人、事事、时时、处处崇尚生态文明的良好社会氛围，离不开生态文明教育。

第九部分"红树林与湛江生态文明建设"，主要从生态文明理念与湛江生态文明建设、红树林保护与湛江生态文明建设的协同发展、湛江生态文明建设的实践探索等方面进行论述。随着生态文明理念的传播、科技创新的推动、生态旅游的发展、政策支持的加强以及国际合作机会的增加，湛江有着前所未有的机遇来保护和可持续利用这一宝贵资源。

第十部分"红树林与国际合作"，主要从红树林全球分布的区域性、红树林国际合作的意义、红树林国际合作现状与趋势、湛江参与红树林国际合作前景等方面进行论述。基于红树林的自然属性和地理分布情况，尝试运用国际关系理论分析红树林国际合作的必要性、困境和紧迫性，并对红树林保护国际合作的现状和趋势进行梳理和展望。

第十一部分"红树林与'双碳'"，主要从"双碳"目标与蓝碳关系、我国蓝碳资源现状、湛江发展蓝碳的路径分析等方面进行论述。要实现"双碳"目标，需要在减排和增汇两个方面采取措施。可以通过产业转型、节能减排和使用清洁能源等方式来减少二氧化碳的排放。增汇则是利用生态系统吸收和固定大气中的碳来实现。

第十二部分"红树林生物多样性"，主要从红树林植物多样性、红树林鸟类多样性等方面进行论述。湛江红树林植物种类丰富，共 16 科 26 种，主要红树植物有红树科的木榄、红海榄、秋茄和角果木，马鞭草科的白骨壤等，其中白骨壤群落、白骨壤与桐花树群落、红海榄与木榄群落、秋茄与桐花树群落是最主要的植物群落。虽然雷州半岛红树林是我国红树林分布面积最大的地区，长期以来受到科研工作者和相关管理部门的重视，但目前仍有较大的保护发展空间。鸟类多样性主要介绍湛江地理、生态特点及由此形成的湛江鸟类的独特性，红树林与鸟类的关系，湛江红树林珍稀鸟类代表物种。

红树林与湛江生态标签

叶继海[①]

湛江曾有多个标签，如"花园城市"（1959 年获得）、"国家园林城市"（2006 年获得）、"海鲜美食之都"（2010 年获得）、"中国十佳绿色城市"（2010 年获得）等。随着社会的发展和人们对生态问题的重视，湛江又多了一个新的标签——"红树林之城"，红树林成为湛江在生态方面的显著标签。

红树林生长于陆海之间的潮间带，在其成片生长的地方，往往形成滨海湿地。而大片滨海湿地则对陆地生态和海洋生态都产生重要的影响，兼具湿地生态系统、海洋生态系统和森林生态系统等多重生态系统特征和功能。湛江沿海 2 000 余千米的海岸线，分布着 37 个由红树林形成的滨海湿地。这些滨海湿地串珠成链，构成了湛江海岸线绝美风景，成为湛江生态标签。根据 2023 年 7 月 26 日中国首次举办的国际红树林保护高级别论坛公布的数据，中国现有红树林面积 2.92 万公顷，比 21 世纪初增加 7 200 多公顷。其中湛江的红树林面积为 6 398.3 公顷，占全国总面积的 23.7%，同时也是广东省红树林总面积的 60.1%。[②] 为了更好地保护红树林湿地，1997 年国家批准成立"广东湛江红树林国家级自然保护区"，这是目前我国红树林面积最大、种类较多的自然保护区。2002 年，湛江的红树林自然保护区被列入《湿地公约》国际重要湿地名录，成为我国生物多样性保护的关键性地区和国际湿地生态系统就地保护的重要基地。

一、 红树林是湛江的生态标签

世界红树林有中国，中国红树林有湛江。红树林主要分布在南北纬 25 度之间的国家和地区。最南界到新西兰东部地区，最北界到浙江省中南部。红树林沿赤道绕地球一周分布，堪称是地球的"绿飘带"。而湛江的红树林则是这条"绿飘带"上最绿的部分之一。

[①] 叶继海，河南新县人，岭南师范学院马克思主义学院讲师、法学博士；研究方向：生态文明建设、中华优秀传统文化、华侨华人。

[②] 参见《生态半岛，共此青绿》，《南方日报》，2024 年 2 月 1 日。

红树林是全球生产力最高的生态系统之一，它在保护生态环境、维持生物多样性等方面具有极其重要的作用。自 2000 年以来，中国积极开展红树林保护与修复，将 55% 以上的红树林纳入自然保护地体系。这使中国成为世界上少数红树林面积净增长的国家之一。2022 年 11 月 7 日，在第十四届《湿地公约》缔约方大会上，中国的红树林保护成果和修复效果备受各缔约国的关注。

（一）湛江：名副其实的"红树林之城"

湛江的气候、土壤和水文都十分适合红树林生长。20 世纪 80 年代，湛江就超前规划，率先采取行动保护红树林资源。1990 年 1 月，广东省政府批准了廉江高桥镇的红树林省级自然保护区，面积 2 000 余公顷。1997 年 11 月 7 日，"广东湛江红树林国家级自然保护区"成立，面积比之前的省级保护区扩大了近十倍。

湛江红树林国家级自然保护区涵盖整个湛江 2 000 余千米的海岸线，从东经 109°40′ 到 110°35′，北纬 20°14′ 到 21°35′。跨徐闻、雷州、遂溪、廉江等县（市）及麻章、坡头、霞山等区的 39 个乡镇，涉及 147 个村委会。保护区沿海岸线呈带状间断性分布，由 68 个保护小区组成，保护区西北以高桥片为主；东北以官渡片为主；东以湖光片为主；东南以和安片为主；西南以角尾片为主。"广东湛江红树林国家级自然保护区"总保护面积 20 278.8 公顷，其中有 6 398.3 公顷红树林，是目前中国面积最大、分布最集中的红树林自然保护区。湛江国家级红树林自然保护区的设立，使湛江成为一个"城在林中，林遍全城"的"红树林之城"。

（二）红树林：湛江的生态标签

生态标签是指认证诠释自然与社会环境状态、显示环境绩效表现的标签符号。[①] 生态标签是高质量环境表现的重要指示性工具，具有品牌认知、品牌定位、品牌联想等功能。生态标签是一种无形的资产，具有较强的指引能力，能形成外溢效应，带来标签之外的价值，在利用中实现增值。城市被认证为某种具有代表性的生态标签，就能提升城市知名度。生态标签的社会认同度越高，城市的知名度也就越高。

国际生态旅游专家拉尔夫·巴克利（Ralf Buckley）认为，在旅游业领域，生态标签认证的内涵属性有三个层次：第一层次，彰显主动减少环境影响的可持

---

① Buckley R. Tourism Eco-labels. *Annals of Tourism Research*，2002，29（1），转引自姚治国等：《旅游者对旅游生态标签认证的感知差异及影响因素》，《海南大学学报》（人文社会科学版）2022 年第 12 期。

续旅游；第二层次，彰显环境是核心资源成分的自然旅游（Nature – based tourism）；第三层次，彰显具有深刻环境教育和自然、文化环境保护作用的生态旅游。① 将红树林作为湛江的生态标签符合巴克利认证生态标签的三个层次。

红树林之所以能够成为湛江的生态标签，有以下几个原因：

1. 湛江红树林自然保护区的面积全国最大，分布最广

中国有大片红树林分布的城市为数不多。目前中国内地共有 64 处国际重要湿地，其中以红树林为主题的国际重要湿地共有五处②：海南东寨港、广西山口、广东湛江、福建漳江口、广西北仑河口。中国内地有红树林分布的省份都有 1 ~ 2 个以红树林为主题的国际重要湿地。湛江的红树林保护区全名为"广东湛江红树林国家级自然保护区"。2002 年，湛江的国家级红树林自然保护区与"广西山口红树林生态国家级自然保护区"一同被列入国际重要湿地名录。湛江国家级红树林自然保护区几乎覆盖城市的整个海岸线，而湛江的陆地海岸线长度占整个广东省的 30%，全国的 6.9%。保护区面积占全国五大红树林保护区总面积的 48.7%，因此湛江成为全国红树林面积最大、种类较多的自然保护区。

表 1　中国五大红树林湿地情况

中国五大红树林湿地	面积	红树种类和栖息物种	特色
广东湛江红树林国家级自然保护区	20 279 公顷	有真红树和半红树植物 16 科 26 种；主要伴生植物 14 科 21 种。鸟类 18 目 48 科 297 种。鱼类 15 目 58 科 100 属 127 种；贝类 3 纲 38 科 76 属 110 种；甲壳类 13 科 37 种。底栖动物 68 科 147 种	世界湿地恢复成功范例。我国红树林面积最大、种类较多的自然保护区
海南东寨港国家级自然保护区	8 000 多公顷	有红树植物 20 科 36 种。鸟类 204 种。软体动物 115 种。鱼类 119 种、蟹类 70 多种、虾类 40 多种	首个以红树林为主的湿地类型自然保护区

① Buckley R. Tourism Eco-labels. *Annals of Tourism Research*，2002，29（1），转引自姚治国：《国外旅游生态标签认证研究述评》，《旅游研究》2022 年第 4 期。

② 注：本文数据不包括台湾、香港、澳门等地区的红树林保留地。

（续上表）

中国五大红树林湿地	面积	红树种类和栖息物种	特色
广西山口红树林生态国家级自然保护区	8 003公顷	有红树植物17种，其中真红树植物10种、半红树植物7种；主要伴生植物22种。鸟类242种。大型底栖动物378种、昆虫456种	南亚热带典型红树林代表
福建漳江口红树林国家级自然保护区	2 360公顷	有红树植物5种。鸟类15目38科154种，其中陆鸟8目23科74种、水鸟7目15科80种。潮间带底栖动物28种；潮下带底栖生物181种	北回归线北侧种类最多、生长最好的红树林天然群落
广西北仑河口国家级自然保护区	3 000公顷	有红树植物18种。鸟类128种，其中有13种鸟类被列为国家二级保护动物。鱼类27种。大型底栖动物84种	中国仅有的边境红树林

数据来源：国家林业和草原局、国家公园管理局：《红树林：特殊珍贵的滨海湿地》，http：//www. forestry. gov. cn/main/5462/20221108/093243318651567. html。百度词条：《海南东寨港国家级自然保护区》《广西北仑河口国家级自然保护区》《漳江口红树林国家级自然保护区》。湛江红树部分数据参考《广东湛江红树林国家级自然保护区综合科学考察报告》（广东湛江红树林国家级自然保护区管理局、保护国际基金会编著）广州：广东教育出版社，2019年。

2. 湛江红树林生态修复最成功，潜力巨大

从世界范围来看，全球红树林面积呈现持续减少的趋势。以"花园城市"国家新加坡为例，新加坡在19世纪初曾有红树林7 500多公顷，而现在该国的红树林分布面积则不到300公顷。其中双溪布洛湿地保护区面积202公顷，有红树林物种53种；白沙公园有集中连片的红树林6公顷。相较许多国家的红树林面积急剧减少，中国则通过严格保护和大规模生态修复，成为世界上红树林面积净增加的少数国家之一。2023年7月，中国红树林面积已经达到2.92万公顷（43.8万亩），其中湛江贡献了6 398.3公顷。

湛江红树林存量可观，生态修复也最为成功。历史上湛江的红树林面积也曾一度减少，到 20 世纪 80 年代末的时候，只有 5 800 公顷。但是从 1990 年开始，湛江通过采取建立自然保护区等措施加强管理，并辅以人工造林修复。到 2024 年，湛江红树林修复面积超过 500 余公顷。

湛江红树林修复工程仍然在持续。在省一级层面，2024 年 5 月广东省发布了《广东红树林保护修复管理试点方案》，提出完善红树林保护修复激励机制。依托深圳国际红树林中心，探索建立深圳 – 汕尾、深圳 – 湛江、深圳 – 阳江等异地修复合作机制。探索推进红树林市场化保护修复，按照"谁修复，谁受益"的原则，创新探索建立社会主体参与红树林保护修复的回报机制，撬动社会资本参与红树林保护修复。① 2021 年，广东省推动北京市企业家环保基金会（SEE 基金会）与广东湛江红树林国家级自然保护区合作，完成了中国首笔红树林蓝碳项目"广东湛江红树林造林项目"的开发与交易。这是中国首个符合核证碳标准（VCS）和气候、社区和生物多样性标准（CCB）的红树林碳汇项目。项目交易金额 38.8 万元和筹集的资金 780 余万元被用于湛江红树林的生态修复和社区共建等方面。② 2023 年 9 月 21 日，广东省又推动 SEE 基金会携手广汽本田汽车有限公司，与广东湛江红树林国家级自然保护区合作开展"广东湛江雷州红树林保护与修复项目"③。项目计划在五年内修复和保护湛江雷州 550 亩红树林，并将项目捐赠公益资金用于开展红树林生态保护和修复、蓝碳开发、社区保护、生物多样性监测、公众环境教育等。

在市一级层面，《湛江市红树林湿地保护条例》《湛江市红树林保护修复规划（2021—2025 年)》《湛江市红树林营造工作实施方案》《湛江市红树林资源保护和监管工作机制》等政策陆续出台。2022 年湛江市成立红树林湿地保护基金会，进一步推动社会力量加入红树林湿地资源的自然修复及科学营造行动。湛江的红树林修复和造林目标是到 2025 年底，完成修复红树林 1 370 公顷，营造红树林 2 813 公顷，分别占全国总目标任务的 14% 和 31.1%。

① 《广东创新红树林保护修复模式》，https：//www. forestry. gov. cn/lyj/1/dfdt/20240617/565 918. html。

② 《广东率先探索红树林碳汇价值实现新路径》，http：//www. eco. gov. cn/news _ info/ 71448. html；《［湛江］珍稀鸟类回归，红树林焕发新生机》，http：//lyj. gd. cn/news/ newspaper/content/post_3973785. html。

③ 《多方联动共护红树林！广东湛江雷州红树林保护与修复项目正式启动》，https：// baijiahao. baidu. com/s？ id ＝1777654057569344779&wfr ＝ spider&for ＝ pc。

与其他四个国际红树林滨海湿地相比较，湛江红树林自然保护区的修复之所以能够取得巨大成功，除了采取严格的保护措施之外，还得益于红树林可修复面积的巨大潜力。湛江国家级红树林自然保护区总面积 2 万余公顷，而实际红树林面积总量是 6 398.3 公顷，可修复潜力巨大。

二、 "红树林之城" 建设行动擦亮湛江生态标签

湛江素来以海港城市闻名，但是近年来国内各海港城市的发展呈现同质化趋势。国内大多数海港城市的发展模式基本如下：第一，完善港口设施，打造水陆交通枢纽；第二，建设造船厂，发展造船业；第三，依托港口发展临港产业；第四，开发海洋，发展渔业；第五，保护海岸线，发展滨海旅游业。海港城市只有结合自身的区位优势和各种资源优势，打造出一条特色发展之路，才能增强城市发展竞争力。海港城市只有将旅游业同生态文明建设相结合，才能具有发展的可持续性。只有依托本地特色自然景观发展生态旅游业，才能在海港城市同质化发展中脱颖而出。湛江率先启动"红树林之城"建设行动，正是立足本地优势生态资源，发展特色旅游业，建设生态文明，为实现海港城市异质化发展走出一条新路，抢到的"头啖汤"。

（一）"红树林之城"建设行动奠基

湛江启动"红树林之城"建设行动，离不开前期的科学规划和经验积累。《北部湾城市群发展规划》和《北部湾城市群建设"十四五"实施方案》是湛江"红树林之城"建设的指导。

2017 年，湛江等北部湾城市向国务院提交了《北部湾城市群发展规划》并获得批准。该发展规划里提到：湛江等北部湾城市要"以共建共保洁净海湾为前提，以打造面向东盟开放高地为重点，以构建环境友好型产业体系为基础，发展美丽经济，建设宜居城市和蓝色海湾城市群"[①]。

2022 年 3 月 9 日，国务院又批准实施《北部湾城市群建设"十四五"实施方案》（简称《实施方案》）。《实施方案》提出了三个与生态有关的发展目标：一是到 2025 年，初步建成生态环境优美、经济充满活力、生活品质优良的蓝色海湾城市群。二是湛江等城市向海经济加快发展，现代化绿色临港产业基地基本

[①] 《国家发展改革委　住房城乡建设部关于印发北部湾城市群发展规划的通知》（发改规划〔2017〕277 号）附件，https://www.ndrc.gov.cn/xxgk/zcfb/ghwb/201702/t20170216_962229.html。

建成。三是蓝色海湾生态格局筑牢向好，自然岸线保有率稳步提高，近岸海域水质优良率稳定在 90% 以上。① "稳定"二字是对湛江等北部湾城市优良水质的肯定。

《实施方案》在生态文明建设方面，明确提出要加强海岸带生态系统保护修复。在"共建高水平蓝色生态湾区"中提到，筑牢陆海一体的生态安全屏障。坚持山、水、林、田、湖、草、沙系统治理，加快实施南方丘陵山地带生态保护和修复重大工程、森林质量精准提升工程，大力营造防护林。推进水土流失综合治理，开展生态清洁小流域建设。以湛江湾、防城港东湾、北海廉州湾等为重点，实施海岸带、内陆滩涂重要生态系统保护修复工程，开展红树林保护修复专项行动，加强红树林、海草床、盐沼、珊瑚礁等保护修复，整治修复海岸线和滨海湿地，全面保护自然岸线。加快整合归并优化各类自然保护地，严控自然保护地范围内非生态活动，加强儒艮、中华白海豚、白头叶猴、坡鹿、金花茶等珍稀濒危野生动植物及候鸟栖息地的保护。②

《北部湾城市群发展规划》和《北部湾城市群建设"十四五"实施方案》包含着湛江在生态文明建设方面明确的发展思路。两个跨省级发展规划的批准表明国家对湛江等北部湾城市发展定位的认可。

（二）湛江"红树林之城"建设行动

在多年科学规划、发展积累和国家政策支持下，2021 年 12 月 30 日，湛江市召开建设"红树林之城"工作会议，提出了《湛江市建设"红树林之城"行动方案（2021—2025 年)》。该方案提出目标，到 2025 年，要在湛江建成独具地方特色的红树林生态旅游经济带，将红树林旅游要素融入大文旅产业链。

《湛江市建设"红树林之城"行动方案（2021—2025 年)》提出从四个方面加强"红树林之城"建设：第一，加强红树林生态整体保护、修复和管理。编制红树林湿地保护专项规划；扩大生态保护红线；建立健全红树林生态系统动态监测网络；加强红树林保护修复全过程跟踪监测；统筹推进红树林保护和水利防洪设施管理。第二，探索红树林经济价值实现新路径，将红树林打造成为"金树

---

① 《国家发展改革委关于印发北部湾城市群建设"十四五"实施方案的通知》（发改规划〔2022〕482 号）附件，https：//www.gov.cn/zhengce/zhengceku/2022 – 04/08/content_5684015.htm。

② 《国家发展改革委关于印发北部湾城市群建设"十四五"实施方案的通知》（发改规划〔2022〕482 号）附件，https：//www.gov.cn/zhengce/zhengceku/2022 – 04/08/content_5684015.htm。

林"。发展红树林生态旅游和红树林碳汇经济，逐步实现"人养林"向"林养人"转变。第三，挖掘红树林科研优势，打造高水平红树林科研科普品牌。建设红树林科普教育基地，提升公众对红树林功能和价值认知。第四，挖掘红树林人文优势，提炼"红树林之城"精神内核，打响"红树林之城"文化名片，讲好"红树林之城"共建故事，提升城市知名度。①

2023 年 5 月，湛江推动实施绿美湛江生态建设"七大行动"，即在绿美广东"六大行动"②的基础上，增加了富有湛江特色的"'红树林之城'建设提升行动"。

2023 年 4 月 10 日，习近平总书记视察湛江金牛岛红树林，进一步提升了湛江红树林的知名度。6 月 13 日，湛江市召开贯彻落实习近平生态文明思想和习近平总书记视察广东重要讲话、重要指示精神会议，提出通过进一步推进"红树林之城"建设，落实总书记关于保护红树林资源的重要指示，践行习近平生态文明建设思想。

三、　红树林与湛江陆地生态

湛江市三面环海，陆地大部分由半岛和岛屿组成，总面积 1.33 万平方千米。全市地形南北走向，地势北高南低，起伏和缓，整体中间高，两侧低，略呈龟背状。全市最高峰双峰嶂位于北部廉江市境内，海拔 382 米。在全市土地总面积中，平原占 66%，丘陵占 30.6%，平原和台地占比 90% 以上。只有北部的廉江市和吴川市有少量山地，约占 3.4%。

（一）红树林提升了湛江的森林覆盖率

红树林生长于海陆之间的潮间带，被称为"海上森林"，它生长于滩涂湿地，集聚成林，提升城市森林覆盖率。2022 年 11 月，湛江市制订《湛江市科学绿化实施方案》，③该方案提出，通过"保护好古树名木、天然次生林、红树林、沿海防护林等林木"，以提高森林质量、增强森林生态系统碳汇能力为重点，着力提升森林生态功能。④由此可见，保护修复红树林是湛江增加森林面积、提升

① 《全力建设"红树林之城"打造广东生态建设新名片》，https：//www.zhanjiang.gov.cn/zjsfw/gab/jryw/content/post_1557187.html。

② 绿美广东"六大行动"：森林质量精准提升行动、城乡一体绿美提升行动、绿美保护地提升行动、绿色通道品质提升行动、古树名木保护提升行动和全民爱绿植绿兴绿护绿行动。

③ 《湛江市科学绿化实施方案》，《湛江日报》，2022 年 11 月 15 日。

④ 《湛江市科学绿化实施方案》提出，在 2025 年将全市森林覆盖率提升至 23.11% 以上。

森林覆盖率的重要途径。

目前湛江市的森林面积约为 31.11 万公顷，有红树林分布的面积约 1 万公顷，占比 3.2%。红树林虽然在森林总面积中占比不大，但是湛江红树林的林分郁闭度①在 0.8 以上，属于密林（根据联合国粮农组织规定，≥0.70 的郁闭林为密林），而且它的综合生态价值远远大于其他种类的林木。所以习近平总书记在视察湛江麻章区金牛岛红树林时强调说，红树林是"国宝"，我们要像爱护眼睛一样守护好红树林。

（二）红树林丰富了湛江的植物群落

红树林对于湛江市植物多样性方面的贡献也非常大。就红树林的植物群落类来看，湛江国家级红树林自然保护区统计出来的真红树和半红树植物有 16 科 26 种，② 是中国大陆海岸红树林种类最多的地区。湛江红树林中有真红树植物 8 科 15 种，占全国真红树植物物种的 50%；半红树植物 8 科 11 种，全国半红树植物物种在湛江都有分布。分布最广、数量最多的红树植物为白骨壤、桐花树、红海榄、秋茄和木榄。其中白骨壤群落面积占比高达 60.55%。珍稀品种如角果木、玉蕊、银叶树等在湛江也有分布。此外，红树林中还有伴生植物 14 科 21 种。

（三）红树林影响了湛江的整体陆地生态

三面环海的地形、漫长的海岸线和整个海岸线红树林连续分布的态势决定了红树林对湛江整体陆地生态的影响程度很大。湛江市海岸线总长 2 023.6 千米（其中大陆海岸线长 1 243.7 千米，岛岸线长 779.9 千米），海岸线系数（海岸线长度与国土面积之比）为 0.153，即平均每平方千米国土的海岸线长为 153 米。作为比较，整个广东省的海岸线只有 4 114 千米，海岸线系数约为 0.023；海南省海岸线总长也只有 1 944 千米，海岸线系数约为 0.055；全国海岸线系数约为 0.002。可见，湛江的海岸线系数居全国前列。海岸线系数首先反映了海岸线的自然特征，系数越高，意味着单位陆域面积所面临的海水面积越大，受海洋影响的程度就越高。全市最北端（廉江市境内）距海岸线不到 70 千米，南部雷州半岛最宽处 60 千米左右，因此湛江市陆地生态环境深受海洋的影响。

---

① 郁闭度指森林中乔木树冠在阳光直射下在地面的总投影面积（冠幅）与此林地（林分）总面积的比，它反映林分的密度。郁闭度是反映森林结构和森林环境的一个重要因子，郁闭度的最大值为 100%。

② 参见广东湛江红树林国家级自然保护区管理局、保护国际基金会编著：《广东湛江红树林国家级自然保护区综合科学考察报告》，广州：广东教育出版社，2019 年。

生长于海岸线的红树林对湛江陆地生态影响巨大。特别是雷州半岛，历史上曾有华南虎在此活动，说明半岛曾经森林茂密。但是自 20 世纪 50 年代起，大片土地被开垦为农场。今天雷州半岛上的原始森林已然消失，但半岛周边海陆潮间带上的红树林则大片保存下来。雷州半岛整体陆地生态至今未有显著变化，也少见水土流失，其重要原因之一就在于周边大片红树林涵养了水源，滋润了土地，保护了海岸线，阻挡了海水入侵倒灌。

（四）红树林助力了鸟类栖息繁衍

茂密的红树林，是水鸟栖息、繁殖和觅食之所，也是候鸟的越冬场和迁徙中转站。在鸟类方面，保护区既是留鸟的重要栖息繁殖地，又是候鸟迁徙的主要停留觅食地。红树林保护力度的加强和保护措施的完善，有力地改善了湛江的生态环境，湛江鸟类的种群数量不断增长。目前湛江红树林自然保护区内共有鸟类 18 目 48 科 297 种。[①] 除了众多的鸥形目、雀形目等留鸟外，每年秋冬季节，有大量候鸟（包括鹤类、鹳类、鹭类、猛禽类等）从日本、西伯利亚或中国北方飞往澳大利亚的途中在湛江红树林自然保护区停留。据调查，保护区鸟类中属于国家二级保护的有 32 种，列入中日、中澳保护候鸟协定的分别有 117 种和 39 种。

四、 红树林与湛江海洋生态

红树林不仅是"海上森林"，还有"海洋绿肺"的雅称，红树林对海洋生态的影响也十分大。湛江的海岸线系数（海岸线长度与国土面积之比）是 0.153，是全国海岸线系数的 76.5 倍。海岸线系数不仅反映了海岸线的自然特征，还在一定程度上揭示了海洋资源的丰富程度。海岸线系数越高，意味着单位陆域面积所面临的海水面积越大，对于海洋而言，其从陆地获得的营养资源就越丰富。

（一）红树林造就了集中连片滨海湿地

根据国际湿地公约，国际公认的滨海湿地范围为海平面以下 6 米处至海岸大潮线之间，包括与内河流域相连的淡水或半咸水湖沼以及海水上溯未能抵达的入海河的河段。这些区域经常被静止或流动的水体所浸淹，包括河口、浅海、基岩海岸、沙砾海岸、淤泥质潮滩、盐沼、红树林、珊瑚礁、海草床等。湛江海岸自然延伸坡度平缓，湿地面积巨大。所以湛江滨海湿地是我国仅有的五个以红树林

---

① 参见广东湛江红树林国家级自然保护区管理局、保护国际基金会编著：《广东湛江红树林国家级自然保护区综合科学考察报告》，广州：广东教育出版社，2019 年。

为主的国际重要湿地，而且是全国红树林面积最大的湿地。红树林使湛江的滨海湿地具有了灵魂。湛江的滨海湿地由数十个红树林保护小区组成，这些保护小区呈带状、片状分布于雷州半岛沿海港湾、河流入海口滩。集中连片由红树林组成的滨海湿地成为湛江海滨的一大特色。

（二）红树林为湛江海洋生物多样性作出了重要贡献

湛江近海海域生活着大量的海洋生物，包括著名的"活化石"中国鲎。中国鲎在地球已有至少五亿年的历史，其主要生活在水深 40 米到潮间带之间的沙质海底，对水质要求高，主要以蠕虫、薄壳小贝类、海豆芽、动物尸体及有机碎屑为食。中国鲎在湛江的活动水域与红树林生长的水域有部分重叠，红树林直接或间接地给湛江近海的中国鲎等珍稀海洋生物提供了丰富的食物来源。

丰富的海洋生物给现代湛江带来了"海鲜美食之都"的名号。滨海湿地的红树林，在维持湛江海洋生物多样性方面作用巨大。红树根系发达，其根部和树干可为蟹类、腹足类动物提供攀附的介质和觅食的场所，红树林首先能生产营养物质，红树落叶可被一些动物摄食，落叶被分解后为底栖动物提供食物营养。其次红树林还能迟滞陆地上营养物质流入海洋的速度，使得近海海洋生物获取营养的量变得均衡。因为有红树林提供源源不断的营养，湛江红树林滨海湿地和附近海洋中总共生存有鱼类 15 目 58 科 100 属 127 种；贝类 3 纲 38 科 76 属 110 种；甲壳类 13 科 37 种；底栖动物 68 科 147 种。[①] 其中鱼类以鲈形目居绝对优势；贝类以帘蛤科种类最多，达 20 种；在湛江红树林还发现了中国大陆沿海首次记录的皱纹文蛤、绿螂、帽无序织纹螺、鼬耳螺等。

此外，红树林还为湛江人工海产养殖提供了便利条件。过去毁（红树）林造（鱼）塘进行海产养殖的生产方式已经得到根本扭转。通过保护红树林，退塘还湿，发展近海和深海养殖成为新的生产方式，湛江已经能够做到海产养殖与生态保护双赢。湛江遂溪海岸的红树林净化了近海水质，其水温水质水深十分适合金鲳鱼等海洋鱼类的生长，是我国最大的金鲳鱼养殖基地。2021 年 10 月，为湛江夺得"中国金鲳鱼之都"金字招牌。湛江廉江市有最大面积的红树林自然保护区，沿海海水盐度有利于南美白对虾的生产养殖。当地引进南美白对虾，采用虾、鱼、蟹混养模式，所产白对虾接近原生态环境生长质量。此外，湛江其他地方如坡头官渡和徐闻的生蚝、吴川的蟹等特色海鲜养殖都受益于红树林滨海湿

---

① 参见广东湛江红树林国家级自然保护区管理局、保护国际基金会编著：《广东湛江红树林国家级自然保护区综合科学考察报告》，广州：广东教育出版社，2019 年。

地的资源馈赠。

（三）红树林为湛江海洋水文稳定做出了重要贡献

海洋水文是指海水各种变化和运动的现象。包括潮汐、海流、涌浪等运动，海水的热、盐结构和海洋与大气之间的相互作用等。湛江南部徐闻海域和西面北部湾海域，仍然生活着有五亿年历史的"活化石"中国鲎。中国鲎对水质要求高，对水文变化十分敏感，中国鲎的存在表明湛江附近海洋水文十分稳定。

湛江境内河流众多，流域面积 100 平方千米以上的干支流共有 42 条，其中 22 条独流入海。鉴江是湛江境内最大河流，主干流全长 231 千米，流域面积 9 464 平方千米，多年平均径流量约为 87 亿立方米。而在众多河流的入海口处，均生长着茂密的红树林。鉴江和南渡河等河流的入海口处，都生长着数千亩的红树林。九洲江入海口处则是红树林国家级自然保护区的核心区，有红树林 1.7 万亩。尽管湛江地处热带亚热带地区，降水季节变化大，但是红树林极大地迟滞了各条河流流入海洋的流速，减少了河流泥沙携带量，从而减少了陆地河流对海洋水文的影响。

红树林能够减缓潮汐、涌浪到达海岸的速度和力度，从而使海洋潮汐和涌浪对海岸线的侵蚀作用降到最小。此外，红树林还对海水盐度和水温等有重要影响。一般海水盐度为 3.2% ~ 3.5%，大部分真红树的最佳生存环境则是 2% 左右的含盐度。红树植物具有独特的泌盐功能，它能将多余的盐分通过盐腺排出体外形成盐晶。通过这种方式，大片的红树林能降低内缘海水的盐度，使其维持在 1.98% ~ 2.2% 之间，还能降低林内海水温度，形成不同于一般海域的生态小环境。

五、 小结

红树林是全球生产力最高的生态系统之一，湛江拥有全国最大面积的红树林，这是湛江的宝贵资源。红树林一直在湛江地方经济发展、生态环境保护、人们生活质量提升等方面发挥着重要的作用。在全面建设社会主义现代化的过程中，红树林的作用必将越来越大，功能必将越来越多。它将为湛江经济、政治、文化、社会和生态等各个方面提供全方位的支持，是真正的"国宝"级资源。湛江要抓住机遇，围绕红树林做文章，通过"红树林之城"建设行动，为湛江贴上一张靓丽的生态标签，为实现高质量发展打下坚实基础。

参考文献

［1］《生态半岛，共此青绿》，《南方日报》，2024 年 2 月 1 日。

［2］姚治国等：《旅游者对旅游生态标签认证的感知差异及影响因素》，《海南大学学报》（人文社会科学版）2022 年第 12 期。

［3］姚治国：《国外旅游生态标签认证研究述评》，《旅游研究》2022 年第 4 期。

［4］《广东创新红树林保护修复模式》，https：//www. forestry. gov. cn/lyj/1/dfdt/20240617/565918. html。

［5］《广东率先探索红树林碳汇价值实现新路径》，http：//www. eco. gov. cn/news _ info/71448. html。

［6］《［湛江］珍稀鸟类回归，红树林焕发新生机》，http：//lyj. gd. gov. cn/news/newspaper/content/post_3973785. html。

［7］《多方联动共护红树林！广东湛江雷州红树林保护与修复项目正式启动》，https：//baijiahao. baidu. com/s？id = 1777654057569344779&wfr = spider&for = pc。

［8］《国家发展改革委　住房城乡建设部关于印发北部湾城市群发展规划的通知》（发改规划〔2017〕277 号）附件，https：//www. ndrc. gov. cn/xxgk/zcfb/ghwb/201702/t20170216_962229. html。

［9］《国家发展改革委关于印发北部湾城市群建设"十四五"实施方案的通知》（发改规划〔2022〕482 号）附件，https：//www. gov. cn/zhengce/zhengceku/2022－04/08/content_5684015. htm。

［10］《全力建设"红树林之城"打造广东生态建设新名片》，https：//www. zhanjiang. gov. cn/zjsfw/gab/jryw/content/post_1557187. html。

［11］《湛江市科学绿化实施方案》，《湛江日报》，2022 年 11 月 15 日。

［12］广东湛江红树林国家级自然保护区管理局、保护国际基金会编著：《广东湛江红树林国家级自然保护区综合科学考察报告》，广州：广东教育出版社，2019 年。

红树林与湛江绿色发展

陈跃瀚①

红树林，作为地球上独特的生态系统之一，在沿海地区发挥着重要作用，影响着生态、经济和社会等方方面面。建设"红树林之城"是一项具有前瞻性和战略性的举措，旨在保护和恢复红树林生态系统，同时促进城市可持续发展。本文将从绿色发展的角度探讨红树林作为国际绿色议题的重要性，分析习近平总书记视察湛江红树林的战略考量，以及湛江建设"红树林之城"的绿色发展意蕴。通过对这三个部分的分析，展示红树林在国际政治、国内发展以及地方建设的战略价值和政策意义。湛江市通过打响"红树林之城"特色品牌，坚定不移地走生态优先、绿色低碳高质量发展之路，定能提升城市能级、优化城市品质。

一、 红树林作为国际绿色议题

所谓国际议题，是指在国际社会中引起广泛关注和讨论的问题，通常涉及国家之间的政治、经济、安全等领域的合作、竞争或冲突。从国际关系的角度上讲，这些问题在特定的国际政治背景下产生，涉及各方的利益、立场和行动，需要各国政府、国际组织和民间社会等各方共同参与和解决，因而在讨论国际议题时，往往会涉及世界各国、各组织在政治、经济、文化、科技等领域的互动与合作。

以"全球化"的国际议题为例，全球化指的是一组多自由度的社会进程，它们创造、增加、扩展和强化了世界范围内的社会交流和相互依存性，同时使人们越来越意识到本地与远方世界之间的联系正在日益深化。这是世界各国在经济、政治、文化等方面的相互联系和依赖不断加强的过程。在《世界是平的》这本书中，作者托马斯·弗里德曼从全球化 1.0 版（1492—1800 年）国家（国家间融合）的故事，讲到全球化 2.0 版（1800—2000 年）跨国公司的故事，如今正是全球化 3.0 版（2000 年至今），个人（网络和软件）正在刻画着生动而又精致的情节。可以说，全球化对于推动世界经济的发展和促进各国之间的交流与合

---

① 陈跃瀚，岭南师范学院马克思主义学院副教授，哲学博士；研究方向：自然辩证法研究。

作具有积极意义，但同时也带来了一些问题，如贫富差距扩大、环境污染等。

另一个例子是当前热门的"人工智能与技术竞争"议题。自20世纪50年代开始，人工智能技术三起两落，2011年IBM的超级电脑Watson在综艺问答节目中战胜人类夺得冠军，2016年谷歌的AlphaGo横空出世，2022年以ChatGPT为代表的大模型惊艳亮相。可以说，人工智能技术应用的全球产业结构和国际竞争格局正在发生变革。各国需要加强科技创新能力，推动人工智能技术的健康发展，同时关注其对就业、隐私等方面的影响。这些国际议题涉及全球范围内的合作与竞争，需要各国政府、企业和民间组织共同努力，以实现世界和平与发展的目标。

"红树林"作为国际绿色议题是近年来才浮现的，新兴议题往往与传统的环境、能源等议题有关。如在"全球气候变化"方面，红树林作为沿海生态系统的重要组成部分，对于减缓气候变化和抵御海平面上升具有重要作用。因此，红树林的保护与全球气候变化议题密切相关。在"生物多样性保护"方面，红树林是世界上生物多样性最丰富的生态系统之一，拥有大量独特的植物和动物物种。保护红树林有助于维护全球生物多样性，因此与生物多样性保护议题密切相关。在"海洋生态系统"方面，红树林位于陆地与海洋交界处，对于维护海洋生态平衡和防止海岸侵蚀具有重要意义。因此，红树林的保护与海洋生态系统保护议题密切相关。还有"可持续发展"方面，红树林在维护生态平衡、净化水质、提供渔业资源等方面具有重要价值。保护红树林有助于实现联合国可持续发展目标中的"经济、社会和环境三位一体"的可持续发展理念，因此与可持续发展议题密切相关。

确切地讲，"红树林"议题归属于"碳中和"议题。"碳中和"（carbon neutrality）指的是在排放碳和从大气中吸收碳之间取得平衡，具体说来，国家、企业、产品、活动或个人在某个特定时间内产生二氧化碳（或温室气体）排放量后，通过植树造林、节能减排等形式抵消自身产生的二氧化碳（或温室气体）排放量，实现正负抵消，从而达到相对"零排放"的目标。显然，碳中和是环保概念，反映环境与能源的交叉影响，其目的在于通过减少碳排放，实现碳排放和碳清除之间的平衡。碳中和通常被认为是一种实现全球气候行动的重要方式，又与"碳排放"（carbon emission）、"碳达峰"（peak carbon dioxide emissions）等术语一起出现。

20世纪70年代，全球气候问题首次引起关注。1972年，联合国环境规划署（UNEP）宣布成立，该署负责全球环境事务，旨在促进环境领域国际合作，并对此提出政策建议；在联合国系统内协调并指导环境规划，并审查世界环境状况，以确保环境问题得到各国政府的重视；定期审查国家与国际环境政策和措施对发展中国家造成的影响；促进环境知识传播及信息交流。此后，该署组织了一系列会议推动各国加强合作，共同应对气候问题。1992 年，联合国环境与发展会议（"里约地球峰会"）召开，会议通过了《联合国气候变化框架公约》，作为全球应对气候变化的基础性文件。该公约要求各缔约方采取措施，以防止人类活动对气候系统造成的有害干扰，标志着国际社会开始正式关注和应对气候变化。2015 年，《巴黎协定》在联合国气候变化大会上通过，并得到全球几乎所有国家签署。根据《巴黎协定》，各国承诺采取行动，限制全球升温幅度在 2℃ 以内，并努力控制升温在 1.5℃ 以内。至此，"碳达峰""碳中和"成为《巴黎协定》的核心要素。

在"联合国生态系统恢复十年（2021—2030）"倡议启动之际，联合国环境规划署与联合国粮食及农业组织共同发布了一份报告，呼吁在气候变化、自然流失与污染的三重威胁之下，各国必须行动起来，作出在下一个十年兑现恢复相当于中国国土面积的十亿公顷退化土地的承诺，对海洋和沿海地区也有类似的承诺。生态系统恢复需要从遏制、扭转生态系统的退化开始，逐渐实现恢复成果，比如更干净的空气和水、气候变化显著减缓、人类更加健康、生物多样性恢复等，其中涉及红树林的湿地环境。

"红树林"作为绿色议题单独呈现，可追溯到联合国教科文组织（UNESCO）大会决定，从 2015 年起，将每年的 7 月 26 日定为"保护红树林生态系统国际日"，以此来强调红树林湿地的重要性，促进人们对红树林生态系统的保护与可持续发展的认识和行动，提高人们对这一"独一无二、特殊和脆弱的生态系统"的认识，并鼓励寻找可持续管理、保护和利用红树林的解决方案。

联合国教科文组织对红树林湿地的保护发挥着重要的国际领导作用，该组织通过多个渠道和项目来推动红树林湿地的保护。这一举措的意义包括以下几点：

第一，增强意识。"保护红树林生态系统国际日"的设立有助于提高公众对红树林湿地的保护意识和认识。这些湿地对维护海洋生态平衡、防止自然灾害、保护生物多样性以及为沿海社区提供重要的生计和生态服务至关重要。通过特定的日期，人们更容易关注并学习有关红树林的知识。

第二，促进国际合作。设立"保护红树林生态系统国际日"也是为了鼓励各国加强合作，共同保护这些重要的湿地生态系统。因为红树林湿地常常跨越多个国家的边界，跨国合作对于其保护和可持续发展至关重要。

第三，推动可持续发展。"保护红树林生态系统国际日"提醒各国和国际社会在发展和利用红树林资源时考虑可持续性。通过采取可持续的经营管理和旅游开发，可以确保红树林湿地的生态功能不受损害，并为子孙后代保留这一宝贵的自然资源。

第四，强调全球责任。红树林湿地不仅仅是某个国家的资源，它们对全球生态系统和环境的影响都是直接的。因此，设立"保护红树林生态系统国际日"也强调了全球共同承担保护红树林的责任，而不仅仅是单个国家的事务。

简而言之，通过联合国教科文组织的工作，"保护红树林生态系统国际日"的设立，全球范围内的红树林保护和可持续发展议程得以推动，红树林从一种特殊的生态系统、一种自然资源，升级为一种特定的绿色议题。同时，行动的落地也鼓励各国政府、非政府组织和公民共同努力，确保这一珍贵的生态系统得到妥善保护，并为后代留下健康的自然环境。因此，当"红树林"作为特定国际绿色议题展现时，议题本身关注的内容囊括了如下几个方面：

第一，环境保护与生态保护。红树林是全球重要的生物多样性热点区域，拥有丰富的生物资源和生态系统。然而，随着全球气候变暖和人类活动的影响，红树林面临着严重的生态破坏和生物多样性丧失的威胁。因此，红树林保护亟须国际社会的共同关注，并加大相应投入。

第二，可持续发展与海洋经济。红树林是海洋经济发展的重要资源，其根系结构有助于固定海岸线、防止侵蚀，对于维护海洋安全和渔业发展具有重要意义。因此，国际社会需要关注红树林的可持续发展，制定相应的政策和措施，确保红树林生态系统的健康和可持续发展。

第三，地区合作与国际法律框架。红树林保护涉及多个国家和地区的利益，需要国际社会加强合作，共同制定有效的国际法律框架和政策。这包括制定和执行相关的国际公约，建立国际组织和多边合作机制，如联合国环境规划署、东南亚国家联盟（ASEAN）和世界自然基金会（WWF）等。

第四，技术创新与科研合作。为了更好地保护和管理红树林，国际社会需要加大科研投入，提高对红树林生态系统和生物多样性的研究水平。此外，加强技术创新与合作，推动生态修复、监测和管理等技术的发展和应用，以应对红树林保护带来的挑战。

总之，红树林作为国际绿色议题，针对红树林的保护渐渐引起全球共同关注和行动。联合国粮食及农业组织发布的报告《2000—2020年世界红树林状况》显示，2020年全球红树林总面积为1 480万公顷，全球在遏制红树林减少方面正在取得进展，过去十年中红树林的消失速度有所减缓。亚洲拥有世界上几乎一半的红树林。过去 20 年，亚洲红树林净损失面积减少了 54%，非洲红树林净损失面积也有所减少。北美和中美洲则彻底扭转了损失趋势，2010—2020 年实现了红树林面积的净增加。然而，同期在南美洲和大洋洲，红树林净损失面积却有所增加。该报告还指出，造成红树林面积减少的两大主要原因是池塘养虾和自然萎缩。2000—2010 年，池塘养虾导致红树林面积减少 31%，但这一比例在 2010—2020 年下降至 21%。在过去 20 年间，自然萎缩造成的面积减少至 26%，其中海平面和气温上升是主要原因。同期，自然灾害仅带来 2% 的面积减少，但其破坏面积却增加了三倍，而且预计还会继续恶化，导致沿海社区更易受风暴潮、洪水和海啸的影响。促进红树林面积增加的因素主要是自然生长和人工造林恢复，分别占过去 20 年新增红树林面积的 82% 和 18%。[①] 孟加拉国也有大片的红树林湿地，其中最著名的是孙德尔本斯红树林保护区。该国政府一直在努力保护红树林生态系统，并将其列为国家重点自然资源。马来西亚拥有丰富的红树林湿地，特别是在沙巴和砂拉越州。该国政府对红树林的保护持积极态度，采取了一些保护措施，并促进了相关科学研究。巴西的红树林主要分布在亚马孙河口地区和东北部。虽然该国面临着森林砍伐和环境挑战，但也有一些保护计划致力于维护红树林湿地生态系统。

2018 年，世界自然保护联盟等成立了全球红树林联盟（GMA）。现在，该合作伙伴关系包括 30 多个成员组织，旨在公平有效地加大以前红树林地区的保护和恢复力度以加快红树林的恢复速度。从实际角度来看，全球红树林联盟在全球范围内致力于与地方和社区伙伴合作，以支持当地的研究、倡导、教育和实践项目。

全球红树林联盟发布《世界红树林状况 2022》（*The State of the World's Mangroves* 2022）报告称，全球约有 67% 的红树林已经消失或退化，并正以每年 1% 的速度消失。沿海开发是红树林面临的最大威胁之一，合作保护和加强管理有助于改善红树林状况。"红树林的损失正在降低，我们比以往任何时候都更了解保护这些生态系统的重要性，伙伴关系和全球意识越来越强。损失的趋势尚未扭转，但我们致力于保持支持红树林的势头，以尽量减少不可逆转的气候变化和

[①] 《再接再厉保护红树林：红树林消失速度减缓近四分之一》，https：//news. un. org/zh/story/2023/07/1120107，2023 年 7 月 26 日。

更广泛的生物多样性危机的影响。"[①]

二、 保护红树林的战略考量

中国作为拥有大片红树林湿地的国家之一，一直致力于红树林的保护与管理。中国政府已经设立了一些红树林保护区，并制定了相关法律法规，以保护这些湿地生态系统。此外，中国也积极开展国际合作，在跨国红树林湿地的保护议题上与周边国家和平友好协商解决。

2017年4月19日，习近平总书记来到广西北海金海湾红树林生态保护区考察。他指出，保护珍稀植物是保护生态环境的重要内容，一定要尊重科学、落实责任，把红树林保护好。[②]

2022年11月5日，习近平总书记以视频方式出席在武汉举行的《湿地公约》第十四届缔约方大会开幕式并致辞。习近平总书记指出，中国将推动国际交流合作，保护4条途经中国的候鸟迁飞通道，在深圳建立"国际红树林中心"，支持举办全球滨海论坛会议。[③]

2023年4月10日，习近平总书记前往广东省湛江市麻章区湖光镇金牛岛红树林片区，以了解当地对红树林保护措施的加强情况。同时，他也对红树林的生长状况和周边生态环境进行了观察。习近平总书记特别强调，这片红树林是"国宝"，要像爱护眼睛一样守护好。加强海洋生态文明建设，是生态文明建设的重要组成部分。要坚持绿色发展，一代接着一代干，久久为功，建设美丽中国，为保护好地球村作出中国贡献。[④]

习近平总书记视察红树林，具有重要的意义和影响。这不仅是对红树林保护

---

① 《全球红树林联盟发布2022年〈世界红树林状况报告〉》，https：//iucn. org/story/202209/ mangroves – climate – action – global – mangrove – alliance – launches – new – state – world – mangrove，2022年9月21日；全球红树林联盟网，https：//www. mangrovealliance. org/。

② 《习近平在广西考察工作时强调扎实推动经济社会持续健康发展，以优异成绩迎接党的十九大胜利召开》，http：//china. cnr. cn/news/20170422/t20170422_523720267. shtml，2017年4月22日。

③ 习近平：《珍爱湿地 守护未来 推进湿地保护全球行动——在〈湿地公约〉第十四届缔约方大会开幕式上的致辞》，http：//politics. people. com. cn/n1/2022/1106/c1024 – 32559638. html，2022年11月6日。

④ 《习近平在广东考察时强调坚定不移全面深化改革扩大高水平对外开放，在推进中国式现代化建设中走在前列》，http：//www. xinhuanet. com/2023 – 04/13/c_1129519892. htm，2023年4月13日。

工作的肯定，也为推动生态文明建设提供了思想指引和实践指南。党的二十大报告提出，我们要"发展海洋经济，保护海洋生态环境，加快建设海洋强国"。以下从三个方面进行分析。

（一）保护红树林与发展海洋经济

红树林背后代表着一种新兴海洋经济。海洋经济是指对海洋资源的开发、利用和保护，以及与之相关的各种产业活动的综合体现。这些活动主要包括生产活动，如海洋渔业、海洋交通运输业、海洋船舶工业、海盐业、海洋油气业、滨海旅游业等，它们都是现代海洋经济的重要组成部分。随着全球海洋资源的日益紧缺和人们对海洋生态环境的关注，海洋经济正在成为一个重要的经济增长点。《2021 年中国海洋经济统计公报》显示，2021 年全国海洋生产总值首次突破 9 万亿元，对国民经济增长的贡献率为 8.0%，海洋经济已成为国民经济新的增长点。[①] 同时，发达的海洋经济是建设海洋强国的重要支撑，也是推动全球可持续发展的重要力量之一。

随着气候变化和环境恶化，海洋经济发展正朝着绿色低碳环保的方向转变。各国开始改变过去过度依赖能源的粗放型发展方式，不断进行技术创新，减少海洋开发活动，并更加注重海洋可再生能源的开发。

与此同时，随着时间的推进，海洋经济新的增长点不断涌现，产业结构升级的态势也变得明显。经过多年的发展，传统的海洋产业由于市场空间的限制而逐渐萎缩，而新兴的海洋产业则呈现出蓬勃发展的趋势，成为海洋经济发展的新增长点。未来，将会有更多的新业态和新产业萌芽并不断壮大。然而，当我们要迈向海洋经济高质量发展之路时，我国的海洋产业仍然存在不少现实问题，如自主创新能力不足、海洋产业升级压力大、海洋领域投融资支持不足、海洋资源和环境生态约束加大……

从全球话语权的角度看，拓展红树林保护修复的资金渠道以及推动碳汇市场的发展，预示着一场重塑低碳经济规则的国际竞争已经展开。为了实现碳中和的目标，各国纷纷进入应对气候变化和发展低碳经济的快车道。然而，新兴绿色低碳产业的行业认定、各类低碳标准的制定、绿色规则的约定以及市场准入门槛等，都面临着新一轮的国际博弈和谈判进程。谁能在标准谈判中占据重要先机，谁就能掌握全球低碳新时代的大国话语权。

---

① 《2021 年中国海洋经济统计公报》，http：//gi. mnr. gov. cn/202204/t20220406_2732610. html，2022 年 4 月 6 日。

从国际经贸的角度看，一场重大的绿色经济贸易格局重组已经开始。碳中和迫使各国加速经济转型，清洁能源的使用和发展面临重大机遇，而传统化石能源则面临着改造或弃用的风险。商品原材料的生产、加工和运输的价值链也随之发生位移，以绿色产业为重心的国际新经贸结构将逐渐成为未来支撑世界经济的主流。在碳中和之路上，战略合作、利益博弈和贸易竞争将成为新大国竞争的主战场。2021 年 7 月 14 日，欧盟宣布一揽子应对气候变化的提案，除了阶段性的减排数据和目标外，贸易问题最为引人关注：2026 年，欧盟将正式开始对外征收碳关税，这就意味着碳排放权的价格将会纳入世界贸易体系。所以说，碳中和将深刻改变国际贸易规则。

从产业革命的角度看，碳中和将引领新的绿色产业革命。新产业革命的一个重要特征是绿色升级。作为未来的战略要地，传统发达国家已经加大了对绿色技术的研发投入，如美国、欧盟、日本等已将其提升至与其他高新技术产业同等重要的地位，成为低碳经济发展与竞争的重要推动力，后续的还有技术授权转让、绿色产业升级等方面，这些新变革对新兴经济体来说，既是新机遇，也是新挑战。

从国际金融的角度看，碳中和将改变全球投资格局和规则。当前国际金融业界已经悄然发生一场由绿色行业带动的国际投融资转向。未来，国际资本将更青睐具有潜力和产能的绿色新产业，譬如环境信息披露、绿色股权融资配比、绿色供应链、碳金融市场、新能源技术、低碳法律配套以及资源估值等主题，将作为新投资规则，成为国际金融市场中热议的话题。

综上所述，保护红树林正成为海洋经济发展的重要内容。

（二）保护红树林与保护海洋生态环境

红树林面积虽然不到全球热带森林的 1%，却是地球上生物多样性最丰富和生产力最高的海洋生态系统之一，也是生态服务功能最强的生态系统之一，有"海岸卫士""海洋绿肺"之称。

首先，习近平总书记视察红树林，意味着未来很可能将红树林湿地保护、海洋生态环境保护作为国家重要议程，将其纳入国家的生态文明建设和绿色发展战略，有助于形成各级政府部门的一体化合力，推动相关政策的落实和执行。可以看到：一方面，中央对环境保护和生态问题的高度重视。这将进一步提高公众对红树林的认知和关注，加深人们的生态保护意识，促进环境保护意识的普及和加强。另一方面，地方政府在红树林保护方面的决心和承诺。这些政策举措可能包括设立（扩大）红树林保护区、加强监管措施、推动科学研究等，为红树林保护提供政策支持。广东湛江等地的红树林湿地可以作为丰富的生态系统和重要的生态旅游目的地。领导人视察将为红树林湿地提供示范效应，激发其他地区保护类似生态系统的积极性。可以看到，总书记视察红树林，表明了党与政府对红树林保护的重视和承诺，有助于推动相关的政策和行动，增强公众对环境保护的意识和参与度，并促进国际合作与交流。此举还将在国内外树立积极的环境形象，为生态文明建设树立榜样。

其次，习近平总书记视察红树林，有助于生态修复工程、污染治理计划、生物多样性保护项目的落地，以改善红树林湿地的生态环境和保护其生态系统。2023 年 10 月 24 日第十四届全国人民代表大会常务委员会第六次会议通过了对《中华人民共和国海洋环境保护法》的修订，其中第三十三条列明："国务院和沿海地方各级人民政府应当采取有效措施，重点保护红树林……"从此，红树林保护的相关国家法律制度体系不断得到完善，另外还有《中华人民共和国森林法》《中华人民共和国野生动物保护法》《中华人民共和国环境保护法》等多个与红树林保护有关的法律法规。2018 年，国务院颁布的《关于加强滨海湿地保护严格管控围填海的通知》严格管控围填海活动，这对保护红树林滨海湿地作出严格规定，划定海洋生态保护红线。

各地各部门近年来也积极通过编制实施中长期规划和专项规划保护红树林。具体涉及对红树林资源调查、保护修复、科研监测等工作。自然资源部、国家林业和草原局制定的《红树林保护修复专项行动计划（2020—2025 年）》，要求对浙江省、福建省、广东省、广西壮族自治区、海南省现有红树林实施全面保护。推进红树林自然保护地建设，逐步完成自然保护地内的养殖塘等开发性、生产性建设活动的清退，恢复红树林自然保护地生态功能。实施红树林生态修复，在适宜恢复区域营造红树林，在退化区域实施抚育和提质改造，扩大红树林面积，提升红树林生态系统质量和功能。该专项行动计划预计到 2025 年营造和修复红树林面积 18 800 公顷，其中，营造红树林 9 050 公顷，修复现有红树林 9 750 公顷。① 目前，我国已在红树林分布区域建立了 52 个自然保护地，将 55% 的红树林纳入保护地。

---

① 《自然资源部、国家林业和草原局关于印发〈红树林保护修复专项行动计划（2020—2025 年）〉的通知》，https：//www.gov.cn/zhengce/zhengceku/2020－08/29/content_5538354.htm，2020 年 8 月 14 日。

《广东省生态文明建设"十四五"规划》中指出，要加强红树林生态保护修复。实施红树林整体保护，将分布在沿海地市的红树林相关自然保护地，以及自然保护地外现有连片的红树林，划入生态保护红线范围内，以实行严格保护。该规划还建立红树林资源动态数据库及监测体系，严格红树林用途管制，从严管控红树林。针对镇海湾、水东湾、雷州半岛等红树林分布较广的生态系统保护，规划还提出积极推动符合条件的红树林纳入自然保护地管理。加强红树林自然保护地管理，有序开展国家级、省级红树林自然保护区勘界立标，推动红树林自然保护地规范化建设和精细化管理。按照规划，预计到 2025 年广东省完成营造和修复红树林面积 8 000 公顷，其中营造红树林 5 500 公顷，修复现有红树林 2 500 公顷。①

最后，习近平总书记视察红树林，凝聚社会共识，群策群力，引起社会各界的关注和响应，动员更多的公民、企业和组织参与红树林保护工作。领导人的参与将为红树林保护活动增加社会共识和动力，将红树林保护问题推向舆论的中心。这有助于引发公众的关注和参与，形成社会共识，促进红树林保护事业的蓬勃发展。

（三）保护红树林与加快建设海洋强国

我国是陆地大国，同时也是海洋大国，理应拥有同样广泛的海洋战略利益。"建设海洋强国是实现中华民族伟大复兴的重大战略任务。"② 海洋是高质量发展战略要地，蕴藏着重要的战略资源。全球红树林主要分布于南北回归线之间的海岸，我国红树林分布区位于全球红树林分布区的北缘，主要分布在海南、广东、广西、福建、浙江南部沿岸以及香港、澳门和台湾等地。保护红树林，从这个意义上讲，是对我国海洋强国战略建设的有力支撑。

建设海洋强国，对于推动我国高质量发展、全面建设社会主义现代化国家、实现中华民族伟大复兴，具有重大而深远的意义。21 世纪，人类进入开发海洋资源和利用海洋战略空间的新阶段，海洋在保障国家总体安全、促进经济社会发展等方面的战略地位更加突出，以海洋为载体和纽带的市场、文化等合作日益紧

---

① 《广东省人民政府关于印发广东省生态文明建设"十四五"规划的通知》，https：//www. gd. gov. cn/zwgk/wjk/qbwj/yf/content/post_3595207. html，2021 年 10 月 29 日。

② 《习近平在海南考察时强调，解放思想、开拓创新、团结奋斗、攻坚克难，加快建设具有世界影响力的中国特色自由贸易港》，http：//politics. people. com. cn/n1/2022/0414/c1024 - 32398500. html，2022 年 4 月 14 日。

密，世界各海洋大国和周边邻国纷纷制定新形势下的海洋战略和规划，加速向海洋布局。

海洋已经成为全球合作与发展的重要领域。我国虽然在建设海洋强国方面取得了显著成绩，但也面临着海洋开发利用层次总体不高、涉海科技创新自主能力不强等问题。"我们要着眼于中国特色社会主义事业发展全局，统筹国内国际两个大局，坚持陆海统筹，坚持走依海富国、以海强国、人海和谐、合作共赢的发展道路，通过和平、发展、合作、共赢方式，扎实推进海洋强国建设。"① 此外，习近平总书记还强调与其他国家特别是共享红树林湿地的周边国家进行交流，这有助于加强国际合作，共同保护跨国红树林生态系统。

三、 湛江建设 "红树林之城" 的绿色发展意蕴

2021 年 12 月 30 日，湛江市建设"红树林之城"工作会议召开。会议强调要深入贯彻习近平生态文明思想，牢固树立尊重自然、顺应自然、保护自然理念，全面加强红树林保护、修复和利用，凝心聚力打造"红树林之城"，坚定不移走生态优先、绿色低碳高质量发展之路，提升城市能级、优化城市品质。

时任湛江市委书记刘红兵强调，建设"红树林之城"，要持续用力、久久为功抓好红树林保护和修复，努力走出一条生态优先、绿色低碳的城市发展之路。我们要充分挖掘、发挥红树林的综合效益，加快把生态优势转化为发展优势，更好造福湛江人民。同时，刘红兵还提出了"红树林精神"，即顽强不屈的意志、激浊扬清的正气、勇于创新的品质、团结奋进的力量。他号召用红树林精神凝聚全市，上下一心推动湛江发展，奋力走好新时代长征路。

会后，中共湛江市委、湛江市人民政府印发《湛江市建设"红树林之城"行动方案（2021—2025 年）》（以下简称《方案》）。《方案》遵循"生态优先，依法保护；因地制宜，系统筹划；文化引领，厚植底蕴；多方参与，凝聚合力"原则。主要目标是对现有红树林实施全面保护，到 2025 年，营造和修复红树林面积 4 183 公顷（其中营造部分达 2 813 公顷，修复部分达 1 370 公顷），红树林生态旅游成为湛江滨海旅游的新引擎，"红树林精神"深入人心。

《方案》列出了四项重点任务：一是加强红树林保护修复；二是建设独具湛江特色的红树林生态旅游经济带；三是打造"红树林之城"特色文化；四是推

---

① 《习近平：进一步关心海洋、认识海洋、经略海洋》，http://jhsjk.people.cn/article/22399483，2013 年 7 月 31 日。

动自然生态优势转化为经济社会发展优势，让红树林成为湛江的"金树林"。

湛江市打造"红树林之城"的绿色发展意蕴具体如下：

首先，贯彻国家海洋发展战略。如前所述，红树林保护与加快建设海洋强国关系密切。湛江位于我国沿海地区，拥有得天独厚的地理优势。其独特的生态环境和丰富的生物资源为区域经济发展提供了强大的支撑。此外，红树林还在海洋生态保护、防风固沙、气候调节等方面发挥着重要作用，为当地居民创造了一个宜居的生活环境。作为我国沿海地区的重要城市，湛江建设红树林之城有助于贯彻落实国家沿海发展战略，推动区域经济一体化，助力国家海洋强国建设。

其次，建设独具湛江特色的红树林生态旅游经济带。《方案》提出，完善交通基础设施，打造红树林生态旅游项目，建设"红树林博物馆"，健全服务配套设施。湛江市为加大"红树林之城"宣传力度，推动红树林首次在央视《新闻联播》之《大美中国》栏目中展播，《湛江日报》、湛江云媒单独设立"红树林"专题。此外，《方案》还提出，在麻章、廉江红树林生态资源丰富的地区，积极打造相应的红树林精品旅游线路。目前有三条线路较为成熟——麻章"海湖山色·涤荡心灵"之旅、麻章"志满古道·探秘寻味"之旅、廉江滨海寻古之旅，被认定为第三批广东省乡村旅游精品线路。

再次，打造"红树林之城"特色文化，如提炼红树林精神，推出论坛或文创产品。"湛江将大力传播红树林文化，让'红树林精神'内化于心、外化于行，使湛江成为践行绿色发展理念的城市典范。"[①] "要深入挖掘红树林精神，把其顽强不屈的意志、激浊扬清的正气、勇于创新的品质、团结奋进的力量，体现到推动湛江发展的生动实践中，激励全市人民奋力走好新时代长征路。"[②] 如加强红树林科学研究，建强红树林科普教育阵地，拓展红树林科普教育方式，充分挖掘红树林的人文优势，凝聚建设"红树林之城"的强大合力，打响"红树林之城"文化名片，讲好"红树林之城"共建故事。

最后，推动自然生态优势转化为经济社会发展优势，让红树林成为湛江的"金树林"。湛江要充分挖掘红树林的经济优势，大力发展红树林碳汇经济。2021年6月，湛江签署"湛江红树林造林项目"，首笔转让协议达到了5 880吨的碳减排量，这标志着我国首个蓝碳交易项目正式完成，初步实现蓝碳生态价值转

---

① 《湛江吹响建设"红树林之城"号角》，《南方日报》，2021年12月31日。
② 《广东湛江，打造红树林之城》，http：//gd.people.com.cn/n2/2021/1231/c123932 - 35076774.html，2021年12月31日。

换。2021 年 12 月，湛江市率先谋划海洋碳汇核算试点项目，努力解决海洋碳汇资源底数不清、缺乏标准方法制约蓝碳交易市场等问题。接下来，我们要为海洋碳汇核算方法学提供"湛江标准"，积极构建广东省海洋碳汇核算体系。我们还要科学组织红树林碳汇项目开发，规范开展碳汇交易，优先满足湛江工业项目建设碳减排指标；要加强碳汇经济基础研究，加快构建科学规范和具有可操作性的红树林碳汇核算体系；要加快制定配套政策，营造良好氛围，进一步调动各方积极参与红树林修复和碳汇项目开发。

总而言之，建设红树林之城是一项具有重大战略意义的任务，涉及生态保护、经济发展和社会进步等多个方面。政府、企业、组织和公众都应积极参与到这一过程中来，凝聚共识、凝聚智慧、凝聚人心，共同推动红树林生态系统的保护与发展，实现以城市能级的新跨越，标注湛江发展新高度，为子孙后代留下一个绿色、美丽的家园。

参考文献

［1］《再接再厉保护红树林：红树林消失速度减缓近四分之一》，https：//news. un. org/zh/story/2023/07/1120107，2023 年 7 月 26 日。

［2］《全球红树林联盟发布 2022 年〈世界红树林状况报告〉》，https：//iucn. org/story/202209/mangroves - climate - action - global - mangrove - alliance - launches - new - state - world - mangrove，2022 年 9 月 21 日；全球红树林联盟网，https：//www. mangrovealliance. org/。

［3］《习近平在广西考察工作时强调扎实推动经济社会持续健康发展，以优异成绩迎接党的十九大胜利召开》，http：//china. cnr. cn/news/20170422/t20170422 _ 523720267. shtml，2017 年 4 月 22 日。

［4］习近平：《珍爱湿地　守护未来　推进湿地保护全球行动——在〈湿地公约〉第十四届缔约方大会开幕式上的致辞》，http：//politics. people. com. cn/n1/2022/1106/c1024 - 32559638. html，2022 年 11 月 6 日。

［5］《习近平在广东考察时强调坚定不移全面深化改革扩大高水平对外开放，在推进中国式现代化建设中走在前列》，http：//www. xinhuanet. com/2023 - 04/13/c _ 1129519892. htm，2023 年 4 月 13 日。

［6］《2021 年中国海洋经济统计公报》，http：//gi. mnr. gov. cn/202204/t20220406_2732610. html，2022 年 4 月 6 日。

［7］《自然资源部、国家林业和草原局关于印发〈红树林保护修复专项行动计划（2020—2025 年 ）〉 的 通 知》，https：//www. gov. cn/zhengce/zhengceku/2020 - 08/29/content _ 5538354. htm，2020 年 8 月 14 日。

［8］《广东省人民政府关于印发广东省生态文明建设"十四五"规划的通知》，https：//www. gd. gov. cn/zwgk/wjk/qbwj/yf/content/post_3595207. html，2021 年 10 月 29 日。

［9］《习近平在海南考察时强调，解放思想、开拓创新、团结奋斗、攻坚克难，加快建设具有世界影响力的中国特色自由贸易港》，http：//politics. people. com. cn/n1/2022/0414/c1024 - 32398500. html，2022 年 4 月 14 日。

［10］《习近平：进一步关心海洋、认识海洋、经略海洋》，http：//jhsjk. people. cn/article/22399483，2013 年 7 月 31 日。

［11］《湛江吹响建设"红树林之城"号角》，《南方日报》，2021 年 12 月 31 日。

［12］《广东湛江，打造红树林之城》，http：//gd. people. com. cn/n2/2021/1231/c123932 - 35076774. html，2021 年 12 月 31 日。

红树林与湛江经济

潘文全　王洪东①

红树林生态系统是湛江重要的自然资源，在经济发展中发挥着关键作用。红树林作为一种独特的潮间带湿地植物群落，广泛分布于全球热带和亚热带海岸线，形成一道重要的生态屏障，保护沿海地区免受海浪和风暴的侵害。湛江的红树林在生态和经济两方面都有显著贡献。

红树林在生态系统中的作用不可忽视。它是海岸线的重要组成部分，为众多海洋生物提供栖息地，维持生物多样性。红树林的根系能够稳定海岸线，除了能减少土壤侵蚀，还能有效过滤和净化水体，减缓海洋污染。同时，红树林是重要的碳汇，能够吸收大量二氧化碳，缓解全球气候变化。

在经济方面，湛江的红树林资源可为多个产业的发展提供有力支持。首先，红树林生态旅游业蓬勃发展，吸引了大量游客，促进了当地服务业和相关产业链的发展。其次，红树林区域适宜水产养殖业，丰富的水产资源带动了地方渔业经济。最后，红树林的碳汇功能在碳交易市场中具备潜在经济价值，是绿色经济的重要组成部分。

然而，红树林的保护与利用面临诸多挑战。全球气候变化、海平面上升以及人类活动对红树林生态系统构成了威胁。湛江在推进红树林保护的同时，需要平衡经济发展和生态保护之间的关系，实现红树林的可持续利用。

本部分将在全球视野下审视红树林的状况与挑战，探讨湛江如何在保护红树林的同时，充分挖掘其经济价值，实现红树林的可持续发展。

一、 湛江红树林的经济价值

（一）湛江红树林增进湛江人民的福祉和促进湛江的经济增长

红树林作为生态系统的核心组件，对环境有着极大益处。它不仅有助于提高

---

① 潘文全，岭南师范学院马克思主义学院教师，博士；研究方向：习近平新时代中国特色社会主义思想。王洪东，岭南师范学院马克思主义学院副教授，博士；研究方向：社会主义市场经济理论与实践。

人们的生活质量，还能为经济的发展创造有利条件。

习近平总书记在 2013 年的海南之行中指出："生态环境好，是对公众最公正的回馈，也是人民生活质量的反映。"这种观点强调了生态环境和人们生活之间的紧密联系。它不仅揭示了生态环境在社会中的价值，还进一步定义了人民生活的基本标准。林业的主要目标是为人民创造更好的生态环境。每个国家都在努力解决如何改善生态和人民生活的问题。认真学习并实践习近平总书记的讲话，对于推动生态和社会发展有着深远的影响。

根据萨缪尔森的经济学理论，公共产品应该满足社会的共同需求。生态环境为人们提供了生活的必需品，如干净的空气和水，它有着公共产品的特点。

生态环境为每一个人提供了平等的机会。每个人都可以平等享受生态环境带来的好处。2012 年的人权报告中提到，公民应该有权享受良好的生态环境。这说明，在良好的生态环境中生活是每个公民应该享有的权利。

习近平总书记进一步强调了生态环境和人民福利之间的联系。好的生态环境是提高人们生活水平的关键。人们的基本需求与生态环境密切相关。例如，没有清新的空气和干净的水，人们的生活会受到很大的影响。生态环境的好处不仅局限于一个地方，它的影响范围非常广泛。例如，改善西部地区的生态环境对东部地区也有着积极的影响。

通过改善红树林生态环境为经济增长创造了有利条件。环境与经济的关系是一个重要的研究领域。要深入了解红树林如何促进经济增长，首先需要理解环境和经济增长之间的联系。

随着经济蓬勃发展，环境问题越来越明显，这引发了对经济与生态平衡的广泛关注。从经济发展的乐观或悲观态度，到经济与环境的协同发展观念，以及可持续发展理念，环境经济的理论框架逐步成熟。不同的经济流派对于环境和经济的关联有着各自的看法。

传统的经济学视角和新兴的经济思想都研究了自然资源与人口增长的关系。古典经济学家马尔萨斯首先提出资源有限性的观点，而后继者如李嘉图和穆勒进一步拓展了这一理论。

在特定条件下，环境有一定的承载能力，这影响它能容纳的污染物和提供的自然资源数量。从悲观到乐观，再到可持续发展，人们对环境和社会发展的认识越来越深刻。例如，环境悲观主义认为自然资源正被逐渐耗尽，而环境乐观主义则看重科技和社会进步对环境的影响。

可持续发展考虑了经济增长与环境保护之间的平衡。关于如何实现经济增长，主流观点主要分为两类：一是依据马克思的观点，分为外延型和内涵型经济增长；二是从经营角度看，有集约型和粗放型发展模式。可持续发展是一个多面的概念，涵盖了自然属性、社会属性、经济属性和科技属性等多个方面。

传统经济观点主张，经济增长方式应从粗放型转变为集约型，从总量扩张转向质量提升。然而，在可持续发展理念的指导下，这种转变的内涵变得更加多元，强调资源的高效利用、环境保护、生态补偿和社会进步。可持续发展主张在不超越生态承载能力和不损害未来代际利益的前提下，平衡经济增长、社会发展和环境保护三者的关系，实现生态、经济和社会的全面和谐发展。

自 1993 年以来，许多学者，在前人如 Lucas 和 Rebelo 的内生增长模型基础上，进一步研究了环境因素与经济增长的关系。例如，Gradus 和 Smulders 等人尝试从新古典经济增长模型来探讨这一关系，但很快发现这一模型在解释增长方面有局限性。因此，他们开始尝试从内生增长的角度来寻找解决方案。进一步的研究发现，技术创新可以在环境保护的前提下推动经济发展。这些研究不仅使用了内生增长模型，还利用了新古典增长模型，并得出了技术进步与环境保护之间存在潜在的平衡关系。

对于不同经济发展阶段和不同地区的环境问题，也有一系列模型和研究成果。这些模型分析了从污染排放到环境质量，从资源利用到生态补偿等多个方面，为我们提供了全面而深入的理解。

1994 年，John 和 Pecchenino 发展了一种基于 Diamond 的 1965 年模型的世代交叠模型。该模型建议通过向年青一代征收环境投资税，以改善他们年老时的环境条件。这种模型预示了多重稳态均衡的可能性。与此同时，Copeland 和 Taylor 在 1994 年和 1995 年的两篇论文中，对南北贸易和环境的关系进行了深入研究。他们提出了"污染避难所假说"，解释了为什么高污染的企业更愿意在环境税较低的南方国家建厂。

Merrifield 在 1988 年通过两国模型研究了资本流动和跨境污染。他的研究表明，由于发达国家的环境政策更加严格，高污染企业倾向于在成本更低的发展中国家建厂。在此基础上，Chichilnisky 于 1994 年也提出了有关北方和南方贸易与全球环境的模型，着重探讨了产权和制度对环境的潜在影响。Keller 和 Levinson 在 2002 年通过分析 1977—1994 年间美国各州的外国直接投资数据，证实了环境政策对投资具有重要影响。

综上所述，红树林的保护不仅有助于改善环境质量，也有助于促进经济增长。

（二）红树林对湛江经济的直接贡献

1. 红树林的木材价值

红树林作为独特的生态群落，其木材价值不可忽视。红树林中的树种种类繁多，其木材质地坚硬，耐久性强，广泛应用于建筑、家具、船只制造等领域。

首先，红树林的木材在建筑行业中有着广泛的应用。据研究，红树林木材的年产量约为 5 976 千克每公顷。其坚硬的质地和优良的抗腐蚀性能使其成为建筑行业中的理想材料。这种木材可以用于建筑框架、屋梁、栏杆和其他建筑结构部件的制造。同时，由于红树林木材的耐候性能优良，它也常被用于户外建筑的建造，如桥梁、码头和景观建筑。

其次，红树林的木材在家具制造业中也有着广泛的应用。红树林木材色泽典雅、纹理清晰，极具审美价值，被广泛应用于高档家具的制作。例如，豪华的红木家具就常常选用红树林木材作为原料。红树林木材的硬度和耐用性，使得这种家具既美观又耐用。

再次，红树林的木材在船只制造中也占据了重要的位置。它的抗湿性和耐腐蚀性使其成为制造渔船和其他海上船只的理想材料。在海上长时间航行的船只，需要有极高的抗风浪和耐久性能，红树林的木材正好满足这些需求。

最后，红树林的木材价值不仅在于其用途广泛，更在于它的可持续性。红树林是一种能够快速生长的树种，具有很强的再生能力。因此，如果我们合理利用和管理红树林资源，就能在满足人类需求的同时，保护这个独特的生态系统，实现经济和环境的双重收益。

总的来说，红树林的木材价值是多方面的，而且有巨大的潜力。但是，我们在利用红树林的木材资源时，必须认识到，保护红树林的生态环境，是我们能持续获取其经济价值的关键。只有在尊重自然、保护生态的前提下，我们才能最大化红树林木材的经济价值，让人与自然和谐共生。

2. 湛江红树林的水产资源价值

湛江拥有 6 398.3 公顷的红树林，占全国红树林总面积的 23.7% 和广东省红树林总面积的 60.1%，是中国最大的红树林自然保护区。这里也是中国红树林面积最广、种类最多的海岸，是无数水产生物的生息之地，其独特的自然景观和丰富的生物多样性构成了一座难得的生态宝藏。

这种独特的生长环境使红树林成为无数水生生物的庇护所，各种各样的鱼类、虾类、蟹类在红树林的庇护下繁衍生息，构成一个自然的、和谐的生态系统。红树林的存在也有助于维持海洋生态的平衡，为水产资源的持续发展提供了保障。

此外，红树林的水产资源价值还体现在其独特的生态养殖方式上。湛江已发展超过 5 587 公顷的水产养殖塘，这些养殖塘有效利用了红树林的资源，养殖的品种包括蚝、海鳗等。这种养殖方式不仅能有效利用红树林的生态资源，还能在保护红树林的同时，提高养殖的经济效益，实现经济与环境的双赢。生态养殖方式与红树林的环境特点相结合，使得红树林的生态价值和经济价值得到充分的体现。

红树林的水产资源价值并非只在于其生物多样性，更在于它们构建的稳定生态系统对于水产养殖的重要意义。红树林的根系为鱼、虾、蟹等提供了天然的藏身之处和丰富的食物源，而它们的生长又进一步丰富了红树林的生态环境，使得红树林成了一个自我循环、生态平衡的养殖体系，这无疑对于现代水产养殖业的发展具有重要的参考价值。

此外，红树林的存在也维护了海洋生态的平衡，抑制了有害生物的繁殖，保护了水产资源的稳定产出。可以说，红树林形成了一种天然的、独特的、高效的养殖模式，是绿色养殖业发展的重要参考。

（三）红树林对湛江旅游业的影响

1. 红树林旅游业的发展状况

近年来，湛江市一直将全域旅游作为推动其经济社会发展的重要抓手。全区域规划、全产业发展、全要素配套、全社会推进，全力打造全域旅游示范区。湛江市发布了《湛江市创建全域旅游示范区促进文旅产业高质量发展实施意见（2022—2025 年）》，提出了明确的目标和计划：到 2023 年，实现 4 个以上县（市、区）成功创建省级全域旅游示范区，到 2025 年，实现 7 个以上县（市、区）成功创建省级全域旅游示范区，争取 1 个县（市、区）成功创建国家级全域旅游示范区。湛江市成功创建省级全域旅游示范区，争取列入国家级全域旅游示范区创建名录；湛江旅游产业高质量发展，接待游客人数与旅游总收入实现明显增长，全市年度旅游接待总人次达到 1 800 万人次，旅游总收入达到 200 亿元。①

---

① 《湛江打造全域旅游示范区　2025 年旅游收入计划达 200 亿元》，https：//www.gd.gov.cn/gdywdt/dsdt/content/post_3841484.html，2022 年 3 月 4 日。

2. 湛江红树林旅游业的潜力和挑战

湛江市位于广东省的南部，拥有丰富的红树林资源，这些红树林不仅是生长在热带、亚热带海岸潮间带的木本植物群落，而且在净化海水、防风消浪、维持生物多样性、固碳储碳等方面有着极为重要的作用，被公认为"绿色海岸卫士"。[①] 近年来，广东省和湛江市都在大力推动红树林的保护和修复，以此为抓手，培育和发展相关的绿色产业。湛江市已经将全域旅游作为推动经济社会发展的重要抓手，并全力创建全域旅游示范区。

然而，红树林旅游业在发展的同时也面临着挑战。红树林的保护和利用需要平衡，过度的旅游开发可能会对红树林的生态环境造成破坏。因此，如何在发展旅游业的同时，保护好这些宝贵的红树林资源，是湛江市面临的一大挑战。此外，红树林旅游业的发展还需要相关的基础设施配套，如何提供良好的旅游服务，提升游客的旅游体验，也是湛江市需要解决的问题。

总的来说，湛江红树林旅游业的潜力巨大，但同时也面临着诸多挑战。在发展过程中，需要不断探索和实践，找到一条既能保护红树林资源，又能推动旅游业发展的道路，为湛江市的经济社会发展作出更大的贡献。

3. 红树林的医药价值

红树林是世界上最重要的湿地生态系统之一，其中的植物种类丰富且独特。它们不仅具有重要的生态价值，如保护海岸线、提供栖息地、净化水质等，也具有广泛的药用价值。对于这些红树林植物的药用价值的研究与开发，实际上也是一种生态保护的策略，因为它可以将经济效益与生态效益结合起来，从客观上促进海岸居民将其视为药用资源加以保护，避免红树林进一步遭到破坏。

许多红树林植物的药用价值已逐渐被世界各地的科学家认识，并成为研究热点。这些药用红树植物在我国都能找到，且药用资源十分丰富。例如，在我国，红树林生长地区的居民一直在用包括海漆、老鼠簕、角果木和银叶树等红树林植物治疗一些疾病。

银叶树是一种梧桐科植物，中医认为其有涩肠止泻的功效，可以用来治疗大便稀薄、腹泻及消化不良。其树皮熬汁也可以治疗血尿症。海杧果是夹竹桃科的常绿乔木，其根部具有散风湿的功效，树汁则有强心作用，但因含剧毒只宜外

---

① 《广东加快培育"红树林＋生态产业"发展新模式，让红树林变"金树林"》，http://scs. mnr. gov. cn/scsb/shyw/202207/74aa5a5760734f2b8f3f50dfe58c0c2c. shtml，2022 年 7 月 26 日。

敷，不能内服。杨叶肖槿和角果木同样具有药用价值。杨叶肖槿的果实可以去虱，树叶水煮熬汁可以治头痛和疥癣，且具有抗肿瘤活性成分，是一种很有开发潜力的药用植物。角果木的树皮可以止血和治疗恶疮，种子榨油可以止痒和治疥癣，也可治冻疮。除此之外，玉蕊和黄槿也是药用红树植物。玉蕊含有萜类化合物，特别是三萜类化合物及皂苷，有抗肿瘤和抗微生物的作用。黄槿有清热止咳、解毒消肿的功效，可以用来治疗外感风热、咳嗽、痰火郁结、痈疮肿毒及支气管炎。黄槿树皮混水磨汁可用作利尿剂。最后，榄李是一种高达 8 米的小乔木或灌木，其化学成分具有良好的抗炎、抗真菌、降血压等效用。其树液熬汁可以用来治疗鹅口疮（雪口病），民间主要用于治疗疱疹、疥疮。

总的来说，红树林植物不仅具有生态价值，还有着丰富的药用价值。它们提供了丰富的药用资源，并为新药的研发提供了可能。利用并保护这些资源，有助于我们维护生物多样性，同时也可以为人类健康带来益处。①

（四）红树林对湛江经济的间接贡献

红树林，这一自然生态系统的重要组成部分，蜿蜒在湛江独特的海岸线上，其壮丽的景象吸引了众多的游客和科研工作者。红树林的存在不仅是自然的赠礼，更是为人类提供了众多的生态服务。其中，其水质净化和防风固沙的功能，对于湛江的经济发展有着重大的意义。②

一方面，红树林的水质净化功能为湛江产业发展保驾护航。红树林的生长环境是充满了盐分的海水，在这样的环境下，红树林通过其独特的生理结构，能够吸取海水中的营养，同时也吸附、吸收海水中的各种污染物。这些污染物包括重金属、农药和有机物质，这些物质若大量存在于海水中，会对海洋生物造成极大的影响，破坏生态平衡。

红树林的这种水质净化功能，对于湛江这样一个以海洋经济为主的城市，影响深远。洁净的海水能够为渔业提供更好的生产环境，保证海产资源的丰富性和品质，从而提升渔业的生产效率。洁净的海水也是旅游业发展的基础，能吸引大量游客前来参观，为湛江带来丰厚的旅游收入。

另一方面，红树林的防风固沙功能为湛江减轻防灾减灾的经济负担。红树林

---

① 《医药领域中的处女地——红树植物》，https：//www.cdstm.cn/gallery/media/mkjx/smsj/201605/t20160527_327428.html，2016 年 11 月 21 日。

② 生农、辛琨、廖宝文：《红树林湿地生态功能及其价值研究文献学分析》，《湿地科学与管理》2021 年第 17 卷第 1 期，第 47 - 50 页。

生长在海岸线上，它们独特的根系结构能够深入沙土，稳固海岸线，对抗风浪的冲刷。此外，红树林的密集叶片还能够减弱风力，防止强风对陆地的冲击。这种防风固沙的作用，保护了湛江的土地资源，减少了防灾减灾的经济负担。

湛江是广东省的一个重要沿海城市，丰富的自然资源为经济发展提供了巨大的潜力。红树林提供的水质净化和防风固沙的生态服务，为湛江的经济发展提供了强大的支持。正是因为有了红树林的默默付出，湛江才能保持生态平衡，实现可持续的经济发展。因此，我们要珍惜并保护好这片宝贵的红树林，让它继续为我们的生活和经济发展作贡献。[1]

（五）红树林作为碳汇的经济价值和潜力

1. 红树林的碳储存和碳吸收能力

红树林被誉为"海洋之肺"，它通过光合作用，将大气中的二氧化碳转化为其生长所需的碳元素，存储在其根、茎、叶等各个部分。研究表明，红树林的碳储存量远远超过同等面积的陆地森林，具有显著的生态与环保效益。

红树林不仅在地上部分储存碳，其地下部分也是重要的碳库。研究显示，红树林的根系和土壤中可以存储超过90%的碳，这些碳储存在超过30厘米深的土壤中，并能够持续数千年。具体而言，每公顷红树林可以存储大约1 023吨的碳，这使得红树林成为地球上碳密度最高的生态系统之一。

湛江的红树林在全球碳循环中扮演着重要角色，每年吸收和储存的碳量对全球气候变暖的缓解具有重要意义。数据显示，全球每年损失1.2万公顷的红树林，造成约2 400万吨二氧化碳的排放，这相当于63座燃煤电厂或5 100万辆汽车一年的排放量。

在未来的规划中，湛江必须积极保护和利用红树林资源，以实现碳中和的愿景。这不仅为湛江的环保事业奠定了坚实基础，也为其绿色发展指明了方向。保护红树林是实现可持续发展的重要战略。

总的来说，红树林的碳储存和吸收能力，是大自然赠予湛江的一份宝贵礼物。这个礼物不仅象征着希望，也预示着绿色发展的未来。湛江应以坚定的决心和实际行动，保护这片神奇的土地，让红树林继续在地球的生态系统中发挥其重要作用。

---

[1] 郭菊兰、朱耀军、武高洁等：《红树林湿地健康评价指标体系》，《湿地科学与管理》2013年第1期，第18-22页。

2. 碳交易市场的发展状况和湛江的机会

当代中国正处于经济转型的关键时期，其中一个重要的转变是由传统的工业经济向绿色经济的转型。在这个转型过程中，碳交易市场扮演了至关重要的角色。特别是对于湛江这样的城市，拥有丰富的红树林资源，如何通过碳交易市场将其巨大的碳吸收和储存能力转化为经济效益，是一个至关重要的问题。

碳交易市场的基本原理是，企业可以通过购买碳排放权来达到其碳排放的上限，而这些碳排放权可以通过碳吸收和储存的活动来获取。在这个过程中，红树林的角色不言而喻，它们是公认的"绿色海岸卫士"，具有极强的碳吸收和储存能力，不仅可以帮助抵消碳排放，还能为碳交易市场提供稳定的碳排放权供应。

然而，湛江市若要充分利用红树林资源并在碳交易市场上取得成功，还需要解决一些关键问题。首先，需要建立一个有效的碳排放权交易系统，包括碳排放权的定价、交易、监督等机制。其次，需要提高公众对碳交易市场的认知，包括其经济和环境效益，以提高市场参与度。

二、"红树林+生态产业"的湛江发展模式

（一）湛江如何利用红树林推动水产养殖业

若要深入探讨湛江如何利用红树林推动经济发展，便不得不提到其中的重要部分——水产养殖业。红树林和水产养殖业的关系可以说是紧密相连。红树林的茂盛生长，产生了一个复杂且繁荣的生态系统，鱼类、贝类、虾蟹等海洋生物在这里繁衍生息，形成了丰富的生物资源。而这些海洋生物正是湛江水产养殖业的重要组成部分。因此，红树林对于湛江水产养殖业的发展起到重要的促进作用。

湛江利用红树林的生态优势，发展了一系列水产养殖项目。红树林中丰富的生物资源使湛江的水产养殖业得以迅速发展。对于虾、鱼类和贝类，湛江都取得了出色的养殖成果。这些水产产品不仅满足了国内市场的需求，还输出到国际市场，为湛江带来了可观的经济收益。

湛江的水产养殖业也在回馈红树林。养殖业的发展带来了对红树林生态环境保护的更高要求，也增强了人们保护生态的意识。同时，水产养殖业得到的一部分收益也用于红树林的保护和恢复工作。这种相辅相成的关系，使湛江的红树林得以持续健康发展。

湛江的红树林和水产养殖业的例子，是生态经济发展的一次成功尝试。红树林的保护和养殖业的发展，形成了一种互惠互利的局面。湛江的这种发展模式不

仅提高了湛江的经济水平，也为保护环境和生态作出了贡献；提供了一种经济和生态平衡发展的可行之路。

（二）"红树林＋生态产业"模式的经济效益

众所周知，红树林是生态环境的守护者，它们吸收并储存碳，净化水质，防止风浪侵蚀，为生物提供栖息地。红树林不仅是生态保护的重要组成部分，还成为湛江经济发展的关键力量。[①]

"红树林＋生态产业"的模式在湛江得到成功实践。这种模式以红树林为依托，推动了生态养殖、碳汇交易、生态旅游和科普教育等产业的发展。湛江把红树林保护和修复的任务看作重要的发展机遇，中央和省级生态修复专项资金为红树林的恢复和保护项目提供了资金支持。这种投资为湛江的经济增长注入了活力，也使红树林得到了更好的保护。

"红树林＋生态产业"模式的实践不仅增强了湛江的经济实力，也给予红树林新的生命力。例如，生态养殖业因红树林得以发展，红树林的巨大碳储存能力也成为湛江碳汇交易的有力依托。

此外，湛江还借助红树林推动生态旅游和科普教育产业的发展。红树林的优美景致和生物多样性吸引了大批游客，同时，红树林也成了科普教育的理想场所，让更多的人了解和认识红树林，增强公众的生态保护意识。

总的来说，湛江通过"红树林＋生态产业"模式，打破了经济发展和生态保护的矛盾，实现了二者的和谐共生。湛江的实践提供了一种独特的视角，让我们看到了在经济发展与生态保护之间寻求平衡的可能性。这种模式的成功实践，为湛江的经济发展注入了新的活力，同时也为全球的生态保护提供了有力的参考。

（三）政府对"红树林＋生态产业"模式的政策支持和扶持措施

"红树林＋生态产业"模式为湛江的经济增长贡献了显著的直接效益。在这一模式下，红树林从被动的保护对象转化为积极的生态资本。这种转变激发了湛江的多元经济活动，包括生态养殖、碳汇交易、生态旅游和科普教育等。每一个活动都是对红树林资源的巧妙利用，为湛江经济的发展注入了活力。

以生态养殖为例，红树林作为一种重要的湿地生态系统，为各类海洋生物提

---

① 孟佩：《广东湛江红树林国家级自然保护区功能区调整与评价研究》，中南林业科技大学硕士学位论文，2015 年。

供了良好的栖息和繁殖环境。这些海洋生物是水产养殖业的重要资源，对湛江的水产业发展起到了至关重要的推动作用。再如生态旅游，红树林的秀美景致和丰富的生物多样性吸引了大批的游客，带动了旅游业的繁荣发展。

其次，"红树林＋生态产业"模式为湛江实现可持续发展提供了有力的支持。这个模式以生态为本，强调生态与经济的和谐共生，为湛江的长期发展奠定了坚实的基础。比如，通过生态养殖，可以有效地保护海洋生物资源，防止过度捕捞，实现资源的可持续利用。同时，通过碳汇交易，可以激励更多的社会资本参与红树林的保护和修复工作，有助于防止气候变暖。

总的来说，"红树林＋生态产业"模式对湛江的经济和环境都产生了深远的影响。这种模式突破了传统的发展模式，成功实现了经济效益和生态效益的双重提升，为湛江的可持续发展开辟了新的道路。作为一种有效的绿色发展模式，值得我们深入研究和广泛推广。

三、 湛江红树林的生态保护与经济开发

（一） 生态保护与经济开发的平衡问题

红树林的保护与经济开发处于天平两端。在寻求平衡之中，湛江面临着一系列挑战。首先，保护红树林的生态完整性和生物多样性是一个大挑战。红树林是重要的湿地生态系统，其生物多样性对地球的生态健康至关重要。然而，随着人口的增长和经济活动的扩展，红树林面临着越来越严重的破坏和退化。如何在保护生态和满足人类需求之间找到平衡，是湛江必须解决的问题。其次，经济开发的压力同样严峻。湛江是广东省的重要经济中心，人口众多，经济发展需求强烈。而红树林所在的沿海地区，也是人类活动最为集中的地区。如何在保护红树林的同时，实现经济的合理开发，也是湛江面临的一个大的挑战。

这就引出了第三个挑战：找到一种可行的模式，实现生态保护和经济开发的和谐共生。湛江已经尝试了"红树林＋生态产业"模式，取得了一定的成功。然而，这个模式能否在更长的时间尺度上实现可持续性，还需要进一步的观察和评估。

最后，面对全球性的气候变化，湛江也需要找到合适的策略。红树林是重要的碳汇资源，有助于缓解气候变化。气候变化也可能对红树林产生影响，比如海平面上升可能会淹没红树林。因此，湛江需要在保护红树林的同时，考虑适应气

候变化的策略。①

总的来说，湛江在红树林保护和经济开发中面临着一系列挑战。解决这些挑战需要深入的研究，需要多方的合作和支持。然而，只要湛江坚持生态优先，秉持可持续的理念，就有可能找到一条既保护红树林又促进经济发展的道路。

（二）信息和技术的缺乏

在生态保护领域，信息和技术的缺乏常常制约行动。因此只有更深入、更全面理解红树林的生态系统，才能制定出更有效的保护策略。在湛江红树林的保护中需要深入了解红树林的动植物种群分布情况、生态系统的运行规律、生态系统对人为干扰的响应等，但目前这些信息仍不够全面，这使得湛江的保护工作有所缺漏。

同样，我们也需要更先进的技术来保护红树林。如何在不破坏生态系统的前提下，对红树林进行科学的管理和合理的利用？如何通过科技手段，提高红树林的抵抗力和恢复力？这些问题，目前还没有满意的答案。

在经济开发方面，信息和技术的缺乏同样是一个大问题。湛江有着丰富的红树林资源，但如何将这些资源转化为经济价值，是一项需要科学指导和技术支持的任务。我们既需要更多关于红树林经济价值的信息，以指导经济活动，也需要更先进的技术，来实现红树林资源的高效利用。

为解决这一问题，需要加大科研投入，扩大数据收集和共享，提高技术研发和应用的水平。只有这样，湛江才能真正保护好红树林，才能实现红树林资源的持续发展。在这个信息和技术日益重要的时代，湛江需要加快步伐，用科技的力量，创造出一个美好的未来。

（三）政策执行和监管的难题

湛江正面临着一场既微妙又艰巨的挑战，需在绿色的生态屏障与日益增长的经济诉求之间，寻找一个和谐的平衡。这一挑战的一个绕不开的关键点是政策执行和监管。

政策执行和监管是每个地方都必须面对的现实问题。在湛江，这个问题尤为突出。尽管政府已出台了一系列的红树林保护政策和经济发展计划，但在执行过程中往往会遇到各种难题。比如，如何确保红树林保护政策的有效执行？如何防

---

① 甘加俊：《红树林湿地生态系统价值及保护探讨》，《绿色科技》2019 年第 12 期，第46 – 47 页。

止不法行为者破坏红树林？如何合理地利用红树林资源，而不影响生态环境？这些问题，都是政策执行过程中必须解决的。

其中，监管更是一个严重的问题。红树林涉及的地域广阔，环境复杂，实地监管需要投入大量人力物力。此外，由于红树林的生态价值和经济价值并存，监管难度进一步增大。如何确保经济开发活动在不破坏红树林生态的前提下进行？如何把握好经济开发与生态保护的界限？如何保证红树林的可持续发展？这些都是监管中需要解决的难题。

解决政策执行和监管的难题需要从多方面努力。首先，需要加强法治建设，确保红树林保护和经济开发的法律法规健全、明确。其次，需要加强人力物力投入，提高监管能力，确保政策的有效执行。最后，需要建立完善的反馈机制，对政策执行和监管情况进行持续评估和调整。

总之，政策执行和监管的难题是湛江红树林保护和经济开发面临的重要挑战，但只要用心去做，一定可以找到解决的办法。

（四）应对挑战的策略和建议

1. 加强科研和技术创新

生活在湛江的红树林之中，我们每时每刻都被这片神奇的生态系统吸引。然而，红树林面临的挑战却无法被忽视——如何保持生态保护与经济开发之间的微妙平衡？笔者坚信，科研和技术创新将成为主要策略和解决方案。

面对这一挑战，首先要明白一点，那就是生态保护与经济开发并非对立，相反，它们可以并存，甚至可以互相促进。红树林的保护，可以通过生态旅游、生态养殖等方式为湛江带来经济效益；而经济开发，则需要在不破坏生态环境的前提下进行，而这就需要发挥科研和技术创新的力量。[①]

首先，需要加强红树林的科研工作。科研能让我们深入了解红树林的生态特性，掌握它的生长规律，明白什么样的经济活动会对它产生影响。通过科研，我们可以找出一条既能保护和合理利用红树林，又能推动湛江经济发展的路径。其次，需要鼓励技术创新。技术创新不仅能提升经济效益，而且能减轻对红树林的破坏。例如，可以通过技术创新，开发出更加环保、高效的生态养殖方式，既保护了红树林，又增加了经济收入。又如，我们可以利用高新技术，发展红树林的远程监控系统，提高红树林保护的效率和效果。然而，要实现这些，我们需要政

---

① 王成林：《红树林湿地的退化与修复方法研究——以广东南沙湿地公园红树林湿地以及湛江红树林湿地为例》，《艺术科技》2019 年第 32 卷第 12 期，第 174、176 页。

府、企业、科研机构、公众等各方的共同努力。政府需要出台鼓励科研和技术创新的政策；企业需要勇于尝试，敢于创新；科研机构需要深入研究，提供科学依据；公众则需要增强环保意识，支持科研和技术创新。

红树林有巨大的生态价值，是一座生态富矿。湛江得天独厚的大片红树林与湛江蓝色的大海相得益彰，厚植"绿"的底色，自然景色无比优美。此外，红树林更具有极大的经济价值，为湛江经济高质量发展注入强大的动力。"红树林+海洋"的独特绿色成为湛江的一张名片，吸引世界各地游客慕名而来，是全国乃至世界名副其实的网红打卡地，带动了一大批湛江相关产业的发展。与此同时，红树林也是海洋生物多样性的重要保护区。"红树林+生态产业"的发展模式，扩大了生态养殖面积，实现了经济价值与生态价值的双丰收。

2. 优化政策环境和增强政策执行

保护生态的钟声已经敲响，面对湛江的红树林保护与经济开发问题，我们应如何抉择？优化政策环境与增强政策执行力，将是破解这一问题的关键。

湛江的红树林既是湛江的生态之肺，也是湛江经济发展的重要动力。这意味着必须在红树林保护与经济发展中寻求一个平衡点，才能推动湛江的可持续发展。

为了实现这个目标，需要从政策环境和政策执行两方面着手。首先，需要优化政策环境，制定一套全面、合理的红树林保护与经济开发政策。这些政策需要兼顾生态保护与经济发展的需求，支持绿色发展模式，如生态旅游、碳汇交易、生态养殖等，同时也要设立一系列的环保标准，限制破坏生态环境的经济活动。其次，需要增强政策执行力。一个好的政策，如果不能得到有效的执行，那么它就只是一纸空文。因此，需要建立一套有效的政策执行机制，提升政策的执行效率。同时，也需要加大监管力度，确保政策得到严格的执行。此外，还需要增强公众的环保意识，让每一个湛江人都成为保护红树林的参与者。然而，优化政策环境和增强政策执行并不是一蹴而就的事情，它需要耐心和坚持，需要从长远的角度出发，需要科学化、持续化，才能真正实现红树林保护与经济发展的和谐共生。[①]

总的来说，优化政策环境与增强政策执行力，将是应对湛江红树林保护和经济开发挑战的重要策略。这些努力不仅可以保护好湛江的红树林，还可以推动湛江的经济发展，实现生态保护与经济发展的双赢。这样，才能真正实现人与自然和谐共生的目标，为湛江的未来写下璀璨的篇章。

---

① 王燕、吴晓东：《湛江市红树林资源状况及其保护成效》，《林业科技管理》2004年第2期，第33-34、36页。

3. 加强公众参与和环保教育

身处于这个绿色星球，我们每个人都有责任去维护与自然的和谐关系。在湛江红树林的保护与经济开发这个问题上，增强公众参与和环保教育至关重要。

一方面，公众的参与是保护红树林、推动湛江经济发展的重要驱动力。每一位湛江市民都是红树林保护的主体，每一次参与，都是对生态环境的呵护。他们的行为和态度，将直接影响到红树林的未来。因此，需要构建多元化的公众参与机制，鼓励公众参与到红树林保护的行动中来，包括参与红树林的保护、修复、管理等工作，参与政策制定、决策过程等。公众的参与不仅有助于红树林的保护，还能推动湛江的经济发展。公众参与的过程，实际上也是一种生态教育的过程。他们在参与中，不仅能了解到红树林的价值，还能了解到绿色经济的重要性。这将有助于形成公众对绿色经济的认同和支持，从而推动湛江经济的转型升级。

另一方面，需要加强环保教育。环保教育是提升公众环保意识，形成环保行为的重要途径。可以通过学校教育、社区教育、媒体宣传等方式，向公众普及红树林的知识，让他们了解红树林的价值，认识到保护红树林的重要性。同时，还可以通过环保教育，引导公众形成环保的行为习惯，鼓励他们参与到红树林的保护行动中来。通过增强公众参与和加强环保教育，全社会可以形成一种人人参与的红树林保护机制。每一位湛江市民，都将成为红树林保护的一分子。在这个过程中，不仅可以保护好湛江的红树林，还可以推动湛江的经济发展，实现生态环境与经济发展和谐共生。

总的来说，加强公众参与和环保教育是应对湛江红树林保护和经济开发的重要策略。这需要从政策、社区、教育等层面进行努力。只有当全社会共同参与，才能真正实现红树林的保护和经济的发展，实现人与自然的和谐共生。

加强红树林生态保护和利用的科研和技术创新应用是充分发挥湛江红树林生态价值和经济价值的重要策略。具体来讲，有红树林病虫害防治、红树林套养海产品等科研技术，也有红树林苗圃培育技术、红树林嫁接技术的创新等。总之，与红树林相关的科研和技术创新是最大限度发挥红树林经济价值和生态价值的重要途径。

然而，湛江在红树林保护和经济开发中也面临着挑战。环境保护与经济发展的平衡，是湛江必须面对和解决的问题。如何在保护红树林的同时，推动经济的发展，是湛江需要深思的问题。我们必须认识到，红树林的保护不仅是为了我们自己，也是为了我们的后代，为了地球的未来。

因此，我们呼吁更多投资用于湛江的红树林保护和经济开发。同时也需要更多人关注湛江的红树林，了解它们的价值并参与到对它们的保护中来，让湛江的红树林与经济发展能够和谐共生，共创美好未来。

五、 结语

湛江的红树林不仅是生态宝藏，也是经济发展的重要推动力。这片绿色的宝库既为城市提供了无尽的自然美景，又为其经济增长注入了活力。通过"红树林＋生态产业"的模式，湛江实现了生态保护与经济发展的和谐共生，为可持续发展开辟了新的道路。

然而，湛江在红树林保护和经济开发中也面临诸多挑战，如环境保护与经济发展的平衡、信息与技术的缺乏、政策执行和监管等。应对这些挑战，需要深入研究以及多方的合作与支持。只有坚持生态优先，秉持可持续的理念，我们才有可能在保护红树林的同时，促进经济发展，为湛江及地球的未来贡献力量。

参考文献

[1]《湛江打造全域旅游示范区　2025 年旅游收入计划达 200 亿元》，https：∥www. gd. gov. cn/gdywdt/dsdt/content/post_3841484. html，2022 年 3 月 4 日。

[2]《广东加快培育"红树林＋生态产业"发展新模式，让红树林变"金树林"》，http：∥scs. mnr. gov. cn/scsb/shyw/202207/74aa5a5760734f2b8f3f50dfe58c0c2c. shtml，2022 年 7 月 26 日。

[3]《医药领域中的处女地——红树植物》，https：∥www. cdstm. cn/gallery/media/mkjx/smsj/201605/t20160527_327428. html，2016 年 11 月 21 日。

[4] 生农、辛琨、廖宝文：《红树林湿地生态功能及其价值研究文献学分析》，《湿地科学与管理》2021 年第 17 卷第 1 期。

[5] 郭菊兰、朱耀军、武高洁等：《红树林湿地健康评价指标体系》，《湿地科学与管理》2013 年第 1 期。

[6] 孟佩：《广东湛江红树林国家级自然保护区功能区调整与评价研究》，中南林业科技大学硕士学位论文，2015 年。

[7] 甘加俊：《红树林湿地生态系统价值及保护探讨》，《绿色科技》2019 年第 12 期。

[8] 王成林：《红树林湿地的退化与修复方法研究——以广东南沙湿地公园红树林湿地以及湛江红树林湿地为例》，《艺术科技》2019 年第 32 卷第 12 期。

[9] 王燕、吴晓东：《湛江市红树林资源状况及其保护成效》，《林业科技管理》2004 年第 2 期。

红树林与湛江文化

邹秀季　梁丽华①

一、 传统文化视域下的红树林文化

（一）传统生态思想

在中国的古老传统文化中，一直蕴含着对生态系统的哲学思考。无论是道家、儒家还是佛教，都在文献著述中深入探讨了人与自然之间的关系，并提供了独特的视角。首先，道家哲学从超然的"道"出发，强调自然的天道和宇宙的循环之秩序。在这样的观念下，所有生物都被视为平等的存在，都在"道"的庇护下和谐生存。这种观点鼓励人们超脱于物质追求，平等对待所有生命，从而达到人与自然的和谐共生。与此相对，儒家文化更多地从人的道德角度出发，探讨天人合一的关系。儒家认为，天道不仅是自然的规律，更与人道紧密相连。尤其儒家以仁义思想为核心，将人与自然的关系上升到道德高度，认为天道与人伦是相通的。从这样的视角出发，人不仅仅是大自然的一部分，更是守护自然和维持其和谐的道德实践者。而佛教则提供了另一个维度的生态思考。佛教主张众生平等，万物皆有佛性，这一观点基于佛教缘起论的宇宙观，使佛教对每一个微小生命都平等地充满敬意，不论是人类、动物还是植物。佛教鼓励人们尊重并珍视每一个生命和保障它所赖以生活的环境。

要言之，中国传统文化为我们提供了宝贵的思想文化资源，启示我们如何看待和保护大自然。在当今生态危机日益加剧的背景下，这些古老的思想为现代环境保护提供了独特且深刻的启迪。综上所述，中国传统文化中生态思想与理念主要来自以下几方面：

1. 中国传统文化深受农耕文明的滋养，孕育出了"天人合一"的哲学思想

这一观念突破了人与自然的界限，强调了人与自然界之间的紧密联系与和谐

---

① 邹秀季，岭南师范学院马克思主义学院讲师；研究方向：中国哲学、马克思主义中国化。梁丽华，岭南师范学院马克思主义学院讲师；研究方向：思想政治教育。

共生。如《周易》作为六经之首，对"天人合一"有过深入且系统的阐述。其中，《周易·序卦传》明确指出："有天地，然后万物生焉"，这不仅表明了万物都来自天地，更进一步强调了"有万物然后有男女"，意味着人类也是天地之作品，是受到天地滋养的直接产物。因此，人类不仅是与自然界相互联系的，更是与自然界构成了一个有机的统一整体。与此相呼应，人就应该做到"与天地合其德，与日月合其明，与四时合其序"（《周易·文言传》），与自然和谐共处。另外，儒家的代表人物，如孔子和孟子等，也都对"天人合一"的思想持有深厚的情感和深入的思考。孔子承载并发扬了《周易》"三才"思想，即天、地、人三者之间的和谐关系，他主张人类不应该被动地接受自然的安排，而是要通过自己的努力，与天地之道相契合，真正做到"知天顺命"。而孟子则更进一步提出"上下与天地同流"和"万物皆备于我矣"，强调了人与自然之间存在着密切的互动关系和相互依存。北宋时期，儒家的另一位重要代表人物程颢也持有相似的观点，他认为"仁者以天地万物为一体"，这意味着天地万物与人是息息相关的共同体，相互之间存在着不解的纽带关系。

与此同时，道家的老子则在《道德经》第二十五章中指出："人法地，地法天，天法道，道法自然。"王弼对此的注解是："法，谓法则也。人不违地，乃得安全，法地也。地不违天，乃得全载，法天也。天不违道，乃得全覆，法道也。道不违自然，乃得其性，法自然者。在方而法方，在圆而法圆，于自然无所违也。"简言之，老子提醒人们要敬畏自然、顺应自然，与自然和谐相处，道家的庄子亦是继承并发展了这一思想："天地与我并生，而万物与我为一"（《庄子·齐物论》），要求任物自然，做到天地万物与我合二为一。这些观点都与"天人合一"的思想相得益彰，旨在阐述万物起源于"道"，与"道"紧密相连、相互贯通而又须臾不离的道理。

总之，"天人合一"不仅是中国古代哲学的核心观念，更是我国传统生态文化的重要组成部分。它告诉我们，人类与自然之间不是彼此孤立的，而是紧密相连、相互交通的，只有真正理解并践行"天人合一"的思想，人类与自然才能真正和谐共生，最终实现可持续发展。

2. 中国传统文化融入了对自然、生命的敬畏与珍视，强调人类与自然环境和谐共存

无论是中国儒家还是道家等其他思想流派，他们的思想体系中均有对生命的尊重与爱护的观念。其中所承载的智慧，对于人类未来的发展仍然具有深远的意义。

　　孔子提倡"仁学"。仁，不仅仅是体现人与人之间的亲近与情感交融，更进一步延伸到人与天地万物的关系之中。他认为，对于宇宙万物，人们都应该满怀仁爱之心。《论语·述而》说"子钓而不纲，弋不射宿"，告诉人们要对动物心存仁爱，不可滥捕滥杀；《礼记·祭义》中孔子的高足曾子也说："树木以时伐焉，禽兽以时杀焉。"这里的"以时"正代表着人们对生命的尊重，不应逆天行事，过度伤害生命。孟子说"亲亲而仁民，仁民而爱物"（《孟子·尽心上》），仁爱之心的推衍要能够由亲爱自己的亲人直至普通万物，而《孟子·梁惠王上》："无伤也，是乃仁术也，见牛未见羊也。君子之于禽兽也，见其生，不忍见其死；闻其声，不忍食其肉。是以君子远庖厨也。"等等，无不是劝告人们要对宇宙自然界每一个成员加以用心的呵护和关爱，从农耕、捕鱼乃至伐木等，都要考虑到生态的平衡和生命的持续。

　　道家思想，也是提倡要珍爱生命，与自然和谐相处。老子在《道德经》第二十五章指出："人法地，地法天，天法道，道法自然。"这里所说的"法"，是指遵循、顺应。人类应该学会顺应自然，遵循大自然的规律。他进一步提出："生而不有，为而不恃，长而不宰"（《道德经》第十章），这是对人类行为的明确规范与要求，告诫人们不能随意损害与主宰其他生命，需做到既利用又珍惜、呵护其他生命，而"夫代大匠斫者，希有不伤其手矣"（《道德经》第七十四章）更是明确指出了任意摆布其他生命可能给自己带来致命的伤害。庄子也有类似的观点，他首先创立了"养生""尊生""达生""卫生"等概念，主张"以道观之，物无贵贱"（《庄子·秋水》），强调生命的可贵和一切生命都是平等无贵贱的，人类不能因为自己的需要而随意伤害其他生命。

　　通过对以上古代先贤生态思想的阐述不难发现，我国的传统生态文化强调的是人与自然、与生命的和谐关系。它提醒我们，即使在利用自然资源时，也要时刻保持敬畏之心，不能肆意破坏自然规则和它的生命，要深刻认识到每一个生命都是大自然的宝贵财富，有着其存在的不可替代价值。[①] 这样的智慧，对于当今面对环境危机的人类社会，仍具有不可替代的参考价值。

　　总的来说，无论是儒家还是道家等，其核心思想都蕴含着敬畏生命、珍视自然的深刻哲理，也教导我们要与自然和谐相处、平等珍视每一个生命。

---

① 　贺少华：《传统生态思想的当代价值》，李泽春、姜大仁：《庆祝新中国成立六十周年暨民族地区科学发展理论研究》，成都：西南交通大学出版社，2010年。

3. 中国传统文化以"取用有节"的适度原则，寻求取与用的平衡

儒家的孔子将"取用有节"的理念融入"仁学"中。"子钓而不纲，弋不射宿"，即在狩猎和捕鱼这样的行为中，也要考虑到生态平衡和生命的尊严。孔子的这种观念，并不是空泛的伦理说教，而是实实在在的生活态度和行为规范，是对自然资源的切实珍视。孟子说："不违农时，谷不可胜食也；数罟不入洿池，鱼鳖不可胜食也；斧斤以时入山林，材木不可胜用也。谷与鱼鳖不可胜食，材木不可胜用，是使民养生丧死无憾也。"（《孟子·梁惠王上》）这体现了儒家思想中一贯提倡与坚持的取用有度的生活哲学。

道家的老子也在《道德经》中多次强调对自然资源的珍惜。尤其是他所说的："我有三宝，持而保之。一曰慈，二曰俭，三曰不敢为天下先。"（《道德经》第六十七章）其中的"俭"，正是指生活中的节俭、对资源的珍惜。他进一步警告"甚爱必大费，多藏必厚亡"（《道德经》第四十四章）。道家的庄子在其《至乐》一文中也提到："夫天下之所尊者，富贵寿善也；所乐者，身安厚味美服好色音声也；所下者，贫贱夭恶也；所苦者，身不得安逸，口不得厚味，形不得美服，目不得好色，耳不得音声。若不得者，则大忧以惧，其为形也亦愚哉！"他明确表明了世俗中崇尚的那些所谓的至乐乃是十足的愚昧行动。道家的这些思想不仅是对个人无节制生活习惯的提醒与忠告，更是对整个社会不正风气的深刻警示。

法家的代表人物管仲在《管子·八观》中深入阐述了这一观点："山林虽广，草木虽美，禁发必有时；国虽充盈，金玉虽多，宫室必有度；江海虽广，池泽虽博，鱼鳖虽多，罔罟必有正。"他所描述的这三个场景，无一不是在申述要对自然资源加以珍惜和对人类膨胀的贪欲加以约束。当然，他所提倡的，并非彻底的禁止使用，而是要在使用中有度、有节制、有规矩。

墨家也有类似的观点。《墨子》思想以节用、尚贤为支点，其节俭思想的总原则是"凡足以奉给民用，则止"（《墨子·节用》），还提到"夫妇节而天地和，风雨节而五谷熟，衣服节而肌肤和"（《墨子·辞过》），这些都是对"取用有节"智慧的生动诠释。实际上，墨子还明确告诫人们"俭节则昌，淫佚则亡"（《墨子·辞过》），阐述了只有厉行节制，才能保持长久繁荣的道理。

综上所述，无论是儒、道、法还是墨家等各大思想流派，中国古代的各大思想体系都强调尊重自然资源和对自然资源取用节制有度。毫无疑问，这些古老的智慧，在当今面临环境危机的世界中，依然具有极高的指导价值，时刻警醒着我们应该如何正确对待我们赖以生存的家园。

（二）红树林的文化内涵

红树林文化作为一种具有深厚历史和文化内涵的生态文化，指与红树林生态系统紧密相关的当地文化和传统。这种文化具有多层次、多维度特性，不仅包括人们对红树林环境的认知和利用方式，还反映了人们对自然的情感态度和价值观念，体现了人类与自然和谐相处的智慧和实践，是生态环境和当地人文历史相互交融的产物。红树林生态文化内涵主要涉及以下几方面内容：

首先是作为物质文化的红树林文化。当地居民的繁衍生息与经济发展，离不开自然界馈赠给他们的各种自然资源，人们充分利用红树林蕴藏的资源制作各种生活用具、建筑物、船只和其他经济作品，从而形成富有地方特色的红树林物质文化与经济文化。如岭南师范学院食品科学与工程学院师生从红树林滩涂中分离出多株微藻，在人工海水培养基中培养出符合国家食品安全标准的藻株，制作出藻类果冻、面条、香蕉慕斯、压片糖以及微藻珍珠等多种可口的特色食品。同时，人们利用红树林制造出的生活生产工具往往结合当地居民的生活习惯和技艺，具有独特的造型和功能，成为当地居民生活的重要组成部分，红树林甚至可以被制作成地方特色文化产品，吸引众多游客和文化爱好者。

其次是作为生活习俗的红树林文化。许多地区流传着一些关于红树林的神话传说，这些神话传说与故事通常与自然界的力量和"神灵"有关，反映了人们对自然的敬畏和尊重，同时也传承了人们对红树林的认识和体验。在一些地方，茂密的红树林往往具有一定的神秘色彩，人们每逢特定时节会在红树林中举行祭祀活动，祈求丰收、平安。这些仪式反映了人们对红树林的崇敬和信仰；当地居民还就近取材，围绕红树林资源进行各种采集、使用和交换等行为，如养殖、捕鱼、打猎和制盐等，成为当地沿海居民的生活方式之一。

再次是作为艺术形式的红树林文化。它包括与红树林相关的故事、传说、书法、歌曲和舞蹈等。这些作为艺术形式的红树林文化，通过政府部门、教育部门和企业、社区等组织的活动，其红树林生态景观和红树林精神在文学作品、绘画及音乐和舞蹈等艺术作品中被刻画与表现。作为艺术形式的红树林文化反映了人们对红树林环境的感受和理解，它内化为人们生活的一部分，传承着特定的历史和文化，还活跃了地方文化，对于繁荣社会主义先进文化具有一定的推动作用。

最后是作为文化知识的红树林文化。红树林地区的居民通过对红树林长期的观察和实践，积累了丰富的关于红树林生态系统的知识，他们不仅熟知红树林不同植物和动物的习惯特性，同时也知道如何平衡利用和保护，以确保红树林不被过度开发和破坏，实现红树林资源的可持续开发利用。同时，随着有组织的科学研究深入开展，人们对红树林的各种价值有了更为系统的了解，包括植物的药用价值、动植物的习性和季节变化以及旅游价值等，从而形成对红树林的丰富的科学认识。

二、 湛江市创建 "红树林之城" 蕴含的现代文化价值

（一）有利于倡导生态文明与可持续发展

在面对现代社会的快速工业化和城市化挑战时，生态文明的建设成为全球关注的重点话题。湛江作为"红树林之城"的创建者，其倡导的生态文明和可持续发展理念是对这一全球议题的积极响应。

首先，生态文明的核心是人与自然的和谐共生。生态文明不仅仅是对环境的保护，更是对人类与自然关系的重新定义和思考，人类需要摒弃过去那种人定胜天的思想，转而追求与自然的和谐共生，确保人与自然、社会与经济之间的平衡永续发展。湛江市在红树林的保护中展现了这种理念，红树林作为湛江市得天独厚的天然资源，其价值不仅体现在生态功能上，更对人类与自然和谐共处具有重要意义。通过对红树林的保护，湛江市展现了人与自然可以共存、共荣，为其他地区提供了可资借鉴的宝贵经验。

其次，可持续发展理论的核心是公平，包括代内公平和代际公平。① 可持续发展旨在确保当前的发展不损害未来代际的利益。它要求我们不仅考虑经济增长，还要考虑社会公正和环境保护。它提倡在发展中平衡各种利益，以期能够确保长期的、普遍的福祉。湛江市在创建"红树林之城"的过程中，体现了对这种平衡的追求。除了重视红树林的生态价值，湛江市还考虑到了与当地社区、企业和其他利益相关者的关系。通过各种合作方式，确保红树林的保护与当地的社会经济发展相得益彰，达到真正的可持续发展。

综上所述，湛江市创建"红树林之城"所倡导的生态文明和可持续发展理念，不仅是对全球环境议题的积极响应，也是对中国传统文化和现代社会的深入反思。这种理念和行动为我们提供了一个理论和实践结合的范例，帮助我们更好地理解人与自然、经济与环境之间的关系。

---

① 方行明、魏静、郭丽丽：《可持续发展理论的反思与重构》，《经济学家》2017 年第 3 期，第 24 - 31 页。

（二）有利于传承与创新的文化融合

在全球化的大背景下，传统文化的传承与现代文化的融合是一道关乎文化生存和发展的重要命题。湛江市在创建"红树林之城"过程中，成功地实现了将传统文化的继承与当代文化的创新相结合，构建了一个既富有历史厚重感又充满现代活力的文化生态。

首先，红树林文化在传承中得到了深化与升华。文化的传承并不仅仅是对过去的模仿，而是要在传统与现代之间找到一个新的平衡点，使文化得到现代化的再生。在湛江的红树林文化中，我们可以看到这种平衡的实践：既保留了红树林作为自然景观的原始魅力，又通过诸多创新性元素融入了许多现代的生态保护和可持续发展理念，使其具有更为广泛的现代意义。

其次，红树林文化与现代城市文化的结合，体现了文化的创新与发展。文化的创新往往来源于不同文化的交流与融合。湛江市成功地将红树林文化与现代都市生活方式相结合，为市民提供了一个既可以体验自然之美又可以享受都市便利的生活环境。这种结合不仅丰富了湛江市的文化内涵，也为其他城市提供了一个文化创新与发展的范例。

总之，湛江市在创建"红树林之城"过程中，展现了传统与现代、传承与创新之间的完美融合。这种融合不仅赋予了红树林文化新的生命力，也为我们提供了一个探索文化如何在现代社会中传承与发展的重要实践案例。

（三）有利于增强城市品牌与文化影响力

湛江市定位"红树林之城"，不仅是在生态和文化上寻求突破，更是进一步强化了城市的品牌形象和文化影响力。在 21 世纪，城市竞争不仅仅局限于经济或技术，文化与品牌的力量也逐渐成为城市吸引力的重要组成部分。

1. 红树林作为湛江市的自然与文化双重标识，赋予了城市独特的品牌定位

在中国，城市与其特定的文化或自然特征形成深度的联系，这些特征为城市创造了特殊的身份认同，并为其带来无可替代的品牌价值。在这方面，湛江市成功地将红树林与城市品牌紧密结合，构建了一个既清新自然又充满文化内涵的城市形象。

2. 湛江市通过一系列的文化活动、国际交流和科普宣传，进一步提升了红树林品牌的知名度和影响力

高品质的文化活动和传播策略是强化城市品牌影响力的重要举措。湛江市通过举办红树林文化节、艺术创作以及多种国内国际研讨会等活动，不仅在国内树

立了湛江的品牌形象，还进一步加强了与国外城市和机构的交流与合作，推广了红树林之城的国际影响力。

3. 红树林文化也为湛江市带来了更深远的文化资本

文化资本不仅仅是物质利益，更重要的是其所带来的社会、文化与情感连接。[①] 湛江市的红树林文化，作为一种独特的文化资本，不仅为城市带来了经济效益，更在情感、认同和归属感等方面，为市民和游客创造了深厚的精神价值。

综上，湛江市通过成功定位"红树林之城"品牌，实现了文化与生态的完美结合，为城市带来了独特的文化价值与影响力。这种结合不仅增强了湛江市的城市吸引力，还为其在全国乃至全球范围内创造了独特的品牌形象和影响力。

（四）有利于提升公众的环境意识和文化素养

在 21 世纪的今天，随着全球化和信息时代的到来，公众的环境意识和文化素养成为衡量一个地区、一个国家乃至一个文明的重要标准。湛江市创建"红树林之城"的行动，其产生的效益不仅在于地理空间上的生态建设，更在于人文精神层面上的文化塑造和环境教育。

1. 增强公众环境保护意识

湛江市通过一系列红树林保护活动，让公众真切地体验和了解红树林的生态价值。公众直接的体验和参与，可以有效地增强环境保护意识。湛江市的红树林体验之旅、科普读物、志愿者宣讲团队等活动，为公众提供了深入红树林、了解红树林生态系统的机会，从而激发了他们的环境保护意识与热情。

2. 为公众带来丰富的文化教育

红树林的文化与历史深度为湛江市民带来了丰富的文化教育资源。地方文化的深化与传承对于国家文化的整体建构具有不可替代的作用，湛江市通过红树林文化工作坊、艺术创作活动等，使市民对红树林的历史、文化和艺术有了更加深入的了解，从而提高了他们的文化素养和自我认同感。

3. 提供多种类的学习平台与资源

湛江市的红树林教育活动为公众提供了多种类的学习平台和资源。多元化的教育平台和资源能更好地满足公众的学习需求，提升他们的环境教育效果。湛江市不仅有针对性地为不同年龄段和社会群体设计了红树林教育活动，还积极利用互联网、社交媒体等现代传播手段，将红树林的教育资源推向更广泛的公众。

---

① 任勇：《现代国家治理中的文化整合——基于社会资本与文化资本的考察》，《长白学刊》2010 年第 3 期，第 146 – 151 页。

总之，湛江市通过创建"红树林之城"，有效提升了公众的环境意识和文化素养。这种提升不仅在于具体的生态建设和文化活动，更在于塑造一个更加绿色、文明和有文化底蕴的湛江形象，为公众创造了一个更有利于学习、交流和生活的环境。

综上所述，湛江市创建"红树林之城"不仅是对红树林生态资源的保护和珍视，更是对现代文化价值的提炼和传承。这种文化价值不仅反映在生态保护和文化传承上，更在于倡导一种与自然和谐共生、传承与创新并重、强调公众参与和社区责任的现代文化理念。

三、 红树林赋能湛江繁荣发展社会主义先进文化

（一）举办红树林教育普及活动

公众教育和红树林科学知识普及是实现长远、持续保护红树林的关键环节。通过一系列的具体活动，湛江市旨在提升市民对红树林的认识，加深他们对红树林生态价值的了解，从而促进社区及广大市民参与和支持红树林的保护工作。

1. 红树林摄影展

自 2018 年起，湛江市在市中心的文化广场和湛江大剧院的展览厅多次组织红树林摄影展。这些摄影展呈现了国内外众多摄影师镜头下红树林的生态美景和珍稀生物。这种视觉冲击不仅让市民被红树林的美景吸引，更引发了市民对环境保护的思考。摄影展期间，湛江市还与高校合作，为市民提供了一个虚拟现实体验区，市民可以通过先进的 VR 技术"走进"红树林，感受其独特的生态环境。

2. 专题讲座和研讨会

从 2018 年开始，湛江市与岭南师范学院及广东海洋大学联合举办了多场红树林保护专题讲座。讲座邀请了国内外知名的红树林生态、生物多样性和环境保护的专家学者。如 2019 年 9 月，湛江市在广东海洋大学举办了由马来西亚生态学者 Dr. Lim Chong Eu 主讲的"红树林与海洋生态"的公开课。这些活动为公众提供了一个与专家面对面交流的平台，让他们能够深入了解红树林的生态系统在全球生态中的地位以及保护红树林的紧迫性等。

3. 红树林体验之旅

湛江市鼓励学校、企业和社区组织红树林体验之旅。从 2017 年开始，每年春秋两季，湛江市政府与岭南师范学院生态研究所合作，在红树林保护区举办"红树林之旅"活动，不仅让市民和学生近距离地接触红树林，还邀请了专家为

大家解说红树林的生态知识。2019 年的"红树林之旅"活动吸引了超过 2 000 名市民参与，其中不少是家庭和学生团体。

4. 红树林艺术与文化工作坊

为了进一步推广红树林文化，湛江市从 2018 年起在市内的文化中心、艺术学校和青少年活动中心举办了一系列红树林艺术和文化工作坊。这些工作坊邀请了本地的艺术家和生态学家共同主讲，通过绘画、雕塑、摄影、诗歌等艺术形式向公众传递他们对红树林的情感和认识。

5. 组织红树林保护志愿者团队

湛江市非常鼓励市民亲身参与红树林的实际保护工作。为此，湛江市政府与岭南师范学院等高校合作，成立了红树林保护志愿者团队。这支志愿者团队经过专业培训后，定期组织学员巡视红树林，清理垃圾，宣传红树林的保护知识，使他们成为红树林保护的实际参与者。

通过上述的公众教育和普及活动，湛江市成功地将红树林保护融入市民的日常生活，激发了他们对红树林保护的热情和积极性。这些活动不仅提高了市民对红树林的认识，更为湛江市的红树林保护工作提供了坚实的社会支持。

（二）推进红树林生态文化旅游

1. 红树林保护区

湛江市设立了红树林生态旅游区，配备了讲解员，为游客介绍红树林的生态系统，同时制定了严格的访问规则，确保游客的活动不会对红树林产生负面影响。与旅行社合作开发了红树林观鸟、红树林徒步等生态旅游项目，让游客在享受大自然的同时了解红树林的生态价值。

2. 红树林生态旅游区的规划与建设

湛江市政府对现有的红树林进行了精心规划，确保旅游发展与生态保护之间的平衡。在旅游区规划中，特意设立了核心保护区、生态恢复区和可持续旅游区。核心保护区严禁任何形式的旅游活动，确保红树林的原始状态得到保护。而在可持续旅游区内，则鼓励环保、低碳的旅游方式，如徒步、骑行和划独木舟等。

3. 红树林生态旅游文化节

每年，湛江市都会举办红树林生态旅游文化节，吸引众多游客参与。文化节中有红树林摄影比赛、生态知识讲座、红树林艺术展等丰富多彩的活动。这不仅能够提升红树林的知名度，更能在民众中深入地普及红树林生态知识。

4. 红树林生态旅游产品的开发

为满足不同游客的需求，湛江市推出了一系列的红树林生态旅游产品。比如，为家庭游客提供的红树林亲子体验营，让家长和孩子一起参与到红树林保护活动中来；为热爱探险的游客提供的红树林徒步探秘之旅，让他们深入红树林，亲近自然。

5. 生态旅游与社区参与

湛江市鼓励当地社区居民参与到红树林的生态旅游中来。比如，培训当地居民成为生态导游，让他们为游客讲述红树林的生态知识和当地的民俗文化。又如，支持当地居民开办家庭旅馆，为游客提供住宿服务。这样既能带动当地经济发展，又能确保红树林的保护工作得到当地社区的支持。

6. 红树林生态教育旅行

针对学校团体，湛江市开发了红树林生态教育旅行产品。学生在游玩的同时，还能参与到红树林保护、清洁沙滩等公益活动中来。这不仅让学生深入了解了红树林的生态价值，还培养了他们的环保意识。

7. 红树林生态研学基地

湛江市在红树林区内设立了生态研学基地，供学者和大、中、小学生进行红树林生态研究。这不仅推动了红树林生态科研的发展，还为游客提供了丰富的生态知识。

通过上述一系列的策略和活动，湛江市成功地将红树林保护与生态旅游结合起来，实现了经济、生态和社会的三重效益，为其他地区提供了一个很好的范例，展示了如何在推进生态旅游的同时，确保生态的可持续保护。

（三）加强与高校的红树林科研合作

湛江市与岭南师范学院等高校合作，开展了一系列红树林生态系统的长期研究项目，深入研究红树林中的生物多样性、红树林与沿海生态系统的关系等问题，如2022年4月22日，第一届岭南红树林学术论坛在岭南师范学院召开，聚焦"海上森林"红树林的修复与保护，围绕中国红树林保护恢复、生态产业发展、滨海旅游以及自然科普研学教育等方向齐研讨、话发展，为湛江打造"红树林之城"的广东生态建设新名片再添助力。

2023年7月1日，岭南师范学院举行了2023年大学生暑期"三下乡"社会实践活动暨"百千万工程"突击队行动出征仪式。此次岭南师范学院组建的159支大学生"三下乡"社会实践队暨"百千万工程"突击队共4 500多名师生，奔赴粤东、粤西、粤北等地的红树林、乡村和海岛。10 多支"红树林之城"宣讲团带着由岭南师范学院红树林生态文明建设科普基地提供的红树林生态文明科普教育资源包走进千家万户，动员全社会守护好"国宝"红树林。岭南师范学院生科院服务湛江"红树林之城"建设大学生暑期社会实践活动组建了 10 支大学生社会实践志愿服务队近 300 人，在各级政府部门的大力支持下，暑期奔赴麻章区湖光镇，徐闻县和安镇、新寮镇，坡头区官渡镇等红树林保护片区，沿湛江海岸线开展红树林保护、科普、普法等系列活动。

（四）红树林文化传承与创新

湛江市通过举办各种文艺表演、民间手工艺展示、红树林知识竞赛等活动，展示和传承与红树林相关的文化和习俗。

2023 年 3 月，湛江市举办"红树林之城"文化活动周，以"品味红树林之美　共建'红树林之城'"为主题，为群众献上一场场文化盛宴，助力把"湛江红树林"打造成绿美广东新亮点。文化活动周主要活动包括以下几个方面：

1. 红树林＋产业对话——推进穗湛文化产业协作

2023 年 3 月 22 日，"相约红树林之城——首届广州·湛江文化产业发展对话"在湛江举行，活动旨在携手推进穗湛文化产业深度协作，打造文化产业高质量发展平台。

活动期间，与会嘉宾围绕"如何推动湛江文化产业高质量发展"等主题展开探讨。广州市委宣传部和湛江市委宣传部签订文化产业战略合作框架协议。

广州、湛江两地企业现场签约 6 个文旅体意向合作项目，包含党报合作项目、新华文化产业综合体战略合作项目、钢琴美育实践研学基地旅游项目、湛江市旅游控股集团有限公司与广东振远文化集团有限公司战略合作项目、湛江市文化广电旅游体育局与华体（广东）体育产业有限公司战略合作项目、蟹港小镇—仙群岛海洋湿地公园项目。此外，珠海中航通用机场管理有限公司和坡头区政府围绕通航无人机研制、通航运营文旅服务、通航信息交互服务、通航公共服务等进行战略合作签约。

其中，新华文化产业综合体战略合作项目拟推动两地书店合作，打造湛江市文化产业综合体项目，即全民阅读休闲中心、广州·湛江非物质文化遗产展示中心、文化创意产业中心、文化传播交流中心、图书流通中心。钢琴美育实践研学基地旅游项目将立足湛江和廉江，对接珠三角，开展跨区域文化协同发展等产业前沿性研究与实践。①

2. 红树林＋音乐剧——将红树林精神搬上舞台

2023 年 3 月 19—21 日，湛江原创诗画音乐剧《红树林深处的灯塔》连续三晚在湛江进行汇报演出。音乐剧分为五幕三场，包括《走进红树林》《海上情》《运河谣》《大风歌》《爱在红树林》等。

音乐剧讲述了雾号岛上的守塔人雷阿满以岛为家、与海相伴的故事。雷阿满年幼时，父亲"换鼓雷"为支援解放军渡琼作战而牺牲，老战士陈大义信守承诺将阿满抚养成人。在义父和水利干部阿莲姐教育下，雷阿满像红树林一样扎根海岛，带领乡亲们建设家园。

该剧尝试进行本土化创作，选择了湛江人熟悉的雷州换鼓、傩舞、渔歌、雷州话等元素，将传统文化融入创作当中，呼吁观众关注传统文化的再创作。剧中的灯塔和红树林是湛江鲜明的文化符号。红树林能在恶劣环境中团结生长，根连着根、手挽着手，在大海边上筑起人民群众的安全屏障。剧中，红树林指向了一代又一代的湛江人民。

3. 红树林＋公益——探索零碳发展道路

2023 年 3 月 24 日，"碳路湛江"公益行动计划发布会召开。发布会诚邀社会各界力量与湛江一同探索红树林零碳前沿发展之路，为"红树林之城"建设增添新动力、新途径。

会上正式启动了"碳路湛江"公益行动计划，为红树林志愿服务队授旗。湛江市红树林湿地保护基金会与宝钢、巴斯夫、中科炼化、腾讯公益等多个企业签订了公益合作意向书。

"碳路湛江"公益行动计划提及，湛江将通过减碳、降碳、存碳、固碳、融碳五大路径，科学全面探索零碳。接下来，湛江将重点打造世界级绿色产业带，将东海岛打造成国际绿色低碳循环产业示范区，加快探索"碳汇渔业"，推进东海岛 EOD（生态环境导向的开发）项目，推动红树林生态修复和养殖塘耦合共存，强化湛江突出的红树林湿地生态系统的碳汇能力。

4. 红树林＋网络征稿——呈现红树林魅力

"悠长蔚蓝的海岸，浓郁的亚热带风光，古老深厚的红土文化，无不深深地吸引着我""来到湛江徐闻，这里有菠萝，还有很美的红树林"……连日来，不

---

① 《首届广州·湛江文化产业发展对话举行 7 个文旅体意向合作项目签约》，http：//www. gd. gov. cn/gdywdt/zwzt/jfqyhl/cyyhsj/content/post_4138963. html.

少网友晒出在湛江红树林打卡的美图。

2023 年 3 月 19 日，湛江启动"我爱湛江红树林"网络主题征集活动，面向全国征集作品，邀请网友用镜头记录、用网络传播湛江红树林之美，擦亮湛江"红树林之城"生态建设新名片。活动持续至当年 6 月 19 日，活动期间，"网信湛江"官方账号在微博、今日头条等平台发起"#我爱湛江红树林#"话题，通过向自媒体约稿，吸引网民宣传红树林。同时，在小红书、微信视频号等平台开设"#我爱湛江红树林#"话题，邀请达人参与互动，掀起推介湛江红树林热潮。

5. 红树林＋科普——营造全民参与氛围

2023 年 3 月 25 日，湛江市"红树林之城"青春大使评选活动暨红树林科普进校园活动启动，以青春之力助力红树林之城建设。

该评选活动于 2023 年 3—6 月开展，设置中小学青少年组、高校青年组、机关企事业单位青年组 3 个参赛组别。最终评选出 12 名"红树林之城"青春大使和 30 人"红树林之城"青春宣讲团，在今后举办的重要活动中宣传推广"红树林之城"。

活动将打造一支青少年宣传队伍，讲好红树林和"红树林之城"的故事。"守护红树林　科普向未来"红树林科普进校园系列活动也同步在全市中小学开展。全市中小学校将广泛开展"点'湛'红树林　守护红树林"主题班会，常态化开展红树林科普宣传，组织中小学生走出校园，观看红树林科普展览，开展实地参观研学等社会实践。

此外，2024 年 6 月 12 日至 6 月 21 日，湛江市社科联联合岭南师范学院、岭南师范学院红树林生态文明建设科普基地（广东省社科普及基地）举办了湛江社会科学普及周活动。活动以"推动绿美广东生态建设，助力百县千镇万村高质量发展"为主题，通过主题讲座、基层宣讲、图片展览、文化论坛、理论阐释、社会咨询等多种方式，深入贯彻习近平总书记视察广东重要讲话精神、重要指示精神，挖掘红树林育人元素，揭示了"红树林之城"的生态密码。这些活动包括红树林生态文明建设科普展、专家科普讲座、科普基地开放日等，不仅普及了生态文明科学知识，还促进了地方绿色可持续发展，展现了湛江市的科普活力和创新精神。

（五）开展红树林艺术创作

湛江市鼓励当地艺术家和作家以红树林为题材创作，如绘画、雕塑、小说、诗歌等，让红树林文化深入人心。艺术是表达情感、思想和文化的重要手段，湛江市充分利用了艺术的力量,将红树林的魅力和价值传达给更多的人。

1. 画展与摄影展

湛江市在市内的多个展览馆举办了红树林主题的画展和摄影展。这些展览展示了红树林的自然之美、生态之奇和文化之深。

2. 文学创作与出版

湛江市鼓励作家和诗人以红树林为题材进行创作。一些深入红树林进行采风的作家,创作了许多描写红树林的散文、小说和诗歌。

3. 影视作品

湛江市与国内的电影和电视制片公司合作,拍摄了多部以红树林为背景的影视作品。这些作品不仅展现了红树林的自然之美,还反映了当地居民与红树林之间深厚的情感和文化纽带。

(六) 深化国际交流与合作

湛江市在红树林保护上的国际合作是一个典范,彰显了开放与合作的精神,更进一步推广了红树林文化。

1. 建立国际研讨与学术交流平台

湛江市与多国的顶尖学术机构,如美国的哈佛大学、英国的剑桥大学和澳大利亚的昆士兰大学合作,成立了红树林研究中心。2018 年 7 月,湛江市联手这些学术机构,在广东海洋大学成功举办了首次国际红树林研讨会,吸引了来自 30 多个国家的 200 多位专家学者参与。

2. 与国际环保组织密切合作

2019 年,湛江市与世界自然基金会 (WWF)、《湿地公约》组织 (Convention on Wetlands)、世界自然保护联盟 (IUCN) 签订了合作协议,共同推进红树林的保护项目。这些组织不仅为湛江市提供了资金支持,更分享了自身丰富的经验和先进的技术。

3. 开展国际红树林保护志愿者活动

湛江市与加拿大的多伦多大学和新西兰的奥克兰大学合作,自 2019 年起每年夏季都邀请国际志愿者来湛江,参与红树林的保护工作。这些志愿者与当地学者、学生和居民共同努力,加强红树林的保护和研究。

4. 与国外城市建立友好城市关系

湛江市与马来西亚的槟城、印度尼西亚的巴厘岛和菲律宾的宿务市都拥有丰富的红树林资源,湛江市自 2017 年起与这些城市建立了友好城市关系。双方定期进行交流访问，分享红树林保护的经验，促进文化和旅游的交流。

5. 推广湛江红树林文化到国外

为了让更多的人了解红树林文化，湛江市政府与法国尼斯、西班牙巴塞罗那等城市的文化机构合作，于 2020 年在这些城市成功举办了红树林文化艺术展，获得了当地民众的广泛关注和好评。

湛江市通过在红树林保护上的国际合作，积极地与世界上多个国家和地区建立紧密联系，成功推广了红树林文化，也提升了湛江在国际上的影响力。这种跨国合作与交流，不仅有助于红树林的保护，也推进了湛江市的国际化进程。这些实例具体展现了湛江市在保护红树林的过程中，如何将生态保护与文化创新有机结合，不仅增强了市民公众的环保意识，还为湛江市创建了独特的红树林文化品牌，并最终为湛江市创建社会主义先进文化提供了重要契机与平台。

参考文献

［1］贺少华：《传统生态思想的当代价值》，李泽春、姜大仁：《庆祝新中国成立六十周年暨民族地区科学发展理论研究》，成都：西南交通大学出版社，2010 年。

［2］黄桂林：《中国红树林湿地的保护与发展》，《林业资源管理》1996 年第 5 期。

［3］但新球等：《中国红树林湿地资源、保护现状和主要威胁》，《生态环境学报》2016 年第 25 卷第 7 期。

［4］方行明、魏静、郭丽丽：《可持续发展理论的反思与重构》，《经济学家》2017 年第 3 期。

［5］任勇：《现代国家治理中的文化整合——基于社会资本与文化资本的考察》，《长白学刊》2010 年第 3 期。

红树林与湛江社会

张 莹[①]

湛江红树林国家级自然保护区是我国红树林面积最大、分布最集中、种类较多的自然保护区，是我国红树林管护面积最大的自然保护区，也是《湿地公约》国际重要湿地、中国人与生物圈保护区之一。湛江红树林是中国南部海岸线上珍贵的自然资源和人文资源。然而，长期以来，由于人类活动的影响，湛江红树林面临着许多严峻的挑战，如生境破坏、污染、过度开发等。因此，保护湛江红树林生态系统、促进可持续发展，已经成为刻不容缓的任务。本文将探讨湛江红树林的重要性、当前面临的挑战以及可持续发展的解决方案。

一、 湛江红树林的社会价值

（一）概述

湛江红树林，这片生机勃勃的自然奇观，不仅是大自然的赠礼，更是人类社会不可或缺的宝贵资源。探讨湛江红树林保护的社会价值，简而言之，是探讨红树林对促进社会发展的积极作用，包括生态保护价值、科学研究价值、教育价值、经济价值、文化价值等。其中各方面的价值又存在多层面的价值体现。

（二）生态保护价值

红树林是我国珍稀的生态系统之一，具有极高的生态保护价值。

1. 保持生物多样性

红树林是生长在热带和亚热带潮汐环境中的植物群落。它们是陆地和海洋生态系统的交汇点，在保持生物多样性方面发挥着至关重要的作用。红树林的特殊生理机制使其能够适应潮汐、风暴等极端环境条件，有助于维持生态系统的稳定性。红树林生态系统是地球上最丰富、最多样化的生态系统之一，为无数物种提供了栖息地、食物和生境。红树林是海洋生物栖息繁衍的重要场所，为海洋生物

---

① 张莹，2010 年毕业于中山大学思想政治教育专业，获法学硕士学位；研究方向：中国近现代史、中共党史、红树林文化等。

提供保护伞，是许多濒危物种的避风港，并有助于维持整个生物链的健康。红树林是珍稀鸟类的重要栖息地，如黑脸琵鹭等。红树林还有助于维持生态平衡，对于维护生态多样性具有重要意义。湛江红树林生态系统是全球生物多样性的宝库，拥有丰富的植物种类和动物物种。据统计，湛江红树林保护区现有红树林16科26种，其中有我国连片面积最大的木榄群落，有大陆地区首次记录的玉蕊等珍稀品种。有鸟类297种，包括中华凤头燕鸥、遗鸥、黑脸琵鹭、勺嘴鹬、黑嘴鸥等全球濒危水鸟。有贝类3纲38科76属110种。有鱼类15目58科100属127种。[①] 生物多样性丰富对于维持生态系统的稳定和健康至关重要。

2. 防风消浪、护岸固堤

首先，红树林具有极强的抗风能力，它具有独特的根系结构和生长习性，能在海岸滩涂生长，根系发达且深入水下，能有效地抓住泥沙，增加陆地与水域之间的摩擦力，形成防风的屏障，具有极强的抗风能力。

其次，红树林具有很好的消浪作用。红树林的叶子和枝条可以吸收和消耗大量的能量，减缓海浪的速度和能量。此外，红树林的根系还能够在海底淤泥中形成一个复杂的网络结构，进一步削弱海浪的能量。当风浪来袭时，红树林会像海绵一样吸收波浪的能量，从而削弱风浪的冲击力。据研究，红树林能使波浪的能量降到1/3。

最后，红树林具有固堤护岸的功能。红树林根系发达，能够深入到海滩和淤泥中，形成一堵坚实的"墙"，从而固定在海岸线上，有效地抵御海浪的侵袭，防止海岸线侵蚀，维护海岸线的稳定。红树林的根系能够深入海岸线，当强风来袭时，红树林能够抵御风浪的冲击，减少风浪对海岸线的破坏。红树林还能增加淤泥沉积，提高滩涂的稳定性，起到护岸固堤的作用。

此外，红树林还有一种神奇的自愈能力，受到损伤时，它的根系会在短时间内修复伤口，使植被恢复健康。

3. 净化水质、保护水源

红树林生态系统具有很强的水体净化和水源保护能力。

首先，红树林有极强的吸附污染物的能力。红树林的根系深入海底，可以吸收大量的有机物和无机物，通过光合作用转化为自身的有机物质。同时，红树林的表皮上覆盖着丰富的微生物群落，这些微生物可以分解有机物质，释放出无机

---

① 广东湛江红树林国家级自然保护区管理局、保护国际基金会编著：《广东湛江红树林国家自然保护区综合科学考察报告》，广州：广东教育出版社，2019年。

营养物质。这些无机物质会被红树林吸收利用，转化为自身有机物质。红树林能够吸收水中多余的营养物质，降低水体中的有机物含量，从而减轻水体富营养化现象。此外，红树林还能分泌抗生素和抑制生长的物质，防止病原微生物在水中传播，保护水源。因此，红树林能够将大量的污染物质吸附、分解和转化，从而净化水质。

其次，红树林有极强的抗污染能力。红树林植物体表有丰富的分泌物，可以防止病原微生物的侵染，减少水体中有害物质的生物降解过程。红树林植物还可以吸收水体中的重金属离子和放射性物质，从而降低水体中有害物质的含量。红树林能够有效地防止水体污染，保护水源。

此外，红树林具有很强的水源涵养功能。红树林的根系可以过滤和吸附地表水和地下水中的污染物质，保持水质清洁。同时，红树林还可以调节入侵河流的水量和流量，防止洪水和干旱的发生。

红树林在净化水质和保护水源方面的作用是多方面的，它通过吸附污染物、抗污染、抗风浪、涵养水源等功能，有效地提升水质，保护水源。

4. 气候调节功能

红树林是一种高效的碳储存器。红树林还可以通过吸收和转化空气中的有害物质，如硫化氢、氮氧化物等，减少空气污染，改善空气质量。它可以吸收大量的二氧化碳，减少温室气体的排放，降低海岸线上的温度和湿度，从而缓解气候变化带来的负面影响，这有助于缓解全球气候变化，降低地球的气温。

随着全球气候变化的加剧，极端天气事件的频率和强度也在不断增加。红树林具有很强的抗逆性和适应性，可以在恶劣的气候条件下生存和繁衍。因此，保护和恢复红树林有助于提高当地居民和生态系统对气候变化的适应能力。

总之，湛江红树林是生态系统的瑰宝，为众多珍稀濒危物种提供了独特的栖息地，在维护生态平衡、提供生态服务方面具有重要作用。

（三）科学研究价值

湛江红树林是我国红树林分布最南端的自然保护区，具有极高的科学研究价值。

1. 湛江红树林是研究红树植物种群和生态环境的宝库

湛江红树林是我国最大的红树林自然保护区，被誉为"天然湿地宝库"和"生物多样性基因库"。这里拥有世界上最丰富的红树林生态系统，是研究红树植物种群和生态环境的宝库。红树林是一个由红树植物和其他植物、动物、微生物等组成的复杂生态系统。这些生物之间的相互关系和生态位构成了一个复杂的生态网络。湛江红树林生态环境丰富多样，为许多生物提供了良好的生存条件。在这里，我们可以看到各种生物之间的相互依存关系，如鱼虾蟹在红树林中的栖息繁殖，为鸟类提供了丰富的食物来源；而鸟类的排泄物则成为蚯蚓等底栖生物的食物。这种相互依存的关系，使得红树林生态系统具有丰富的生物多样性。

2. 湛江红树林是研究海岸生态系统和海涂演变的重要场所

红树林生长在潮间带，是海岸线的重要组成部分。通过对湛江红树林的研究，可以了解海岸线的演变过程和机制。红树林的生长和分布受到气候、地形、地质等因素的影响，这些因素的变化会导致海岸线的变化。通过对湛江红树林的长期监测和研究，可以揭示海岸线的演变规律，为海洋地质、海洋环境等领域的研究提供数据支持。红树林是世界上最具有生物多样性的海洋森林之一，具有防浪、护岸、固滩、促淤、净化水质等功能，是海洋生态系统的重要组成部分。湛江红树林生态系统类型丰富多样，包括海滩、沼泽、沙滩、泥滩等，这些生态系统的相互作用和演变过程，对于研究海岸生态系统的形成和发展具有重要意义。

3. 湛江红树林是研究海洋环境变化和人类活动影响的重要场所

红树林生态系统是人类与海洋之间的联系纽带，人类的活动对红树林生态系统的变化产生重要影响。通过对湛江红树林的研究，我们可以了解到人类活动对海洋环境的影响程度、性质以及变化趋势，从而为海洋资源的合理利用和保护提供科学依据。同时，红树林生态系统的健康状况还能够反映出人类活动对生态环境的影响程度，为生态环境的保护提供预警信息。通过对湛江红树林的研究，可以揭示海洋环境变化和人类活动对红树林的影响，为海洋环境保护和可持续发展提供科学依据。

湛江红树林具有极高的科学研究价值。它是我们了解红树植物种群和生态环境、海岸生态系统和海涂演变、物种多样性、生物地理学和生物进化以及海洋环境变化和人类活动影响的重要场所。保护好这一宝贵的自然资源，对于推动我国海洋科学研究的发展具有重要意义。湛江红树林作为一个生态系统，吸引了众多生态学家和科学家的关注。通过对红树林动植物的研究，可以深入了解红树林生态系统的运作机制，从而为保护和管理红树林提供科学依据。

（四）教育价值

湛江红树林是位于中国广东省湛江市的一片红树林自然保护区，是世界上北温带保存最完整、最典型的海岸红树林生态系统，对于研究红树林生态系统的演变历史和生态功能具有重要的科学价值。同时，它也是一个自然教育的宝库，具有极高的教育价值。

1. 自然科学教育价值

湛江红树林是一个典型的海岸红树林生态系统，拥有丰富多样的生物资源，包括红树植物、底栖生物、鱼类、鸟类等。通过观察和研究这些生物资源，可以帮助学生认识自然界生物的多样性和生态系统的复杂性，增加学生的生物科学知识，培养学生的探究能力和科学精神。同时，湛江红树林还是一个重要的生态观察站，可以观察到红树林生态系统中生物与环境相互作用的现象。例如，红树林的根系如何与海水和泥沙相互作用，影响海岸线的变化。红树林的植被如何影响周围水域的生态环境、影响水质等。这些观察和研究可以帮助学生理解生态系统的生态功能和生态保护的重要性，丰富学生的环境科学知识，培养学生的环保意识。

2. 地理科学教育价值

湛江红树林地处南海之滨，是中国南海的重要生态屏障之一。通过学习和研究红树林的地理位置、地形地貌、气候条件等，学生可以理解地理环境对生物分布和生态系统演变的影响，丰富地理科学知识，培养地理思维能力。同时，湛江红树林还是一个重要的海洋生态保护区，保护着丰富的海洋生物资源和珍贵的海洋生态环境。通过学习和研究红树林的保护意义和保护措施，学生可以理解保护生态环境的重要性，增强环保意识和提高保护环境的行动力。

3. 历史文化教育价值

湛江红树林有着悠久的历史，是中国古代先民繁衍生息的重要场所。通过学习和研究红树林的历史文化，学生可以了解中国古代社会的历史变迁和文化传承，丰富历史文化知识，培养历史文化素养。同时，湛江红树林还是一个重要的文化景观，具有很高的美学价值。通过欣赏和研究红树林的美学特征和景观设计，学生可以提高审美能力和人文素养，培养艺术鉴赏能力和创新精神。

湛江红树林具有丰富的教育价值，是学生接受自然科学、地理科学、历史文化教育的重要场所。我们应该加强对湛江红树林的教育价值的研究和挖掘，将其作为培养新一代有知识、有能力、有担当的公民的重要基地。湛江红树林作为一个理想的户外教育基地，可以为学生和社会公众提供实地探索和科学学习的机会。学生通过参观红树林，可以了解自然生态系统的重要性，培养环保意识和可持续发展的观念。

（五）经济价值

湛江红树林为当地经济发展提供了丰富的资源，可带来很高的经济效益。

1. 生态旅游价值

湛江红树林具有独特的自然景观和丰富的生态旅游资源，吸引了众多游客。游客可以在湛江红树林中近距离观察红树林的生态系统，感受湿地生态系统的独特魅力；体验渔民的生活方式，品尝新鲜的海鲜，参与传统的渔民活动，了解当地渔民的生活方式和传统工艺，体验海洋文化。这些生态旅游资源不仅可以带动当地旅游业的发展，还可以提高人们对湿地生态保护的认识和参与度。随着旅游业的发展，湛江红树林的名声越来越大，越来越多的游客前来观光旅游，这无疑提升了湛江红树林的知名度和影响力；带动了当地餐饮、住宿、交通等相关产业的发展，为当地经济带来了实实在在的收益。这不仅可以吸引外来投资者，还可以带动当地居民创业就业，提高当地居民收入。

2. 农业种垦价值和家禽养殖价值

红树林下的泥沙和腐殖质是肥沃的土壤，部分地区适合农作物种植，如种植海红米等。红树林地带亦适合养殖鸡、鸭、鹅等家禽，生产蛋类产品和作进一步的蛋类加工。如湛江的海边鸭蛋成了一个重要的蛋类品牌。红树林地带的种垦和养殖农产品品质优良，营养价值高，深受消费者的喜爱。

3. 木材和药材价值

红树林具有极高的木材价值。红树林的木材材质坚硬，耐腐蚀，被应用于家具制造、船舶修造、建筑材料、雕刻品等方面，具有广泛的经济应用前景。在扩大红树林面积和保持红树林良好生长的前提下，可将少量红树林木材用于开发利用，所增加的经济收益又可反哺红树林的保护。湛江红树林的药用价值非常高。红树林中生长着丰富的中草药材，如海金沙、青果、石榴皮等。这些药材具有清热解毒、消肿止痛、活血化瘀等功效，可用于治疗多种疾病，如感冒发热、消化不良、跌打损伤等。同时，红树林中的许多药材还具有抗病毒、抗肿瘤、降血压等药理作用，对现代医学具有重要的研究价值。

4. 渔业价值

湛江红树林湿地是海洋生物的重要栖息地和繁殖场，是南海渔业资源的重要产区，拥有丰富的渔业资源。红树林湿地是许多鱼类、甲壳类、藻类、底栖生物的栖息地，为渔业生产提供了丰富的生物资源。湛江红树林湿地有丰富的鱼类、虾类、蟹类等海洋生物资源。其中鱼类15目58科100属127种，贝类3纲38科

76 属 110 种。① 这些资源为渔业产值提供了基础。红树林还有助于维护海洋生态系统的稳定和健康，为渔业生产提供良好的生态环境。湛江红树林的渔业产值价值主要体现在渔业资源丰富、产值高、品种多等方面。保护和利用好湛江红树林湿地，对于提高渔业产值有重要意义。

综上，湛江红树林具有丰富的经济利益价值，可予以适度的经济开发，为当地百姓创造就业岗位和经济效益，所获取的经济收益亦可反哺红树林的保护，实现良性互动。

（六）文化价值

红树林在湛江有着悠久的历史，是当地人民生活的重要组成部分。红树林的形成和演变过程，记录了海洋环境的变化历史，也见证了人类与自然的和谐共生关系。此外，红树林还有丰富的民间传说和习俗，如渔民祭祀、红树林神话等，这些都是宝贵的文化财富。湛江红树林承载着湛江人民的记忆和文化情感。红树林滩涂是湛江人民赖以生存的土地，他们在这里种植、捕捞、养殖，与这片土地结下了深厚的感情。红树林见证了湛江人民的辛勤劳作，承载着他们的生活智慧和文化传统。在这里，人们可以感受到湛江人民的勤劳、智慧和对生活的热爱。红树林还见证了湛江地区的历史变迁，承载着世代相传的渔民文化、民间艺术和传统技艺。保护和传承这些文化遗产，对于弘扬民族精神、增强民族自信具有重要意义。

二、 湛江红树林保护面临的挑战

（一）城市化和沿海开发

随着经济的快速发展，城市化和沿海开发已经成为推动社会进步的重要力量。然而，这种发展也对环境和生态系统产生了巨大的影响。湛江红树林作为我国珍贵的生态资源，其保护和利用成为人们关注的焦点。

城市化的快速发展导致了人口的快速增长，人们对生活品质的要求也越来越高。在追求经济发展的同时，我们也应该关注到城市化对环境和生态系统的影响。湛江红树林作为沿海湿地的重要组成部分，其生态功能对维护沿海生态平衡具有重要意义。然而，随着城市化和沿海的开发，湛江红树林面临着诸多挑战。

---

① 广东湛江红树林国家级自然保护区管理局、保护国际基金会编著：《广东湛江红树林国家自然保护区综合科学考察报告》，广州：广东教育出版社，2019 年。

一方面，随着城市化进程的加快，为了满足建设的需要，大量红树林被砍伐，红树林被侵占用于建设住宅、道路、公园等基础设施。另一方面，一些地方为了追求经济利益，过度开发红树林资源。例如，过度捕捞、非法采砂、过度开发红树林旅游业等。以上这些行为缩减了红树林的面积，导致大量生物栖息地被破坏，生物多样性减少，红树林生态系统破裂。

（二）污染和废弃物排放

工业和城市活动的废水、废气和废弃物的排放，以及河流和海洋的污染直接危害湛江红树林。污染物和废弃物进入红树林生态系统破坏其水质，降低土壤质量和生物多样性，对湛江红树林造成了极大的影响。

1. 水污染对湛江红树林的影响

水污染是影响湛江红树林的主要因素之一。随着工业化进程的加快，工厂排放的大量废水未经处理直接流入河流，导致河流受到严重污染。这些污染物包括重金属、有机污染物、氮氧化物等，对红树林的生长和繁衍造成了极大的威胁。首先，水体中的重金属污染物会通过红树林的根系进入其体内，导致红树林生长受阻，甚至死亡。其次，有机污染物会破坏红树林的生长环境，影响其光合作用，降低生长速度。最后，氮氧化物会与水体中的离子结合，形成氮肥，促进藻类生长，进而导致水体富营养化，影响红树林的生存。

2. 大气污染对湛江红树林的影响

大气污染也是影响湛江红树林的重要因素。随着工业化进程的加快，大量的工厂排放废气，导致空气质量下降。空气中的有害气体和颗粒物如二氧化硫、氮氧化物等，会通过风吹扩散到红树林区域，导致土壤酸化，影响红树林生长；颗粒物则会直接附着在红树林的枝叶上，影响其光合作用，降低生长速度。

3. 固体废弃物对湛江红树林的影响

随着人口的增长和人们生活水平的提高，城市垃圾产量也快速增加。大量垃圾未经处理直接排放到自然环境中，对红树林造成了严重的影响。首先，垃圾中的有毒有害物质会对红树林的生长产生毒性作用，导致其生长受阻。其次，塑料等不易降解物质长期存在于土壤中，影响土壤肥力，进而影响红树林的生长。最后，垃圾堆积会导致水体堵塞，影响红树林的水流通，对其生长产生不利影响。

（三）气候变化

随着全球气候变化的日益严重，湛江红树林所面临的生态环境压力也日益加大。

1. 全球气候变化对湛江红树林生长的影响

全球气候变化导致气温上升，使得湛江红树林生长期缩短，生长速度减缓。同时，气候变化导致降水量减少，使得红树林的生长环境恶化。此外，气候变化还可能导致台风等极端天气事件的发生频率和强度增加，对红树林造成更大的破坏。

2. 全球气候变化对湛江红树林生态系统稳定性的影响

全球气候变化对湛江红树林生态系统的稳定性产生严重影响。首先，全球气候变暖导致海平面上升和极端天气事件增加，这对红树林的生存和发展造成了威胁。海平面上升可能导致红树林被淹没，而极端天气事件如台风和暴雨可能破坏红树林的结构和稳定性。其次，气候变化导致红树林生态系统中物种组成发生变化，可能导致生态系统的失衡。最后，气候变化可能导致病虫害的发生和传播，进一步威胁红树林的生存。

3. 全球气候变化对湛江红树林生态服务功能的影响

湛江红树林具有重要的生态服务功能，包括净化空气、防止海岸侵蚀、维持生物多样性等。全球气候变化对这些生态服务功能产生严重影响。例如，气候变化可能导致红树林净化的空气质量下降，影响人类健康。此外，红树林的减少可能导致海岸线的侵蚀加剧，威胁沿海地区的居民生活和经济发展。

综上所述，全球气候变化对湛江红树林保护提出了新的挑战。气候变化导致红树林生境恶化，使红树林生态系统中物种组成发生变化，同时导致红树林生态系统中的病虫害的发生和传播，使得红树林保护工作更加严峻、面临更大挑战。

（四）旅游开发

湛江红树林的独特景观和生态环境吸引了大量的旅游者。然而，红树林旅游业可能带来过度开发、土地破坏、垃圾堆积和游客行为不当等问题，对红树林的生态环境造成破坏。红树林吸引了越来越多的游客前来观光旅游，然而旅游开发对湛江红树林的不良影响也不容忽视。

1. 旅游开发过度会导致红树林生态系统被破坏

一些旅游景区过度追求经济利益，为了增加游客的观光体验，对红树林进行无节制开发，如破坏红树林自然景观、过度开发人工景点、过度采集红树林中的动植物标本、过多干扰红树林中的动植物生存等。这些行为使红树林区域水土流失，生态环境被破坏，更甚者使红树林资源枯竭并使其水土保持功能减弱。

2. 旅游开发过度会导致红树林生态环境的污染

为了满足游客的需求，一些旅游景区在红树林周边建设大量的酒店、餐馆等设施，导致红树林生态环境的污染。此外，过度开发还会导致红树林周边交通拥堵，从而影响红树林的生态环境。

3. 旅游开发过度会导致红树林的旅游价值下降

过度开发会导致红树林生态环境恶化，从而影响游客的旅游体验。此外，过度开发还会导致红树林的旅游资源枯竭，从而影响红树林的旅游价值。

（五）入侵物种

入侵物种是指通过自然或人为途径被引入新的生态环境中的物种，这些物种可能对本地生态系统产生严重影响，包括生物多样性、生态系统稳定性和人类福祉等方面。某些入侵物种如外来植物和动物破坏了红树林的生态平衡，可能导致原生物种的灭绝或减少，会对湛江红树林的原生物种造成威胁，可能会对湛江红树林造成不良影响。

1. 生物多样性减少

入侵物种通常具有较强的生命力和适应性，它们能够在新的生态环境中迅速繁殖和扩散。在湛江红树林中，入侵物种可能会与本地物种竞争资源，导致本地物种的生存空间减少，甚至导致本地物种灭绝。此外，入侵物种的扩散还可能导致本地物种的基因流失，从而减少生物多样性。

2. 破坏生态系统稳定性

入侵物种可能会改变原有的生态系统结构和功能。在湛江红树林中，入侵物种可能会与本地物种竞争生存空间、食物和资源，导致本地物种的数量减少。此外，入侵物种还可能成为病原体的载体，通过传播病原体导致本地物种的疾病暴发。这些都可能破坏湛江红树林的生态系统稳定性。

3. 经济损失

红树林是湛江重要的经济资源，具有较高的生态、社会和经济价值。入侵物种的传播和扩散可能会损害红树林的生长结构，导致红树林的生产力下降，或者通过传播病原体导致红树林的疾病暴发，进一步影响红树林的生产力。

4. 降低生态服务功能

湛江红树林具有重要的生态服务功能，如碳储存、水源涵养、海岸防护等。入侵物种的传播和扩散可能会破坏红树林的生长结构，导致红树林的碳储存能力下降，或者通过传播病原体导致红树林的海岸防护能力下降。

（六）红树林保护在法治建设方面的欠缺

1. 立法层级较低，难以充分发挥法律保护功能

在红树林保护方面法律不完善，这一问题制约了法治力量对湛江红树林的保

护。根据《中华人民共和国行政处罚法》的相关规定，地方政府规章不可以设定行政处罚种类，只可以在法律法规规定的给予行政处罚的行为、种类和幅度的范围内作出具体规定（尚未制定法律法规的，地方政府规章可以设定警告、通报批评或者一定数额罚款的行政处罚）。目前湛江市针对红树林保护，仅以湛江市人民政府规章的形式发布了《广东湛江红树林国家级自然保护区管理办法》，该立法层级较低，所能设定的法律保护手段有限，无法充分发挥法律保护功能。

2. 管理和执法机制不完善，影响了管理和执法效能

根据《广东湛江红树林国家级自然保护区管理办法》第五条规定，红树林保护区管理机构即广东湛江红树林国家级自然保护区管理局具体负责红树林保护区的日常管理工作，并列出了一些具体的职责，但因地方规章本身的局限性，并未直接授予广东湛江红树林国家级自然保护区管理局充分的执法权限。第四条第三款规定"林业、公安、环境保护、海洋渔业、农业、国土资源、城乡规划、水务、旅游、交通运输等部门按照各自职责，协助做好红树林保护区建设和管理工作"，这样可能导致"九龙治水，各自为政"，各主管部门对红树林管理、保护、修复、执法的职责边界不清，出现各部分之间对相关问题相互推诿的情况。在缺乏常态化的综合执法机制的情形下，难以充分发挥对红树林的管理、保护效能。

此外，公开信息资料显示，广东湛江红树林国家级自然保护区管理局为广东省林业厅作为举办单位在湛江市事业单位登记管理局所登记注册的事业单位，并非行政机关。[1] 从理论上来说，广东湛江红树林国家级自然保护区管理局并不能行使执法权（除非依法定程序获得委托授权执法），难以执法手段来管理、保护红树林。

3. 司法保护功能未能充分发挥

对于损害生态环境构成犯罪的，可依法追究相关行为人的刑事责任。经公开渠道查询，只查到雷州市人民法院（2019）粤0882刑初169号刑事案件是通过刑事手段追究违法行为人责任。[2]

《中华人民共和国民事诉讼法》同时规定了对于破坏生态环境案件，有关部门、组织及检察机关可提起公益民事诉讼，请求法院判决侵权人承担赔偿损失、恢复原状、赔礼道歉等民事责任。经公开渠道查询，亦只查到前述的雷州市人民

---

① 详见事业单位在线登记信息网，http：//search. gjsy. gov. cn/wsss/query。
② 详见被告人陈某某非法占用农用地罪一审刑事判决书，https：//alphalawyer. cn/#/app/tool/result/％7B％5B％5D，％7D/list? queryId＝f8148f6a957711eda27c98039b9cf6f0。

法院（2019）粤 0882 刑初 169 号案中，雷州市人民检察院在提起公诉时，同时提起了刑事附带民事公益诉讼。

同时，通过一些公开渠道查询到不少损害红树林的情形，但少有通过司法程序追究相关人员的责任并要求其对所损害的生态进行修复的。

4. 对管理与执法的监督未落实到位，甚至缺失

《广东湛江红树林国家级自然保护区管理办法》未有相关条款规定对管理与执法部门及其工作人员的监督。又如前所述，负责红树林保护日常工作的广东湛江红树林国家级自然保护区管理局的单位性质在纪检监察体系上属于上级部门。而湛江红树林分布在雷州半岛各个县（市、区），在管理与执法职能上又分别与林业、公安、环境保护、海洋渔业、农业、国土资源、城乡规划、水务、旅游、交通运输等部门有重合，因此对于红树林有关部门及其工作人员本身的管理与执法职责的监督及责任承担缺乏系统明确的规定。此情况亦影响了相关部门对红树林的管理与保护。

三、 湛江红树林保护的可持续发展方案

（一）建立健全的湛江红树林保护法律体系

习近平总书记高度重视生态环境法治工作，反复强调"只有实行最严格的制度、最严密的法治，才能为生态文明建设提供可靠保障"，"用最严格制度最严密法治保护生态环境"，"建设生态文明，重在建章立制，保护生态环境必须依靠制度、依靠法治"。这些论述，构成习近平生态文明思想中重要的"严密法治观"。

目前《广东湛江红树林国家级自然保护区管理办法》的效力层级为地方政府规章，地方政府规章可以在法律法规规定的给予行政处罚的行为、种类和幅度的范围内作出具体规定。地方性法规条例则可在上位法没有规定的情况下，对违法行为设定处罚权。当前，国家层面尚未有专门以法律和法规形式对红树林进行保护。因此，建议充分发挥地方立法权、完善立法，将对红树林保护的法律规定提升到地方性法规条例层次，以便根据湛江的实际情况，以法律的形式设定更多的保护措施。

制定地方性法规，才好完善严惩重罚制度，贯彻落实习近平总书记关于"严惩重罚生态环境违法行为"的重要指示精神，进一步完善生态环境违法行为的法律责任。同时，可以地方性法规的形式建立奖励制度，激励大众对红树林的保护行为。

（二）完善执法体制，加大执法力度，增强司法保护，加强执法监督

1. 优化管理与执法体制，加强综合执法

红树林保护涉及多个部门，建议赋予红树林保护区管理机构相关职权，提高红树林保护区管理机构的站位，从全社会的生态安全和资源永续利用的高度让各主管部门对红树林保护修复及开发利用进行统筹规划、协调管理。

一方面，将现有的广东湛江红树林国家级自然保护区管理局升格为省直属或湛江市直属的行政机关，各县（市、区）设立分局，以便其作为日常管理工作的机构，名正言顺地行使一些行政执法权。另一方面，对于林业、环境保护、海洋渔业、农业、国土资源、城乡规划、水务、旅游等部门涉及的相当一部分与红树林管理相关的职能，可通过地方性法规授权或委托执法的方式统一交由广东湛江红树林国家级自然保护区管理局承接，充分发挥综合执法的效能，避免多头执法、各自为政、都不负责的情形。对于法定不能进行职权转移的如治安、刑事侦查等职权，则需要明确广东湛江红树林国家级自然保护区管理局与公安机关的工作衔接，提高工作效率。

2. 充分发挥司法保护功能

2021 年 11 月 25 日，生态环境部在例行新闻发布会上提出"积极推动行政责任、刑事责任和民事责任协同适用，构建以行政责任为主、刑事责任和民事责任配合适用的法律责任体系，不断完善企业事业单位生态环境保护主体责任"[①]。上述所提的刑事责任、民事责任承担即涉及发挥司法的作用。对于违法行为人构成刑事犯罪的，应加强行政机关、侦查机关、检察机关与人民法院的工作衔接，依法追究相关人员的刑事责任，对被损害的红树林跟进后续的修复事宜。

"有损害就有赔偿"，对红树林进行损害的行为，无论是否追究行为人的刑事责任，均应追究行为人的环境公益民事赔偿责任。对此，很有必要加强公益诉讼。对于进入刑事诉讼程序的，可由检察机关一并提起刑事附带民事公益诉讼。对于未进入刑事诉讼程序的，可由环境保护组织、主管部门或检察机关提起环境保护公益诉讼。

湛江市检察院与广东湛江红树林国家级自然保护区管理局于 2021 年 12 月 30 日联合印发《关于联合开展服务和保障湛江市建设"红树林之城"公益诉讼专项监督活动方案（2021—2025 年）》，有效发挥了检察公益诉讼职能，可更好地

---

① 《"十四五"期间，生态环境领域立法将有这些"大动作"》，http：//www.gov.cn/xinwen/ 2021 - 11/26/content_5653493. htm，2021 年 11 月 26 日。

发挥司法保护功能。①

人民法院可设立专门的环境资源审判庭，实行环境资源刑事、民事、行政案件"三合一"审理模式，将环境保护理念贯穿审判全领域、全过程，同时提高审判的专业性和能力。

3. 加强对红树林的管理与执法的监督

在立法上应弥补现行《广东湛江红树林国家级自然保护区管理办法》中对于主管部门及工作人员履行职责的监督条款，明确职责，增强责任。完善对红树林保护的管理与执法的监督体系，加强上级主管部门、纪检监察部门对主管部门及工作人员实施红树林管理与执法的监督。玩忽职守的，应予追究法纪责任；构成犯罪的，予以追究刑事责任。加强监督才可进一步提高管理和执法的效能。

红树林的保护是一盘可以下得很大的棋，应该进行全面、系统、深入的通盘考虑。加强生态文明建设应做到"有法可依，有法必依，执法必严，违法必究"法治建设十六字方针。完善立法，优化管理和执法机制，加强司法保护，加强履职监督，打造系统的湛江红树林法治保护体系为当前红树林保护的应有之义。

（三）加大人力物力投入，加强生态修复

为了保护湛江红树林，必须加大人力和资金投入，采取有效的保护措施。

一方面，加大人力投入。政府应该加强红树林保护管理机构的建设，提高管理水平。同时，保护湛江红树林需要一支专业的保护队伍，应具备生态学、植物学、海洋学等方面的专业知识，要提高保护区工作人员的待遇，吸引更多优秀人才投身红树林保护事业，以便更好地开展保护工作。此外，要加强对公众的环保教育和培训，增强公众的环保意识和技能。

另一方面，加大资金投入。保护湛江红树林需要投入大量的资金，用于购买保护设备、聘请专业人员、开展科研工作等。政府应该加大对红树林保护项目的财政支持力度，将红树林保护纳入财政预算。同时，鼓励社会各界参与红树林保护，通过捐赠、做志愿者等方式为保护红树林提供资金支持。此外，还可以通过申请科研项目、举办环保活动等方式，筹集更多的资金。

（四）加强科学技术研究，为红树林保护提供智力支持

"科学技术是第一生产力"，加强科学技术研究，为红树林保护提供智力支

---

① 《服务保障湛江打造"红树林之城"检察机关在行动》，http：//static. nfapp. southcn. com/content/202201/14/c6132604. html，2022 年 1 月 14 日。

持显得尤为重要。

1. 需要加强红树林生态系统的基础研究

红树林生态系统具有独特的生境和生物多样性，其演化过程和生态功能仍然存在许多未知之处。通过深入研究红树林的生态学、生物学、遗传学等方面的知识，可以更好地了解红树林生态系统的特点和功能，为红树林保护提供理论支持。

2. 利用科学技术手段来监测和评估红树林的健康状况

通过遥感、无人机等技术手段实时监测红树林的生长状况、生态环境变化等信息，有助于及时发现红树林的潜在问题，为采取保护措施提供科学依据。同时，还可以利用生物标记技术来评估红树林生态系统的健康状况，为制定保护策略提供参考。

3. 加强红树林生态修复技术的研究

红树林保护面临诸多问题，如水土流失、生物入侵、病虫害等。通过加强红树林保护技术研究，可以为红树林保护提供有效手段。例如，可以通过研究红树林生态修复技术，为受损的红树林提供修复方案。通过研究病虫害防治技术，为红树林保护提供科学依据。通过研究生物入侵防控技术，为保护红树林生物多样性提供保障。为了恢复红树林生态系统的功能和价值，需要研究适合不同地区、不同破坏程度的生态修复技术。通过基因工程等手段，可以培育出适应不同环境条件的红树林品种，以应对气候变化等全球性问题对红树林的影响。同时，还可以研究红树林的快速修复技术，以减少自然灾害等突发事件对红树林的影响。通过实验和实践，可以找到最有效的红树林生态修复方法，为红树林保护提供技术支持。

（五）加强宣传教育，增强公众的环保意识和红树林保护重要性认识

环保意识是现代社会中人们越来越重视的问题，环保意识的强弱直接影响到人类的生存环境。加强宣传教育，增强公众的环保意识和让公众认识保护红树林的重要性，是当前亟待解决的问题。

1. 政府部门应该加强环保知识的宣传和普及

政府部门可以组织各种环保公益活动，如环保主题的知识竞赛、演讲比赛、征文比赛等，通过各种形式的活动让公众参与进来，从而增强公众的环保意识。同时，政府部门还应该加大对科普及环保知识的投入，让人们在日常生活中就能接触到环保知识。

2. 学校应该加强环保教育

学校是培养下一代的重要场所，应该加强对学生的环保教育，让他们从小就形成环保意识。可以通过设置环保课程、举办环保讲座、开展环保实践活动等方式，让学生了解环保的重要性，从而增强他们的环保意识。

3. 媒体应该发挥其宣传作用

媒体是宣传环保知识的重要途径，可以通过电视、广播、报纸、网络等多种渠道，大力宣传环保知识，增强公众的环保意识。同时，媒体还应该加强对红树林保护的宣传，让更多人认识到红树林的重要性。

4. 企业应该承担起社会责任，加强环保工作

企业是污染的主要来源之一，企业应该加强环保设施建设，减少污染排放，同时，企业还可以开展各种环保公益活动，增强员工的环保意识，并加强与政府、学校等部门的合作，共同推动环保工作。

5. 公众应该积极参与到环保工作中来

每个人都是地球的一分子，都应该为保护地球环境负责。我们可以从日常生活中做起，节约用水、节约用电、减少垃圾排放等，这些都是我们力所能及的事情。同时，我们还应该关注红树林保护，支持政府、企业和媒体的宣传活动，增强自己和他人的环保意识。

总之，加强宣传教育，增强公众的环保意识和让公众认识保护红树林的重要性，是我们当前亟待解决的问题。只有大家达成共识，共同努力，才能保护好红树林。

四、 小结

湛江红树林的保护与发展涉及多个层次和方面。一方面要充分认识红树林保护的重要价值。另一方面要加强对湛江红树林的保护和管理，制定更加严格的法律法规和管控措施，坚决制止破坏行为，切实保障红树林的生存环境和生态安全。同时要加大投入，提升湛江红树林的保护和恢复工作的质量，通过科技创新、产业结构调整、生态修复等方式，促进湛江红树林的可持续发展。还要加强公众的环保意识教育，引导人们从源头上减少对湛江红树林的破坏，实现保护与可持续发展的良性互动。湛江红树林的保护与发展是一项长期而紧迫的任务，是一个系统工程，需要政府、公众和社会各方共同努力。我们要在保护的前提下，推动湛江红树林的可持续发展，实现经济发展与生态保护的和谐共生。我们要坚持走可持续发展之路，将保护湛江红树林与推动经济社会发展相结合，实现人与

自然、经济发展与生态保护的良性循环。只有这样，我们才能确保湛江红树林为当下和未来提供宝贵的自然资源和美丽的环境。

可喜的是，湛江市委、市政府近年来提出建设"红树林之城"，无疑是建设生态文明的一个重要举措，为全国生态保护建设打造了鲜明样本。湛江市委、市政府积极响应国家生态文明建设，迅速推出了《湛江市建设"红树林之城"行动方案（2021—2025 年)》作为行动纲领，编制了高标准的《湛江市红树林保护修复规划（2021—2025 年)》，推动出台了《湛江市红树林湿地保护条例》，为湛江的红树林保护提供了指导和法治保障。推动成立了湛江湾实验室红树林保护研究中心、岭南师范学院红树林研究院，成功举办了"湛江市红树林科学论坛""中国（湛江）红树林保护与可持续利用高端论坛"，提升红树林保护的科技支撑能力。

需要特别说明的是，湛江在"用绿"方面坚持先试先行，探索把红树林变成"金树林"。湛江市以市场化、法治化为原则，编制了科学合理的《红树林碳汇碳普惠方法学》，并推动广东省出台了《广东省红树林碳普惠方法学》，解决了红树林碳增汇的量化和变现两大难题，推动了红树林碳增汇市场化、价值化。2021 年 6 月，湛江红树林造林项目首笔 5 880 吨的碳减排量转让协议在青岛签署，标志着我国首个蓝碳交易项目正式完成，为生态建设提供经济基础。

参考文献

[1] 陈粤超、陈菁菁：《广东湛江红树林国家级自然保护区资源管理策略》，《湿地科学与管理》2012 年第 8 卷第 1 期。

[2] 文越：《"绿色长城"守护雷州半岛——走进广东湛江红树林国家级自然保护区》，《中国减灾》2018 年第 16 期。

[3] 陈菁菁、王燕：《湛江红树林保护区的社区发展现状及建议》，《中国林业经济》2014 年第 2 卷第 1 期。

[4] 司徒春兰：《湛江红树林资源保护与利用的哲学思考——基于马克思主义生态理论视角》，《旅游纵览》（下半月）2019 年第 6 期。

红树林与湛江旅游

蔡秋菊　林　兴①

一、　我国红树林资源现状

我国红树林资源丰富，分布广泛，主要分布在沿海的广东、广西、海南、福建、浙江等省（自治区）。随着"蓝色海湾"整治行动、海岸带保护修复工程、红树林保护修复专项行动等扎实推进，据统计，截至 2023 年 7 月，我国红树林面积已达 2.92 万公顷。

（一）广东

广东湛江红树林国家级自然保护区是我国红树林面积最大、种类较多的自然保护区。2002 年，保护区被列入国际重要湿地名录。通过人工造林、生态修复，湛江红树林面积持续恢复，被国际湿地专家称为世界湿地恢复的成功范例。保护区由 37 个保护小区组成，呈带状、片状分布于雷州半岛沿海港湾、河流入海口滩涂，以热带红树林湿地生态系统及其生物多样性、海岸和红树林典型自然景观为保护对象。保护区生物多样性丰富，有真红树和半红树植物 16 科 26 种、鸟类 48 科 297 种、鱼类 58 科 127 种、甲壳类 13 科 37 种、底栖动物 68 科 147 种。

作为西伯利亚—澳大利亚候鸟迁徙的主要通道和重要停歇地，保护区为勺嘴鹬、中华凤头燕鸥、大滨鹬、黑嘴鸥、黑脸琵鹭等珍稀鸟类提供了丰富的食物和优质的越冬地。

（二）广西

广西壮族自治区经过多年建设，已建成各级各类红树林自然保护地 10 处，合浦铁山港东岸红树林等 5 处红树林湿地已被纳入自治区重要湿地名录。目前，广西红树林面积为 9 412.11 公顷，居全国第二。

广西山口红树林生态国家级自然保护区保存有我国连片的、最古老的、面积

---

① 蔡秋菊，岭南师范学院马克思主义学院教师；研究方向：思想政治教育。林兴，岭南师范学院马克思主义学院副教授；研究方向：地方红色文化。

最大的红海榄林，是我国重要的红树林种源基地和基因库，也是我国南亚热带沿海红树林类型的典型代表，2002 年被列入国际重要湿地名录。

（三）海南

海南东寨港 1992 年即被列入国际重要湿地名录。它所在的东寨港国家级自然保护区是我国首个以红树林为主的湿地类型自然保护区，也是我国红树林中连片面积最大、树种最多、林分质量最好、生物多样性最丰富的区域，有红树植物 20 科 36 种，占全国的 97%。

（四）福建

福建省是中国人工种植红树林历史最悠久的省份。历史上，福建沿海从最南端的诏安县至最北的福鼎市，在河口、海湾、滩涂等地均有广泛的红树林分布。目前，红树林主要分布在漳江口、九龙江口、泉州湾、兴化湾、闽江河口、沙埕港等地。

（五）浙江

20 世纪 70 年代，红树林的最北生长区域在福建沿海一带。如今，在几代浙江人的共同努力下，红树林的种植区域不断向北推进。一片片红树林生长在乐清湾滩涂上，这里的红树林也成了学界公认的中国（成规模）最北红树林。

（六）香港

香港海岸线长约 1 180 千米，其中九龙半岛及新界的海岸线长约 460 千米，香港岛、大屿山及众多离岛的海岸线长约 720 千米。香港滨海湿地生境种类多样，包括泥滩、石滩、沙滩、岩岸、红树林、海草床等，红树林是香港重要的滨海湿地类型之一。全港大约有 60 片红树林，记录有 8 种真红树，总面积超过 510公顷，主要分布于西贡、新界东北、吐露港等地。香港记录有 5 种海草，数量较为稀少，零星分布于咸田、荔枝窝、礀头、上白泥等地。喜盐草分布范围较广，见于香港东面及西面多个地方，川蔓藻最为稀有。

二、湛江旅游资源特点及红树林发展状况

湛江旅游资源丰富。截至 2021 年底，湛江市有国家 A 级以上旅游景区 17家，其中 AAAA 级 6 家、AAA 级 8 家、AA 级 3 家，有世界地质公园湖光岩、国家级历史文化名城雷州、省级旅游度假区东海岛龙海天、吴川吉兆湾、南三岛旅游度假区、湛江港湾、金沙湾和渔港公园滨海浴场、鼎龙湾国际海洋度假区、特呈岛度假区等旅游景点 180 余处。这些旅游资源具有独到特色和美学特

征，使湛江成为中国南方、环北部湾地区特有的旅游目的地。湛江旅游有五大特点和优势：一是火山旅游资源是全省独有、全国罕见的稀缺旅游资源；二是滨海旅游资源是湛江市的优势资源；三是海鲜美食资源是湛江市旅游开发的特色资源；四是红土文化资源是湛江市的特有资源；五是绿色生态环境资源是湛江市的亮点资源。[①]

广东湛江红树林国家级自然保护区位于中国大陆最南端，呈带状散式分布在广东省西南部的雷州半岛沿海滩涂上，跨湛江市的徐闻、雷州、遂溪、廉江四县（市）及麻章、坡头、开发区、霞山四区，地理坐标为东经 $109°40' \sim 110°35'$，北纬 $20°14' \sim 21°35'$，[②] 全市红树林总面积 6 398.3 公顷，占全国红树林面积的23.7%。湛江红树林国家级自然保护区始建于 1990 年 1 月，经广东省政府批准建立。当时保护范围仅限廉江高桥 1 133 公顷红树林湿地。1995 年通过国家级自然保护区专家评审，并由广东省政府上报国务院审批。1997 年 12 月，经国务院批准升级为国家级自然保护区，升级后保护区范围扩展到整个雷州半岛海岸的红树林湿地，跨徐闻、雷州、遂溪、廉江四县（市）及麻章、坡头、开发区、霞山四区的 39 乡镇，涉及 147 个村委会，周边区人口 244.28 万人。保护区规划总面积20 278.8 公顷。经过多年的保护管理与恢复，保护区红树林面积已恢复到6 398.3公顷，是我国保护红树林面积最大的自然保护区。[③]

湛江红树林湿地是典型的以保护红树林生态系统为目标的滨海－海岸类型湿地，其中红树林面积 6 398.3 公顷，是中国大陆沿海红树林面积最大、种类最多、分布最集中的自然保护区，属森林与湿地类型自然保护区。主要保护对象为热带红树林湿地生态系统及其生物多样性，包括红树林资源、邻近滩涂、水面和栖息于林内的野生动物。2002 年 1 月，保护区被列入《湿地公约》国际重要湿地名录，成为中国生物多样性保护的关键性地区和国际湿地生态系统就地保护的重要基地。2005 年，保护区被确定为国家级野生动物（鸟类）疫源疫病监测点、国家级沿海防护林监测点。[④] 湛江红树林国家级自然保护区有真红树和半红树植

① 刘一鸣、吴晓东：《湛江红树林自然保护区社区共管模式探讨》，《现代农业科技》2011 年第 4 期，第 228－230 页。
② 详见《广东湛江红树林国家级自然保护区_互动百科》：http：//www.hudong.com。
③ 《湛江红树林专题片亮相央视》，http：//www.gdzjdaily.com.cn/p/2716682.html，2016年 6 月 23 日。
④ 刘一鸣、吴晓东：《湛江红树林自然保护区社区共管模式探讨》，《现代农业科技》2011 年第 4 期，第 228－230 页。

物16科26种，主要的伴生植物14科21种，是中国大陆海岸红树林种类最多的地区。记录有鸟类达297种，是广东省重要鸟区之一，列入国家重点保护名录的7种，广东省重点保护名录的34种，国家"三有"保护名录的149种，中日候鸟保护协定的117种，中澳候鸟保护协定的39种，中美候鸟保护协定的50种，《濒危野生动植物种国际贸易公约》附录Ⅰ的1种、附录Ⅱ的7种，列入世界自然保护联盟《濒危物种红色名录》易危鸟类的4种。保护区既是留鸟的栖息地、繁殖地，又是候鸟的加油站、停留地，是国际候鸟主要通道之一。①

（一）廉江高桥红树林自然保护区

高桥红树林自然保护区位于廉江市西北部，是中国连片面积较大、种类较丰富的红树林带，是粤西地区著名的"海上森林乐园""海洋天然湿地乐园"。区内的红树林是我国大陆海岸线的典型代表，林相好，结构独特，有的树龄达数百年。作为全国面积最大的红树林带，高桥红树林有其独特的魅力。②

（二）霞山特呈岛红树林

特呈岛红树林位于霞山西南，面积超33.3公顷，已有200多年历史，郁郁葱葱，千姿百态，像一道绿色屏障保护着湛江外海面。特呈岛红树林是距离湛江市区最近的成片红树林。

（三）麻章通明港红树林

通明港红树林位于麻章通明村，面积约80公顷，已有数百年历史。通明港红树林中有根系庞大的褐红色红海榄，是红树林中的"精品"。通明港红树林主要生长在海堤两旁，青翠欲滴，小鸟众多，螃蟹横行，鱼虾嬉戏，构成一幅令人心醉的"通明上河图"，十分壮观。③

（四）雷州九龙山红树林

雷州九龙山红树林国家湿地公园是国内首个以红树林命名的国家湿地公园。公园野生动物目前共计有257种，其中鸟类141种，被列入中日候鸟保护协定的有87种，被列入中澳候鸟保护协定的有38种。本来属季节性迁徙的候鸟，现在在九龙山一年四季都可看见。滩涂、水草地、河口水域中，每天都有成千上万只候鸟在这

---

① 刘一鸣、吴晓东：《湛江红树林自然保护区社区共管模式探讨》，《现代农业科技》2011年第4期，第228－230页。

② 郭晋杰主编：《湛江旅游资源》，北京：中国文史出版社，2006年，第56页。

③ 郭晋杰主编：《湛江旅游资源》，北京：中国文史出版社，2006年，第57页。

些地方栖息、觅食、产卵、育雏，九龙山俨然已成"候鸟天堂"。①

三、 湛江红树林旅游价值

湛江红树林是广东省湛江市境内一片特殊的海洋湿地生态系统，位于雷州半岛北部和海南岛南端之间，被誉为"南方的草原"。湛江红树林具有独特的海洋生态景观，其旅游价值体现在以下几个方面：

（1）保护生态环境。湛江红树林是海洋生态系统的重要组成部分，其生物多样性和生态价值的重要性不言而喻。

（2）历史文化悠久。湛江是一个历史悠久的城市，其历史文化源远流长。湛江红树林所处的雷州半岛，是古代海上丝绸之路的重要节点，有着丰富的历史文化遗产、古老建筑与遗迹，如古城堡、古港口、古海滩等，有着浓郁的海洋文化气息。

（3）美食文化丰富。湛江饮食在粤菜系中久负盛名，其中海鲜美食最具特色。湛江的炭烧生蚝、白切鸡及生猛海鲜风味独特，深受广大游客喜爱。"吃海鲜，去湛江"的说法在旅游团队中广为流传。湛江是水果之乡，优质水果丰盛，有国宴珍品红江橙，岭南佳果红杨桃、荔枝、龙眼、芒果、香蕉等。

（4）水上休闲运动。湛江红树林是一个美丽的海滨胜地，适合进行各种水上运动，如冲浪、皮划艇、帆船等。在这里人们可以体验到丰富多彩的水上运动，感受海洋文化的无穷魅力。

（5）生态探索。湛江红树林是一个具有丰富生态系统的地区，游客可以通过游船、木栈道、观鸟平台等方式，近距离观察和了解各种红树林植物和动物，感受自然生态的独特之美。这里是野生动植物的天堂，更是生态科普的宝库。

（6）健康休闲。湛江红树林提供了广阔的空间和清新的空气，使游客能够远离喧嚣的城市，享受大自然的宁静，洗涤身心。在这里，游客可以进行各种户外活动，如散步、跑步、瑜伽等，促进身心健康。

综上所述，湛江红树林具有独特的旅游文化价值，其优美的自然风光、悠久的历史文化遗产、丰富的美食文化以及多彩的水上休闲运动，为游客提供丰富多彩的旅游体验，使之成为重要的旅游胜地。

---

① 曹龙斌、黄余武：《广东九龙山红树林国家湿地公园：海上森林 候鸟天堂》，《湛江日报》，2019 年 9 月 19 日。

四、 红树林旅游发展困境及应对策略

红树林海岸因为具有热带、亚热带海滨独特的自然景观和人文景观，所以有很高的观赏和科考价值，是一种宝贵的湿地生态旅游资源。许多有条件的国家和地区，如美国的佛罗里达、泰国的普吉岛、孟加拉国的孙德尔本斯，以及中国的香港米埔、海南东寨港等很早就开展了红树林生态旅游。2000 年，发展中国家的观光总收益中有 17% 来自生态旅游，越来越多的人在具生态特色的地方从事生态旅游活动，生态旅游的发展已是国际主要潮流之一。

以我国首批 5 个海洋类型自然保护区之一的广西北海山口红树林保护区为例，该保护区 2002 年 1 月被列入国际重要湿地名录。其宜人的自然条件、优美的海岸景观和丰富的红树林资源为当地旅游业的发展提供了良好的基础。保护区坚持"养护为主，适度开发，持续发展"的保护方针，不断加强红树林旅游区的管理和旅游环境的整治，并注重科普中心和林区物种展示平台的建设，已配备有各种宣传和教育设施，并建设有苗圃、实验室、标本展览室，开辟了图书展览、宣传广告专栏，制作完善保护区 VCD 光盘，设置完成保护区界碑、界址等标志物。①

（一）目前红树林旅游开发面临的挑战

1. 宣传力度不够，知名度低

红树林旅游作为在我国新兴的一种旅游形式，还未广为人知，甚至居住于红树林海岸的居民也极少真正了解红树林。

2. 保护与开发之间矛盾日趋突出和严重

随着沿海地区经济的迅速发展，沿海养殖也日益兴起和扩大，围海或毁林发展养殖的现象越来越严重，这是目前毁坏红树林的最主要因素。过度的旅游开发和大量游客涌入可能破坏红树林的生态平衡，破坏植被生长、水质和生物多样性。大量的人为干扰，如破坏红树林植被、捕捞、船只和游客的噪声等都对红树林生态系统造成了威胁。2017 年，湛江雷州籍某村民为开发养殖虾塘，在明知红树林长期泡在水中会枯萎死亡的情况下，仍在国家级红树林自然保护区修建围堤和闸口，私自圈围红树林保护区内 35 亩天然湿地，致使 23.3 亩红树林因长期浸泡在水中无法自然纳潮而枯萎死亡，经鉴定造成经济损失 80 910 元。

---

① 段金华、梁承龙：《北海山口红树林湿地生态旅游发展对策研究》，《大众科技》2012 年第 14 卷第 6 期，第 319－321 页。

3. 红树林保护和管理不足

缺乏科学的保护规划和管理措施，导致红树林的保护和恢复工作不够系统和有效。一些地区缺乏监测和评估体系，无法及时了解红树林的生态状况和变化，也缺乏科学的保护措施和管理手段。

4. 旅游业对生态产生负面影响

部分游客对红树林生态价值和保护意识的认知有限，存在不文明行为和破坏红树林环境的问题。缺乏环境教育和引导，以及相关管理措施的不健全，使得这些问题长期存在，并对红树林生态环境和可持续发展构成威胁。

5. 资金和技术支持不足

红树林的保护和管理需要大量的资金投入和专业技术支持，而目前存在资金和技术支持不足的问题。缺乏持续的经费来源，不能充分支持红树林的保护、管理和监测工作。在我国很多红树林旅游景区还普遍存在经费投入不足、技术力量薄弱、基础设施不完善、旅游项目单一等限制红树林生态旅游发展的问题。

同时，游船污染也是一个不可忽略的因素，游船的噪声以及废弃物污染，对红树林保护区的水质以及鸟类都造成很大的影响。近年来，国家出台多项红树林保护修复相关的规定措施，广东湛江红树林国家级自然保护区管理局也在不断加大力度，红树林保护修复取得积极成效。但是由于管理区域面积大、管理单元分散、管理人手不足等问题，保护区仍然面临许多难题，尤其是退塘还林压力大、后期管护力量薄弱、资金缺乏等问题都影响红树林保护修复的最终效果。

（二）发展红树林旅游的应对策略

1. 加大宣传力度、提高知名度

加强营销和推广活动：利用互联网和社交媒体平台，积极推广红树林的自然美景、生态特色和旅游体验。开展具有吸引力和创新性的宣传活动，包括线上线下媒体的广告、社交媒体推广、旅游展览和活动等，吸引更多游客的关注。

与旅行社和游客评价网站合作：与旅行社建立合作伙伴关系，提供专门的旅游线路、套餐和服务，并加强与游客评价网站的互动，提升游客体验。

进行国内外旅游推广活动：参加旅游展览、交流会议和推广活动，与旅游相关的媒体、旅行商、旅行博主等建立合作关系，提升红树林的知名度和口碑。

2. 注重红树林的保护与开发

制定综合规划与管理计划：制定全面的红树林保护与开发综合规划，明确保护目标和开发限制，确保开发活动在可控范围内，同时保护红树林的生态功能和物种多样性。制订详细的管理计划，明确相关管理措施和责任主体，进行监测和评估，持续改进保护与开发措施。

强化法律法规和执法力度：制定和完善相关法律法规，明确红树林保护的法律责任和违法处罚。加强执法力度，打击非法的破坏行为，确保保护与开发活动符合法规和规范。

推动可持续旅游发展：在红树林开发中，注重推动可持续旅游发展，鼓励低碳、生态友好的旅游方式。加强游客管理和旅游规划，合理安排旅游线路，保护红树林生态环境的同时提供游客满意的旅游体验。

3. 强化管理机制和合作机制

成立红树林管理委员会：设立专门的组织机构负责红树林的综合管理和协调工作。该委员会可以由相关政府部门、学术机构、非政府组织、当地社区和旅游企业等各利益相关方组成，共同制定管理政策、规划和实施保护措施。

开展跨部门合作：建立政府部门间的协作机制，包括环境保护、旅游、水利、林业、渔业等部门的合作。通过共享资源和信息，协同推进红树林的管理和保护工作，形成综合管理的合力。

强化社区参与：将当地社区纳入红树林管理的决策和执行过程。通过培训和教育，提高居民对红树林保护的认知和参与意识。建立社区监测网点，加强对红树林的巡护和监测，并鼓励社区居民积极参与红树林生态保护和管理的志愿者活动。

4. 多渠道解决资金、技术不足等问题

拓宽资金来源：寻求政府及其他组织机构支持，如国际组织、非政府组织、企业，筹措社会责任基金和慈善基金等。吸引更多资金流入红树林保护和管理工作，引导社会力量参与红树林保护。

探索创新融资模式：可以考虑引入社会投资、公众募资和生态补偿等创新融资模式。通过与企业合作，推动生态旅游、生态产品开发等产业的发展，实现红树林的可持续经营和自给自足。

促进技术创新和转移：加强科技创新，在红树林领域开展相关的科学研究和技术研发。通过技术创新，提高红树林的保护效果和经济效益，吸引更多的技术支持和创新投资。

综合利用上述策略，可以增加对湛江红树林的资金和技术支持，提升保护工作的效果和可持续发展能力。重要的是建立良好的合作关系，激发各方的积极性和创新能力，共同推动红树林的保护与可持续利用。

五、 湛江建设 "红树林之城" 的政策及实践

党的十八大以来，以习近平同志为核心的党中央高度重视湿地保护和修复工作，把湿地保护作为生态文明建设的重要内容，作出一系列强化保护修复、加强制度建设的决策部署。

党的二十大报告指出，高质量发展是全面建设社会主义现代化国家的首要任务。在全球红树林面积逐年递减的大趋势下，湛江持续推进红树林湿地修复与保护，红树林面积恢复至 2022 年的 6 398.3 公顷。2022 年中共广东省委关于深入推进绿美广东生态建设的决定颁发后，湛江自我加压，立足自身资源禀赋，实施绿美湛江 "七大行动"，在国内率先提出建设 "红树林之城"，不断探索红树林等生态产品价值实现的机制和路径，把生态资源优势转化为地方高质量发展优势，[①] 不断出现的珍稀水产物种也证实这座生态之城的环境优势。

十余年来，湛江坚定扛起习近平总书记赋予湛江 "打造现代化沿海经济带重要发展极" 和 "与海南相向而行" 的重大使命，紧紧把握全省构建 "一核一带一区" 区域发展格局的重大战略机遇加快发展。当前，提出工业化、生态化、数字化深度融合的理念，以加快大园区建设、推进大文旅开发、深化大数据应用为具体抓手，推动高质量、跨越式发展。大文旅产业方兴未艾，城市品牌影响力和城市形象魅力不断彰显。2020 年 12 月 27 日，"新时代·中国美丽城市、美丽乡村巡礼成果发布暨 2020 中国文旅和网红经济融合发展峰会" 在佛山市举行，湛江获评 "中国最具文旅投资价值城市"。2022 年 9 月，霞山区和麻章区入选广东省第五批全域旅游示范区。霞山区以大文旅开发为契机，以 "四大牵引" 为抓手，依托 "山—城—海—岛—村" 融合发展思路，打造港产城联动的滨海魅力中心城区，成功创建省级全域旅游示范区。麻章区区位优势明显，旅游资源丰富，现已形成以 "红、蓝、绿、金、墨" 五彩线路为脉络的旅游发展格局。据不完全统计，麻章全区红色革命根据地遗址达 110 处，红色革命资源非常丰富。麻章区依山傍海，拥有港口、岛屿、海湾和蜿蜒迤逦的海岸线，是我国大陆海岸红树林种类最多的地区之一。麻章区山清水秀，有湖光岩、南亚热带植物园、南国花卉产业园、七星岭、交椅岭、笔架岭、郊野公

---

① 黄艺文、孙媛媛、黄天儒：《湛江：展现生态最美 "容颜"》，《环境》2023 年第 2 期，第 48－50 页。

园、云脚古樟林、百年莺歌树林等一大批景点，以及省农业休闲和乡村旅游示范镇、省级文化和旅游特色村、省级休闲农业与乡村旅游示范点等。麻章区工业历史悠久，高新技术企业和绿色造纸、装备制造、海洋医药、食品加工、家具制造等产业名优产品多，已逐步形成集生产工厂、观光游览、科普教育、消费体验于一体的工业旅游路线并形成集群。

（一）凝心聚力打造湛江"红树林之城"

2021 年 3 月 8 日，广东省自然资源厅、省林业局联合印发《广东省红树林保护修复专项行动计划实施方案》，分配湛江市到 2025 年营造和修复红树林面积 4 183 公顷，占全省任务的 52.3%。湛江市自然资源局获 2021 年度省级生态修复专项基金 770 万元，在湛江市东海岛民安镇开展红树林综合利用实验，探索"红树林种植＋养殖耦合共存"模式。2021 年 12 月 30 日，湛江市"建设红树林之城"工作会议在湛江国际会展中心召开。会后中共湛江市委、湛江市人民政府印发《湛江市建设"红树林之城"行动方案（2021—2025 年)》。会议强调要深入贯彻习近平生态文明思想；牢固树立尊重自然、顺应自然、保护自然理念，全面加强红树林保护、修复和利用；落实自然资源部、国家林业和草原局《红树林保护修复专项行动计划（2020—2025 年)》和《广东省红树林保护修复专项行动计划实施方案》有关要求，推动湛江市红树林保护利用，坚定不移走生态优先、绿色低碳的高质量发展道路，凝心聚力把湛江市打造成"红树林之城"，打响"红树林之城"特色品牌；提出建设独具湛江特色的红树林生态旅游经济带，打造"红树林之城"特色文化，推动自然生态优势转化为经济社会发展优势，把红树林建设成为湛江的"金树林"，让"湛江红树林"成为广东生态建设的新名片；让红树林生态旅游成为湛江滨海旅游的新引擎，"红树林之城"成为全国独特的文化标识。

2020 年，湛江市因受新冠疫情影响，旅游接待人次和收入下降。全市接待游客 1 058.39 万人次，旅游收入 147.6 亿元，旅游外汇收入 810.18 万美元。2021 年，湛江市旅游业稳步回升，接待游客 1 438.42 万人次，同比增长 35.91%；实现旅游收入 149.99 亿元，同比增长 1.62%；旅游外汇收入 773.23 万美元。当前旅游行业发展将迎来新一轮变革，到 2025 年，湛江滨海旅游接待能力、接待游客量和旅游收入相比 2021 年将有大幅增加。湛江红树林旅游业具有广阔的潜力。

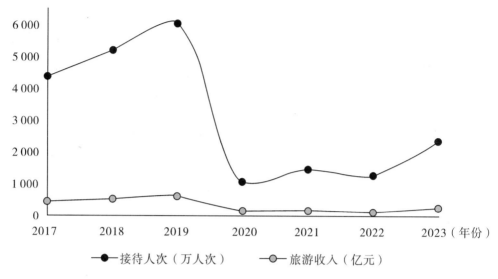

2017—2023 年湛江市旅游收入和接待人次变化图

数据来源：《湛江年鉴 2018—2023 年》

（二）湛江旅游发展战略中对红树林旅游资源的规划

当前，湛江正建设独具特色的红树林生态旅游经济带，凝心聚力建设"红树林之城"。市委、市政府为此制定了一系列规划①：

1. 加强红树林保护修复

推动红树林保护规划与国土空间规划及各类相关规划相衔接，加快制定《湛江市红树林保护与修复总体规划（2021—2025 年)》。

2. 建设独具湛江特色的红树林生态旅游经济带

完善交通基础设施，结合建设广东滨海旅游公路雷州半岛先行段，完善湛江滨海旅游路网规划建设，把分散在各县（市、区）的红树林和沿途的鼎龙湾国际海洋度假区、吉兆湾省级旅游度假区、蓝月湾温泉度假村、南三岛、特呈岛、南亚热带植物园、湖光岩风景区、东海岛旅游度假区、天成台度假村等滨海旅游景点串珠成链，打造红树林生态旅游经济带，夯实红树林生态旅游基础。

为了充分利用湛江红树林资源，打造"海洋生态旅游"品牌，需要对红树林进行科学规划和管理。首先，需要建立红树林旅游信息系统，对红树林资源进行实时监测和发布，方便游客了解和管理旅游资源。其次，需要建立完善的旅游

---

① 湛江市委市政府：《湛江市建设"红树林之城"行动方案（2021—2025 年)》，2021 年 12 月。

基础设施，包括景区道路、住宿、餐饮、交通等方面的配套，提升旅游服务水平。具体而言，包括：

（1）打造红树林生态旅游项目。

利用霞山特呈岛和广东雷州九龙山红树林国家湿地公园、廉江高桥红树林区设施相对健全优势，打造一批红树林"网红"打卡地，策划推出麻章金牛岛、石牛岛、徐闻大汉三墩等若干红树林生态旅游精品路线。用好湛江作为国际候鸟迁徙重要通道、广东省重要鸟区之一的优势，在落实保护措施的基础上建设若干"观鸟台"，培育观鸟线路和专题游学项目。除了海洋生态旅游，湛江市还可以发展滨海休闲旅游。在规划过程中，需注重保护红树林生态环境，开发适合游客体验的滨海休闲项目，如钓鱼、沙滩运动等。

（2）建设湛江红树林博物馆。

建设集红树林生态保护、陈列展览、收藏保护、科普教育、科学研究与娱乐休闲为一体的湛江红树林博物馆。湛江是广东省重要的革命老区，拥有丰富的红色旅游资源。在规划过程中，可以利用红树林资源打造"红色旅游"品牌，开发革命历史纪念馆、红色教育基地、革命遗址等旅游项目，吸引更多游客前来体验和学习革命精神。

（3）健全服务配套设施。

在落实保护的前提下，结合红树林保护区周边区域发展实际，建设红树林主题酒店、红树林特色民宿、红树林品牌餐厅、旅游接待中心、往返旅游巴士站等配套设施。

（4）加强旅游宣传和营销。

旅游宣传和营销是提高旅游业竞争力的关键。在规划过程中，需要加强旅游宣传和营销，通过各种渠道向国内外游客推广湛江的旅游资源和旅游文化。例如，可以通过媒体、网络、旅游展会等方式开展宣传和营销活动，吸引更多游客前来体验和旅游。

3. 打造"红树林之城"特色文化

推出"红树林之城"系列文创产品。以"互联网＋""人工智能＋"思维打造一批体现湛江作为"红树林之城"的特色文化标识。全球征集红树林卡通形象、红树林之歌和"红树林之城"形象标识。与知名艺术家合作，推出高水平红树林主题漫画，制作红树林主题礼品等文创产品。

4. 推动自然生态优势转化为经济社会发展优势

推动红树林生态旅游与其他旅游资源深度融合。系统全面整合文化、旅游、生态、产业等方面优势资源，推动红树林生态旅游与特色文化、滨海旅游、工业旅游、观光农业、休闲渔业等深度融合发展。①

未来，湛江将深入挖掘红树林旅游价值、推动现有红树林景区提质升级，加快建设红树林博物馆、红树林科普宣传基地、红树林研发平台等，促进"产业生态化、生态产业化"发展，让红树林成为湛江的"金树林"。

5. 强化资金和人才保障支持

（1）设立专项资金。

根据中共中央办公厅、国务院办公厅印发的《关于建立以国家公园为主体的自然保护地体系的指导意见》，采取政府指导、企业参与、市场运作模式，引入金融机构和社会资本，设立湛江市红树林湿地保护基金会。

（2）争取上级专项支持。

积极争取自然资源部的海洋生态保护修复资金以及国家林业和草原局的湿地保护修复资金，支持湛江开展红树林营造、修复等工作，夯实建设"红树林之城"资金保障。

（3）培养专业人才。

人才是解决问题的关键因素，也是发展旅游事业的重要保障。② 湛江红树林乃至湛江整个旅游业的发展，离不开人才力量的支撑，湛江市委、市政府可着手"筑巢引凤"，搭建平台吸引国内外优秀人才，挖掘培养周边特别是湛江本地人才，也可以鼓励有学习冲劲的年轻工作人员攻读旅游管理研究生，全面提高旅游监管水平。

（三）湛江发展红树林旅游的实践探索

1. 政府组织推动，营造全民参与氛围

举办"红树林之城"文化活动周，开展实践研学基地旅游项目，对接珠三角开展跨区域文化协同发展等产业前沿性研究与实践；启动"我爱湛江红树林"网络主题征集活动，面向全国征集作品，邀请网友用镜头记录，用网络传播湛江红树林之美，擦亮湛江"红树林之城"生态建设新名片。通过约稿，吸引自媒体、网友宣传红树林，同时，在小红书、微信视频号等平台开设"我爱湛江红树林"话题，邀请达人参与互动，掀起推介湛江红树林热潮。

---

① 林露、顾大炜：《湛江吹响建设"红树林之城"号角》，《南方日报》，2021年12月31日。
② 田行洲：《陇西梁家菅乡村旅游开发研究》，海南热带海洋学院硕士学位论文，2021年。

2. 科普进校园，引导学生实地研学

为更好宣传和保护湛江红树林，擦亮湛江生态建设新名片，根据湛江市建设"红树林之城"工作的部署要求，市教育局认真组织各县（市、区）及市直属各学校大力发动组织青少年学生志愿者，定期开展丰富多彩、形式多样的志愿服务活动，激发广大师生了解红树林、保护红树林、参与"红树林之城"建设的热情，打造湛江守护红树林志愿服务品牌。2023年3—6月，湛江市"红树林之城"青春大使评选活动暨红树林科普进校园活动启动，以青春之力助力"红树林之城"建设。全市中小学生常态化开展红树林科普宣传，组织中小学走出校园，观看红树林科普展览，开展实地参观研学等社会实践。

3. 将红树林摄影展推向国际市场

2023年香港国际旅游展上，湛江市文广旅体局以富有特色的文化旅游资源，充分展现"红树林之城"湛江文旅产业的发展成果，通过参展为两地往来发展不断开拓新空间、注入新动能，积极融入粤港澳大湾区世界级旅游目的地建设。

4. 通过文体活动，发挥辐射作用

2024年1月湛江举办首届万人马拉松比赛，赛道途经霞山观海长廊红树林、赤坎金沙湾红树林、赤坎滨湖公园红树林。这次马拉松不仅仅是一场比赛，更是湛江对外展示"红树林之城"魅力的一个舞台。

湛江红树林旅游具有广阔的市场潜力。目前，位于麻章区湖光镇的湛江红树林宣教中心已向公众开放，该地设有内容丰富的展厅，趣味性强的红树林模拟区、探索区，带有现代气息的动感小影院，艺术画廊和图书馆等多样设施，是目前国内规模最大的红树林及湿地宣教中心。2023年中秋、国庆假期，麻章金牛岛红树林片区8天累计接待游客2万多人次。

随着人们生活水平的提高，对生态环境和休闲旅游的需求不断增加。湛江红树林作为独特的生态资源，具有较高的观赏价值和旅游吸引力，有望吸引更多的游客。此外，红树林旅游的发展将助力生态旅游产业链，包括生态旅游业、餐饮业、住宿业等相关产业的发展。

红树林的精神内涵与文化特质

俞 娟[①]

　　湛蓝的海，湛蓝的天，是港城湛江的美丽画像。当我们将眼光投向湛蓝海天交接处，挺立在海岸边的葱茏红树林随之映入眼帘。湛江拥有我国面积最大、种类最多、分布最集中的国家级红树林自然保护区，成片蔓延不息的红树林犹如"海洋绿洲"，生机盎然，蔚为壮观。据相关统计，湛江全市红树林面积达6 398.3 公顷，占全国的 23.7%，占广东省的 60.1%。全国大约每 4 棵红树就有 1 棵在湛江。在全世界红树林面积以每年约 1% 的速度递减时，湛江红树林面积却逐年逆势增长，20 年来修复红树林 1 500 多公顷，被国际湿地专家称为世界湿地恢复的成功范例。[②]

　　2023 年 4 月 10 日，习近平总书记在湛江考察时强调指出："这片红树林是'国宝'，要像爱护眼睛一样守护好。"[③] 被誉为"国宝"的红树林，是湛江最具标识性的生态文明新名片。湛江市自 2021 年提出打造"红树林之城"以来，以习近平生态文明思想为根本遵循，不断推进红树林生态系统保护修复和开发利用。以科学研究和制度建设促进红树林的保护修复，积极打造万亩级红树林示范区。加大开发利用红树林的生态价值和经济价值，点绿成金，逐绿前行。2021年 6 月 8 日，湛江红树林造林项目首笔 5 880 吨的碳减排量转让协议在青岛签署，标志着我国首个蓝碳交易项目正式达成。2023 年 8 月 15 日，全国首个红树林公益信托项目在中海油南海西部地区启动，开拓新金融模式发展环境保护事业。随着建设"红树林之城"专项行动的深入，对红树林的精神提炼和文化阐释工作也在不断推进。在 2021 年底召开的湛江市建设"红树林之城"工作会议上，提出要凝心聚力打造"红树林之城"，深入挖掘红树林的精神内涵，把其顽强不屈

---

①　俞娟，研究生学历、硕士，岭南师范学院马克思主义学院副教授；研究方向：生态文明思想。

②　《湛江红树林面积逐年逆势增长　被称为世界湿地恢复成功范例》，https://news.cctv.com/2023/05/22/ARTI167fubjR9ciWWxzK4m1f230522.shtml，2023 年 5 月 22 日。
③　《像爱护眼睛一样守护好红树林》，https://gy.youth.cn/gywz/202304/t20230427_14484083.htm，2023 年 4 月 27 日。

的意志、激浊扬清的正气、勇于创新的品质、团结奋进的力量，体现到推动湛江发展的生动实践中，以此激励湛江人民奋力走好新时代长征路。① 因此，准确提炼和生动阐释"红树林的精神内涵"，对于深入解读湛江与时俱进的蝶变历程，解锁湛江创新发展的精神密码，凝心聚力建设绿美湛江、碳路湛江和人文湛江，奔赴更加美好的未来，意义深远。

一、红树林精神的内涵生成

鸥鹭飞鸟绕枝头，鱼虾蟹贝栖林底，这是对红树林生态美景的生动描绘。红树林是一种独特的滨海湿地生态系统，既是森林，又是湿地，兼具森林的"地球之肺"和湿地的"地球之肾"的功能，是地球上生态功能最强的自然生态系统之一。在湿地环境下顽强生长的红树林，为其他生物提供了生存空间，维护了生物多样性。据有关调查统计，湛江是我国大陆海岸红树林植物种类最多的地区，红树林种类有 16 科 26 种，鸟类 18 目 48 科 297 种，鱼类 15 目 58 科 100 属 127 种，贝类 3 纲 38 科 76 属 110 种。② 红树之"红"，是因其树皮富含单宁，这一成分遇到空气容易氧化变成红色，"红色"的"芯"彰显了红树的生命特质。红树林生态系统因其生物多样性，呈现出一派生机盎然、和谐成趣的生命景象。随着人们对红树林的认识不断深入，红树林与人的关系变得更加亲密，人们通过移情作用和比德方式，赋予红树林精神层面上的象征意义，通过加工提炼来建构其精神内涵，作为引领新时代湛江绿色发展的人文精神新标识。

（一）从自然之物到精神意象

品味形象特性，寻绎精神意象。何谓意象？《周易·系辞》中已有"观物取象""立象以尽意"之命题，是说"圣人"通过观察自然和生活中的现象创造"象"，并借助"象"表达"圣人"的思想、情感和意志，将意与象结合起来构成"意象"。作为美学的概念，"意象"是指"审美观照和创作构思时的感受、情志、意趣"。③ 人们对红树林的认知，始于外在形象和内在特性，在经过设身处地，推己及物后，红树林由认知对象变成人的情感对象，人再感物动情，将自

① 《广东湛江，打造红树林之城！》，http://gd.people.com.cn/n2/2021/1231/c123932 – 35076774.html，2021 年 12 月 31 日。

② 广东湛江红树林国家级自然保护区管理局、保护国际基金会编著：《广东湛江红树林国家自然保护区综合科学考察报告》，广州：广东教育出版社，2019 年。

③ 邱明正、朱立元主编：《美学小词典》（增补本），上海：上海辞书出版社，2007 年，第157 页。

身的情感倾注于红树林，即移情于红树林，与之产生情感上的往复交流，红树林被视作具有情感的人，继而将红树林的生物特性比附于人的精神品质，使红树林获得某种象征意义，由表及里，象为表，意为里，表象和意义融合形成精神意象。红树林从自然之物成为精神意象，是作为主体的人观察作为对象的红树林，经过人的复杂心理活动产生的结果。

红树众木成林，盘根错节，巍然屹立在海岸边，展现了顽强的生命力。红树林属于红树科的常绿灌木和小乔木群落，生长在高温、高湿、风浪大、土壤含氧量低、盐碱化的海岸边潮间带。为适应海水生存环境，红树的根系具备拒盐的功能，叶片具备泌盐的本领。红树科植物在进化过程中形成胎萌的繁殖方式，种子在母体上萌发出芽体后，落地生根成为新植株。红树林具有很强的生物适应性，其落果或者幼苗扦插成活率很高，繁育成片后，众木成林的红树林可以防风消浪，减轻海洋灾害。红树林扎根滩涂，其盘根错节的发达根系能够固沙，防止泥沙流失，巩固海岸线附近的水土，保护海岸堤坝和田地，因此被誉为"海岸卫士"，守住湿地生态安全边界，为子孙后代留住大美湿地。

红树林具有固碳储碳、净化水质、维护生物多样性等功能。红树植物是二氧化碳的消耗者和氧气的释放者，红树林固碳储碳能力很强，其吸收二氧化碳的能力是热带森林的将近六倍，被誉为"海洋绿肺"。红树林生态系统被视为低成本高效率的污水处理系统，可以优化海洋水产业养殖环境。红树林能够过滤陆源入海污染物，对重金属和氮磷营养物具有较强的吸收容纳力，可以减少海域赤潮、滤淤、净化水体，提高海产品的品质，促进渔业发展。红树林生态系统是一个立体化的多样性生物生态圈。红树林为鱼类、鸟类、昆虫提供栖息地，还能够为浮游生物、底栖生物提供饲料，具有利他性价值。

"美不自美，因人而彰。"红树林的形象特性，因人的发现才得以彰显。人们欣赏红树林，是以"观"与"澄怀味象"为前提，在人的感觉、知觉、记忆、表象、想象、联想、通感、理解等多种心理因素参与下，经过移情作用和比德方式，感物动情、寄情于物，以物喻人，人物合一，最终加工形成精神意象。下面简要介绍其大致心理活动过程。当人们在观察红树林时，首先是感知到红树林形象，在不同时间和空间的观察和感知中，红树林的形象会有所不同，整合形成概括的表象，当然，这种表象是形象的概括，而非抽象的概括，是多次感知红树林后的叠加形象，属于形象思维。人们对红树林的特性认识，则属于抽象思维，对红树林特性的理性认识，也有助于精神意象建构。红树林的形状、颜色及其搏击风浪的姿态，由外而内，诱发人的内在情感，引起想象、联想，乃至打通感官界限形成通感，让人浮想联翩，红树林的表象因此变得更加丰富立体，特别是倾注人的情感后，在情感往复回流中，超越红树林原本的表象，红树林有了人的形象，加上对红树林的生物特性的认识了解，人们很自然地将红树林比附于人，使其具有人格意志和道德情操等精神品质，在此基础上，经过多种心理因素参与的心理活动机制，最终创造出具有象征意义的精神意象。

（二）移情与比德

红树林从自然之物转变为精神意象，需要通过移情作用和比德方式。假借自然之物表达思想情感，赋予人的道德品质并加以欣赏，反映了中国文化"移情"和"比德"的审美传统，体现了中国人崇尚心物相通、万物一体的思想观念，以及追求人与自然和谐共生的价值取向。

何谓"移情"？著名美学家朱光潜从心理学角度这样解释，"移情作用是外射作用（projection）的一种。外射作用就是把在我的知觉或情感外射到物的身体上，使它们变为在物的"[①]。他认为，人在观察外界事物时，会设身处在事物的境地，将事物视作人，仿佛它也有了人的感觉、思想、情感、意志和活动，同时，人自己也受到对事物的这种错觉的影响，多少与事物发生同情和共鸣。[②] 朱光潜先生关于"移情"的解析，着重移情发生的心理根源。近年来，随着脑科学和神经科学的研究突破，从生物学层面研究移情共情的生理基础是"镜像神经元"，"它的活动既受到动作执行的调节，也受到动作观察的调节……这一点使它既区别于'运动'神经元，也区别于'感觉'神经元，因为后两者仅仅同动作执行或动作观察相联系。镜像神经元则同时与这两种功能联系在一起"。[③] "镜像神经元"是一群位于大脑的神经细胞，当我们观察事物或动作，"镜像神经元"就会被激活，帮助我们模仿学习，它是人类产生共情能力的生理前提。《毛传》说："兴，起也。"移情先要起"兴"，就是由物象引发情思，当我们观察红树林时，"镜像神经元"被激活，经过内模仿引发情思，再"索物以托情"，即经过移情等心理活动，最终加工形成精神意象，移情作用发生需要生理活动和心理活动的共同参与。

何谓"比德"？就是以自然景物的某些特征来比附、象征人的道德情操。比德观形成于春秋时期，体现了儒家将"仁政""礼教"思想观念渗透于山水审美

① 朱光潜：《文艺心理学》，上海：复旦大学出版社，2005年，第29-30页。
② 朱光潜：《西方美学史》（下卷），北京：人民文学出版社，1979年，第597页。
③ 叶浩生：《镜像神经元的意义》，《心理学报》2016年第48卷4期，第444-456页。

中。比如《论语·雍也》中写道："子曰：'知者乐水，仁者乐山；知者动，仁者静；知者乐，仁者寿。'"孔子以山水比拟人的道德品质；《荀子·宥坐》中有这样一段对话："子贡问曰：'君子见大水必观焉，何也？'孔子曰：'夫水者，启子比德焉。遍予而无私，似德；所及者生，似仁；其流卑下，句倨皆循其理，似义；浅者流行，深者不测，似智；其赴百仞之谷不疑，似勇；绵弱而微达，似察；受恶不让，似包；蒙不清以入，鲜洁以出，似善化；至量必平，似正；盈不求概，似度；其万折必东，似意。是以君子见大水必观焉尔也。'"孔子观水，比德君子，认为水具有德、仁、义、智、勇、察、包、善化、正、度、意等道德品质。屈原写《离骚》，以香草喻君子，以萧艾喻小人。屈原的《橘颂》，几乎句句都是比德。周敦颐在《爱莲说》中写道："予独爱莲之出淤泥而不染，濯清涟而不妖"，借莲花颂扬人的高洁品质。中国人称梅兰竹菊为"四君子"，称松竹梅为"岁寒三友"，称兰花、菊花、水仙和菖蒲为"花草四雅"，以花草树木比附君子之品德，反映了中国人的审美传统。红树林迎着潮头，根系盘绕，扎根淤泥，任凭风吹浪打，屹立不倒，鱼虾蟹贝，虫爬鸟飞，一派蓬勃生机的图景，其胎生和泌盐功能，自然引发人的联想，将其比附人的品德，这体现了中国文化崇尚生命精神和追求理想人格的传统。

（三）人文精神新标识的建构

"人无精神则不立，国无精神则不强。"中国精神是兴国强国之魂，是凝聚中国力量的精神纽带、激发创新创造的精神动力、推进复兴伟业的精神支柱。中华民族5 000多年的悠久历史文化孕育出伟大的中国精神，中国精神内涵丰富，生动展现为伟大创造精神、伟大奋斗精神、伟大团结精神和伟大梦想精神。人文精神是历史文化的集中体现和高度提炼，人文精神深刻影响着社会的发展进步。中国共产党人是中国精神的忠实继承者和坚定弘扬者，在长期奋斗构筑起以伟大建党精神为源头的精神谱系，极大丰富了中国精神的内涵。下面以中国共产党人的精神谱系为借鉴，探究湛江人文精神新标识建构，以此标注湛江人民的精神向度，作为推动湛江高质量发展的深层动力源。目前已公布共产党人的精神谱系第一批共46种，主要有以下几种建构方式：

一是从命名形式看，一种是以国家领导人的讲话、文件、会议等对精神进行命名，且对其内涵、价值与意义予以阐述，如建党精神、井冈山精神等；有些则是国家领导人的讲话、文件、会议等对精神进行命名但无明确定义的，如红旗渠精神、大庆精神等；还有一种是经课题组论证与命名后，被纳入中国共产党人精神谱系之中，如大别山精神、太行精神等。红树林的精神内涵建构可以通过课题组论证，揭示红树林物种与人的精神品质相融通之处，在广泛征求意见的基础上，达成共识。

二是从精神来源看，分成人物、地域、事件、动植物、物品等类型。以人物命名的精神，如张思德精神、雷锋精神等；以地域命名的精神，如井冈山精神、延安精神等；以事件命名的精神，如长征精神、抗美援朝精神等；以动物命名的精神，如"三牛"精神等；以物品命名的精神，如"两路"精神等。

三是从时间分类看，按照时间线索对精神进行分类，可分为新民主主义革命时期、社会主义革命和建设时期、改革开放和社会主义现代化建设新时期、中国特色社会主义新时代等精神系列。新民主主义革命时期，形成了井冈山精神、苏区精神等；社会主义革命和建设时期，形成了抗美援朝精神、"两弹一星"精神等；改革开放和社会主义现代化建设新时期，形成了改革开放精神、特区精神等；中国特色社会主义新时代，形成了脱贫攻坚精神等。

四是从范围属性看，分为全局性精神（建党精神）、地方性精神（井冈山精神、延安精神等）、行业性精神（"两弹一星"精神、女排精神等）、集体性精神（红旗渠精神、北大荒精神等）、个体性精神（雷锋精神、焦裕禄精神）等。

关于精神内涵的建构，有很多值得借鉴的示例。比如沂蒙精神。沂蒙精神形成于革命战争时期，沂蒙精神概念的提出要比形成晚很多。1989 年 12 月，《临沂大众报》刊登《发挥老区优势，弘扬沂蒙精神》一文，首次使用"沂蒙精神"这个概念，并概括其内涵为"团结奋斗、无私奉献、艰苦创业、求实创新"。此后经多次讨论，其内涵不断变化，直至 1997 年才达成共识，将内涵概括为"爱党爱军、开拓奋进、艰苦创业、无私奉献"。[①] 习近平总书记指出："沂蒙精神与延安精神、井冈山精神、西柏坡精神一样，是党和国家的宝贵精神财富，要不断结合新的时代条件发扬光大。"[②] 沂蒙精神的内涵界定是随着时代发展创新提炼而成的。比如，借鉴以松树作为地方人文精神的黄山松精神。黄山松精神内涵为"顶风傲雪的自强精神，坚韧不拔的拼搏精神，百折不挠的进取精神，众木成林的团结精神，广迎四海的开放精神，全心全意的奉献精神"。再比如，借鉴深圳红树精神。深圳人对红树林有着特殊的感情，认为红树身上表现出"激浊扬清、

---

① 徐东升等：《中国共产党革命精神研究》，济南：山东人民出版社，2017 年，第 267 页。
② 《习近平在山东考察时强调认真贯彻党的十八届三中全会精神汇聚起全面深化改革的强大正能量》，《人民日报》，2013 年 11 月 29 日。

浩然正气的品格，团结互助、众志成城的精神，不畏艰难、顽强拼搏的斗志"等，红树象征着深圳人的魂，通过弘扬红树精神，构建和谐家园。[①]

以上关于人文精神内涵建构的探究对于研究红树林的精神内涵提炼有启发意义。湛江人文精神新标识要立足湛江实际和创新发展来建构。"红树林精神"这一概念已由课题组论证提出，以当地最具标识性的植物——红树林为研究对象，对其进行精神提炼和文化阐释，深化红树林精神内涵，引领湛江绿色发展。"同心而共济，始终如一，此君子之朋也。"[②] "红树林"作为湛江生态文明新名片，绿美广东新亮点，以其分布面积广、生物特性奇、生态价值高、发展潜力大而广受关注。湛江以红树林为载体，凝心聚力打造"红树林之城"，这对于保护生态环境、发展蓝碳经济、开发文旅产业以及传播人文精神具有重要意义。通过对红树林作精神提炼和文化阐释，可构建湛江人文精神新标识，发挥举旗帜、凝民心、聚力量、兴文化、展形象的引领作用，让"红树林之城"更具感召力和塑造力。

（四）红树林的精神内涵提炼

红树林的精神内涵提炼是认识与践行的深度对接，是动态阐释与静态内涵的有效融通。按照《湛江市建设"红树林之城"行动方案（2021—2025 年）》要求，组织开展关于红树林的精神内涵大讨论，以红树林的精神内涵建构来凝聚社会共识，推动湛江高质量发展。作为湛江生态文明新名片，生命力顽强的红树林，生长在盐碱地潮间带，向海而生、泌盐成长、木本胎生、品种众多、盘根呼吸、众木成林等特性令人惊叹，具有"顽强不屈的意志、激浊扬清的正气、勇于创新的品质、团结奋进的力量"，充分彰显了迎风破浪的奋斗精神、激浊扬清的担当精神、勇于变革的创新精神和众木成林的团结精神。[③]

1. 迎风破浪的奋斗精神

民间有诗云："林，水熬风煎竞乐吟，鱼虾舞，百鸟伴尖音；林，茹苦含辛志不沉，捍堤围，默默献丹心。"这是对红树林抗击风浪、护卫堤岸奋斗精神的真实写照。红树林牢牢扎根于海水中，在恶风巨浪的侵袭下顽强生长，降低海啸

① 《弘扬红树精神　共建和谐家园》，https：//news. sina. com. cn/c/2006 - 08 - 07/0356967
　　6615s. shtml，2006 年 8 月 7 日。

② 习近平：《携手追寻中澳发展梦想　并肩实现地区繁荣稳定——在澳大利亚联邦议会的演
　　讲》，《人民日报》，2014 年 11 月 18 日。

③ 施保国：《红树林的精神内涵及文化特质》，《湛江日报》，2023 年 5 月 13 日。

和台风带来的危害。2008 年，强台风"黑格比"袭击广东，登陆时风力高达十五级，强劲的风暴潮导致一些沿海地区海堤损毁、海水倒灌。广东湛江红树林国家级自然保护区高桥管理站站长林广旋在接受采访时说道："台风过后我们发现，有红树林的地方，海堤基本安然无恙，没有红树林的地方则损毁严重。"① 红树林任凭台风狂吹，屹立不倒，堪称"树坚强"，彰显"千磨万击还坚劲，任尔东西南北风"的顽强意志和迎风破浪的奋斗精神。雷州半岛自古乃滨海要地，历来屯田军士多，占人口比重相当高，形成"崇武""尚勇"的传统。据万历年间《雷州府志》记载，万历四十一年（1613）雷州人口共约 2.4 万户，其中军户 1.1 万户，占总数近 46%。军人骁勇，更易形成"尚武""尚勇"风俗，如上刀山、下火海、翻刺床、穿令箭等，"尚武""尚勇"和标榜硬汉传统，彰显了湛江人民直面恶劣的生存环境，无畏艰险、迎风破浪、奋勇向前的奋斗精神。

新时代湛江人民要发扬"迎风破浪的奋斗精神"，抓住战略机遇，应对严峻挑战，发挥独特优势，补足发展短板，积极主动服务和融入新发展格局。湛江要充分利用区位政策优势和资源禀赋优势，发挥"承东启西、沟通南北、连接海内外"的核心节点城市和前沿城市的重要枢纽作用，全面提升湛江在融入国内国际双循环中的嵌入度和贡献度。深化农业、海洋和生态等传统优势，借助良港经济和临港产业的快速发展，克服世界经济衰退引发的对外贸易艰难、国内产业同质竞争、内生发展动力不足等挑战，积极进取，迎难而上，自觉肩负起建设国内国际双循环战略支点的使命与责任，为打造服务重大战略高质量发展区和全省区域协调发展重要引擎赋能。②

2. 激浊扬清的担当精神

红树林可以净化空气，释放氧气，其固碳储碳能力很强，吸收二氧化碳的能力是热带森林的将近六倍，全球红树林面积只占全球陆地总面积的 0.1%，但其固碳量却占全球总固碳量的 5%。另外，红树林能够过滤陆源入海污染物，对重金属和氮磷营养物具有较强的吸收容纳力，防止海洋污染，减少海域赤潮，清淤净化水体。涨潮时，红树林被海水吞没，成为鱼虾蟹贝、螺、跳跳鱼、中华乌塘鳢等底栖生物自由生长的庇护所，退潮后，红树林再次显山露水，成为各种鸟类

---

① 《中国故事："海岸卫士"和它的守护者》，https：//h5. ifeng. com/c/vivo/v0020sk6Jdp JGDVypmKHbWYAOmijW9JJ1Sh9X65zdkIs－－NQ＿＿？isNews＝1&showComments＝0，2023 年 6 月 16 日。

② 刘国军：《广东湛江服务和融入新发展格局实现高质量发展的优势和挑战》，《中国国情国力》2021 年第 9 期，第 36－40 页。

觅食的天堂。红树林面积只占全球热带森林面积的 0.7%，却给全球沿岸生态系统的海洋生物提供一半的食物。红树林的枯枝落叶掉下后变成腐殖质，成为鱼虾蟹贝等的饲料，被称作近海渔业的饲料厂。这些都充分体现了红树林激浊扬清、护佑其他生物的担当精神。湛江解放后，为支援解放海南岛，湛江人民积极筹集粮草，修筑公路，组织 1.8 万多名船工、舵手、渔民协助部队进行海上练兵，共出动 2 000 多艘船只踊跃参加渡海作战，湛江为解放海南岛作出重要贡献，充分彰显了湛江人民如红树林般的担当精神。

新时代湛江秉承红树林"激浊扬清的担当精神"，科学把握作为现代化沿海经济带重要发展极的契机，乘势而上，担当作为，做到三个先行：一是思想破冰先行。摈弃思想障碍，敢闯敢试、革旧图新，创设硬平台和软环境，开放包容，任人唯贤，勇往直前。二是精准对接国家发展战略先行。举全市之力加强融入大湾区一体化建设，联结海南自贸港，参与泛北部湾合作，陆海联动，双向互济。三是优化营商环境先行。转变政府职能，深化"放管服"综合改革，优化市场化、法治化、国际化营商环境，开拓进取，笃行不怠，努力创造新佳绩。①

3. 勇于变革的创新精神

红树林生长在盐碱化、土壤含氧量低的潮间带滩涂上，为适应生存环境，其根系和叶子勇于"变革"和"创新"，进化出拒盐、泌盐功能，其根部长出许多指状气生根，露出海滩地面，在被潮水淹没时能通气呼吸。此外，红树为增大生存概率，除了能扦插成活，还创出"胎生"方式，其种子在母体上萌发出芽体，再落地生根成为新植株，大大增加了生存乃至繁衍成林的机会，这是红树林的创新。自古以来，湛江人民就具备勇于变革的创新精神。雷州半岛徐闻港从汉代起就是我国海上丝绸之路最早的一个始发港。这条丝绸之路抵达港口和国家之多，使后来兴起的丝绸之路港湾难以望其项背。唐宋时期，雷州陶瓷业称盛一时，为广东三大窑口之一，大批陶瓷制品通过海洋运输销售海内外。明清在破除海禁之后，雷州海上贸易一片繁荣昌盛，各种商业会馆林立，"从侧面反映了雷州海洋商业文化走在全省前头"②。

自改革开放以来，湛江人民的创新精神体现在更多方面。2006 年 12 月 30 日，被誉为"广东省第一跨海大桥"的湛江海湾大桥，历时 4 年建成通车。"湛

① 黄祖辉：《湛江对接国家发展战略的三个先行考量》，《广东经济》2021 年第 4 期，第 53 - 55 页。
② 司徒尚纪：《雷州文化概论》，广州：广东人民出版社，2014 年，第 495，533 - 534 页。

江海湾大桥采用了多项新技术，其中有两项为国内首创。其火炬型曲线桥塔，造型美观大方；其圆弧形的钢箱梁内部采用桁架结构，主桥的斜拉索在钢梁锚固采用简洁的锚拉板技术，均属国内桥梁工程首创。"① 这两项技术在当时属于国际领先水平，充分体现了湛江人民敢为人先的创新精神。进入新时代，湛江人勇于变革和创新的例子还有很多，如中科炼化、宝钢、巴斯夫、中海油南海西部石油等现代企业接续改革创新，走绿色发展的新路，接续阐释勇于变革的创新精神。

4. 众木成林的团结精神

为防止海浪冲击，红树林的主干一般不会无限增长，而是从枝干上长出许多支持根，有缆状根、表面根、板状根和拱状支柱根，扎入泥滩里以保持稳定，防水土流失。红树林作为植物界最刚强的植物之一，根系盘绕，丛生成林，以团队精神坚强对抗严酷的环境，防风消浪，被誉为"海上森林公园"，守卫着人类生存边界。雷州半岛自古是多民族集聚之地，壮族、黎族、土家族、苗族、瑶族等杂处其间，形成多元文化包容交织的现象。此外，湛江历来是外来居民多，他们来自不同省区、民族、族群，长期以来团结互助，构筑起众木成林的团结精神。

湛江的建设发展离不开团结精神提供的强大合力。新中国成立后，湛江先后取得多个"第一"，湛江近年来取得的发展新成就，均离不开湛江人民的持续奋斗、创新创造和众木成林的团结精神。1955 年，为打破外国敌对势力的经济军事封锁，湛江人民克服财力、物力、技术重重困难，仅用时一年多就建起新中国成立后第一个自行设计和建造的现代化港口，湛江也因此被称为"港城"。1958 年，为改变雷州半岛干旱缺水的局面，湛江 30 万军民手拉肩挑背扛、劈山筑坝，仅用 14 个月就成功拦截九洲江，建成鹤地水库。随后雷州青年运河于 1960 年建成通水，创造了中国水利工程史上的重要奇迹之一。1960 年 2 月，邓小平视察湛江时，欣然挥毫写下"雷州青年运河"六个大字。与此同时，湛江建成黎湛铁路，扩建湛江机场，成为 20 世纪五六十年代海陆空交通齐备的城市。1984 年，湛江被列为我国首批 14 个沿海开放城市之一。② 新时代的湛江人民继承发扬"众木成林的团结精神"，齐心协力，接续奋进，不断书写湛江新篇章。湛江正在扎实推进的合湛高铁项目，是国家"八纵八横"高速铁路网中的"第七纵"，

---

① 田丰主编，中国人民政治协商会议广东省委员会编：《敢为人先——改革开放广东一千个率先》（科技·教育卷），北京：人民出版社，2015 年，第 445 页。

② 刘红兵：《湛江：带着海的"胎记"成长为翩翩港"公子"》，《学习时报》，2023 年 5 月 26 日。

湛江段作为包银海通道和沿海通道的重要干线部分，以团结精神拓展协作联动场域，为东西部地区融通发展贡献湛江力量。

二、 红树林精神的文化特质阐释

湛江得天独厚的地理人文环境孕育出"奋斗、担当、创新、团结"的精神内涵。红树林精神的文化阐释要根植湛江深厚的历史底蕴，大力发掘人文资源，融合优秀传统文化、革命文化、社会主义先进文化、海洋文化等，整合形成内涵丰富、凝聚共识的人文精神新标识，引领湛江全面高质量发展。

（一）红树林的四色文化特质①

红树林精神彰显出红、蓝、古、绿四色文化特质。应当从四色文化深厚的积淀中汲取继续前行的精神力量，以源头活水涵养红树林的人文精神，唱颂生活，体察时代，讲好湛江发展新故事，塑造文化传承和创新发展的新样本。

1. 红树林精神彰显红色文化特质

红色文化特质是指红树林精神展现红色的革命文化底色。红树林曾是抗击敌寇的"阵地"、掩护革命战士的"青纱帐"、信息传递的"秘密交通线"、掩护群众的"庇护所"，新民主主义革命时期在红树林演绎了一段段经典的红色革命故事，赋予了红树林"红色"基因，彰显了红树林顽强不屈的意志和迎风破浪的奋斗精神。据中共廉江市委党史研究室编写的《安铺地区革命斗争史（新民主主义革命时期)》记载，1945 年 3 月，在九洲江出海口坪寨滩上的红树林里，曾上演了一场抗日联防武装英勇抗击日伪军围歼战。这场激烈战斗持续将近 3 个小时，联防军民共击毙日伪军 42 人，打伤及俘房敌人几十人，是当时高雷地区抗日游击战争中一次性歼敌人数最多的战斗，打破了日伪军在北部湾安铺港一带消灭抗日武装力量的企图，大灭敌人的嚣张气焰。在广阔的红树林里，有着密密麻麻、四季常青的红树，其内纵横交错的水路，便于藏身和出击。抗战时期，日伪军经常在湛江各地展开大面积的搜捕，为了躲避敌军搜查，革命人员选择隐藏在大片的红树林中。红树林资源丰富，有果子、鱼虾、沙虫等动植物维持革命人员的生存。湛江沿海港湾纵横交错，红树林遍布海滩，遮天蔽日。遇上退潮时，乘船从海上而来的敌人无法靠岸，敌人不熟悉航道也不敢贸然穿越滩涂和红树林，红树林成为革命人员天然的庇护所。红树林地带适宜建立革命根据地。以革命据

---

① 施保国：《红树林的精神内涵及文化特质》，《湛江日报》，2023 年 5 月 13 日。

点东海岛为例，新中国成立前，这里与内陆隔海相望，没有桥梁，靠舟楫相通，因此岛上的西山村来往周边革命区的交通很便利，红树林成为信息传递的"秘密交通线"。[①]

湛江是一片有着光荣革命传统的红色热土。新民主主义革命时期，湛江是广东南路、粤桂边区革命策源地和中心基地，湛江籍中共早期党员黄学增、韩盈、钟竹筠、黄平民等革命先驱，曾在这里传播马克思主义，并将革命火种播撒到整个南路。湛江遂溪县敦文村的黄学增是"广东四大农民运动领袖"之一，全面领导了广东南路 15 县 2 市的农民运动，组织领导了广东西江和海南岛的革命武装斗争，为党和人民事业献出了年轻的生命。在新时代，我们要传承红色基因，赓续红色血脉，弘扬黄学增等革命先烈的革命精神，为湛江建设发展贡献智慧和力量。

2. 红树林彰显蓝色文化特质

蓝色文化特质是指红树林精神富有鲜明的海洋文化特色。海洋是湛江与生俱来的文化"胎记"。湛江自古就是国家经略南海的战略要地，是我国大陆沿着海路通往非洲、中东、欧洲、东南亚、大洋洲航程最短的重要门户。1984年，湛江凭借海洋优势成为我国首批 14 个沿海开放城市之一。自 2013 年"一带一路"倡议正式提出以来，湛江被国家列为"一带一路"倡议的重要支点城市。湛江要积极发扬排头兵、领头羊精神，打造红树林"蓝色"样本，彰显红树林激浊扬清的正气和担当精神。因海而兴，向海图强，加快海洋经济新发展，着力提升红树林的海洋经济价值。促进蓝碳交易，铸造一条经济发展的蓝色致富之路，推动红树林由自然生态优势向经济社会发展优势转化，让红树林成为"金树林"。

红树林的蓝色文化特质还体现在充分利用海洋特色资源形成规模化发展。湛江要深耕海洋资源，持续擦亮"中国对虾之都""中国海鲜美食之都""中国金鲳鱼之都""中国水产预制菜之都"等名片，全力打造现代化海洋牧场先行示范市。发挥好徐闻港作为全球最大的客货滚装码头的优势，对接服务海南自贸港建设，加快与海南相向而行的步伐。湛江正在推动"红树林种植 + 养殖"耦合共存发展，将菠萝等农产品向全球推广，探索实现生态保护和发展林下经济双赢的新模式，为深入推进农业农村现代化注入新动能。2023 年 8 月，中共湛江市委宣

[①] 《今日护堤红树林　往昔抗日"青纱帐"》，http://news.sohu.com/a/567644933_161794，2022 年 7 月 14 日。

传部、湛江市文化广电旅游体育局、湛江市各县（市、区）人民政府联合主办"2023'红树林之城'海鲜美食放送季"活动期间，在湛江招商国际邮轮城举办"湛江湾音乐沙龙""湛江海洋文创和旅游手信市集"，深耕海洋蓝色粮仓，以传承发展海洋文化推进产业振兴，做好产业间纵向对接与横向联动，打出规模化发展组合拳。

3. 红树林彰显古色文化特质

古色文化特质是指红树林蕴含深厚的传统文化底蕴。早在距今 8 000 年左右的新石器时代，就有"鲤鱼墩人"在雷州半岛沿海繁衍生息。作为"天南重地"的湛江，历史文化悠久，内涵十分深厚。位于广东省湛江市徐闻县南山镇的大汉三墩，是汉代海上丝绸之路的最早始发地之一。两千多年前，满载丝绸、茶叶和陶瓷器皿的商船从这里启航，远征重洋，周边的红树林是这一重要历史时刻的见证者。研究红树林的文化特质应与古代海上丝绸之路文化、冼夫人文化、汉俚文化、陈文玉与雷文化、林召棠与状元文化、流寓文化（如寇准、苏轼、秦观、苏辙、汤显祖等）等结合，深入阐发当地文化与南迁汉文化的交会关系。通过古色文化传承发展研究，彰显红树林的坚毅品质和勇于变革的创新精神。

湛江非物质文化遗产丰富，其中国家级非物质文化遗产有人龙舞、狮舞、雷州石狗、飘色、傩舞、雷州歌、雷剧、粤剧南派艺术等；省级非物质文化遗产有舞鹰雄、雷州蒲织技艺、调顺网龙、貔貅舞、年例、吴川瓦窑陶鼓制作技艺、雷州风筝节、洪拳、灰塑等；市级非物质文化遗产有穿令箭、下火海、翻刺床、吉兆木薯粉粑、水尾渔家妈祖信俗、南兴游灯等。解锁古色文化命脉"薪火相传"的密码，领略古韵新貌的魅力，发掘其中勇于变革的创新精神，要让非遗项目深度融入旅游文化产业，文旅融合振兴非遗根脉。

4. 红树林彰显绿色文化特质

绿色文化特质是指红树林呈现绿色的生态文明亮点，擦亮美丽中国、生态广东、绿美湛江的"绿色"名片，彰显红树林团结奋进的力量和众木成林的团结精神。红树林是一种独特的滨海湿地生态系统，具有促淤保滩、固岸护堤、沉降污染、调节气候、净化空气等生态功能。红树林湿地是 40 多种植物的"家园"、将近 300 种鸟类的"天堂"、200 多种鱼虾蟹贝的"游乐场"、300 多种浮游生物和底栖硅藻类的"温床"、130 多种昆虫的"乐园"，且统揽"海陆空"，净化空气、海水、泥土，充分体现红树林的团结精神和"绿色"价值。在湛江市乾塘镇陈氏宗祠里，立着一块《禁伐葭丁碑》。"葭丁"就是红树，碑文以村规民约的形式，严禁违规砍伐红树行为。这块刻于清同治四年（1865）的石碑，见证了湛江人尊重自然、保护自然的精神传承。广东湛江红树林国家级自然保护区高桥管理站站长林广旋和他的同事们，从20世纪90年代至今，一直守护着高桥这片红树林，体现了护林人的团结精神。巴斯夫协同湛江市红树林湿地保护基金会，积极开展保育红树林、清理海滩垃圾以及红树林知识普及等行动，体现了合力保卫绿色家园的团结精神。

秉持"人与自然是生命共同体""绿水青山就是金山银山""良好生态环境是最普惠的民生福祉""保护环境就是保护生产力，改善环境就是发展生产力"等生态文明理念，积极发挥湛江红树林资源优势，打造"红树林之城"，增进湛江人民的生态福祉，带来游客、人才和投资等"利好"，成为引来"金凤凰"的"梧桐树"和激活土地、劳动力等资源要素的"催化剂"。打造万亩红树林示范区，将农业、工业、服务业等相关产业合理纳入生态系统的循环体系，释放生态红利，形成绿色低碳发展示范效应。推进"全方位、全地域、全过程开展生态文明建设""用最严格制度最严密法治保护生态环境"，加快现代企业发展的绿色转型，努力建设人与自然和谐共生的现代化。

（二）红树林精神的价值体现

1. 以红树林的精神文化阐释促进湛江经济社会高质量发展

汇聚机关、高校、院所等专业人员力量，发挥人才、科技、文化融合优势，深入阐释红树林的丰富内涵和文化特质，以"红树林之城"的建设促进"国宝"红树林的开发和保护工作，推动共谋生态、共建发展、共享成果的崭新实践，汇智赋能湛江经济社会高质量发展。湛江正在聚力打造绿色钢铁、绿色石化、绿色能源三大世界级临港产业集群，创新产业规模化发展模式。大力发展循环经济，综合考量生态效益和社会效益，建立完备的循环经济体系，逐步增加生态产业、环保产业以及清洁能源产业在产业发展中的比重，要将农业、工业、服务业等相关产业合理地纳入生态系统的循环体系，推动农业、工业、服务业等相关领域的绿色发展。建设宜居宜业宜游的生态型海湾城市，实现从绿色生态到绿色生产乃至绿色生活方式的转变，让人民群众在绿水青山、在美丽红树林之城中共享自然之美、生命之美、生活之美。

2. 以红树林的精神文化阐释推动红树林保护修复及大文旅产业发展

习近平总书记指出，生态文明建设要注重"加强生态文明宣传教育""形成全社会共同参与的良好风尚"。通过红树林的精神文化阐释，促进生态文明思想宣传教育，广泛树立生态文明观念，达成保护修复和开发利用红树林的社会共识。利用2月2日世界湿地日、3月22日世界水日、4月1日国际爱鸟日、4月22日世界地球日、6月5日世界环境日、6月8日世界海洋日、9月16日国际保护臭氧层日、10月4日世界动物日等重要活动日，政府部门、各级学校、社会组织联合开展形式多样的生态科普教育活动。

在立法保护方面，2022年6月，《中华人民共和国湿地保护法》正式实施，包括红树林在内的湿地保护管理体系初步建立。在建设和管理方面，始建于1990年的湛江红树林保护区，最初的保护范围仅限沿海2 000公顷红树林湿地，如今已扩展到整个雷州半岛1 500多公里海岸线的2万多公顷湿地，保护水平不断提高，从最初的"海外取经"到如今的自主科研，管理也更加精细化。

以红树林的精神文化阐释、促进文旅融合发展机制，推动大文旅产业迈上新台阶。四色文化是红树林精神文化阐释的"源头活水"，以南路红色文化为方向的革命文化，以海洋经济为重点的蓝色文化，以大汉三墩、海上丝绸之路文化为特色的古代文化，以《禁伐葭丁碑》为规约的绿色文化，以鹤地水库与雷州青年运河的兴建为示范的社会主义先进文化等，构成红树林精神内涵的深厚底蕴，拓展红树林的文化阐释空间。推动形成湛江大文旅产业的特色品牌，吸引更多的游客前来湛江，感受绿色发展的魅力。正如陈毅元帅在《满江红·雷州半岛》词中所言："海港湛江，日与夜，勤劳无暇。看吞吐，往来汝我，欧非美亚。人造天河施灌溉，长堤堵海盐滩大。看今朝合浦果珠还，真无价。冬犹暖，秋如夏；凉风动，炎氛化。计经年二万，火山爆炸。留得湖光呈碧绿，闻名我亦来言驾。再十年人物与江山，难描画。"① 如今，湛江人民延续开库建河的精神品质，通过"勤劳无暇"，以实际行动阐释红树林的精神品格，让"碧绿"和"难描画"的美景缤纷呈现，推动文旅事业再上新台阶。

3. 以红树林的精神文化阐释助力"红树林之城"品牌打造

习近平总书记指出，"绿水青山既是自然财富、生态财富，又是社会财富、经济财富"。打造"红树林之城"品牌，构筑城市精神共同体，须以红树林的人文精神引领湛江新发展；促进生态文明建设与产业结构演进的耦合，推动省域副中心城市、现代化沿海经济带重要发展极建设取得更大成就。

以精神文化构建引领社会高质量发展。深入阐释红树林的精神生成，发掘红

---

① 司徒尚纪：《雷州文化概论》，广州：广东人民出版社，2014年，第533－534，495页。

树林的文化内涵，解析其红色文化、蓝色文化、古色文化、绿色文化特质，厚植红树林的文化底蕴，拓展经济社会发展的动力。通过教育宣传红树林的精神文化活动，丰富中国式现代化"人与自然和谐共生"的中国特色，从经济发展与生态文明、文化丰富与生态文明、社会美好与生态文明、中国式现代化与生态文明等方面论述，在全社会形成生态优先、绿色低碳发展的浓厚氛围，以红树林的人文建构的诠释空间，为湛江打造"红树林之城"、擦亮一张靓丽的生态名片，在广东乃至全国产生积极影响作贡献。

参考文献

［1］《湛江红树林面积逐年逆势增长　被称为世界湿地恢复成功范例》，https：//news. cctv. com/2023/05/22/ARTI167fubjR9ciWWxzK4m1f230522. shtml，2023 年 5 月 22 日。

［2］《像爱护眼睛一样守护好红树林》，https：//gy. youth. cn/gywz/202304/t2023042 7_1 4484083. htm，2023 年 4 月 27 日。

［3］《广东湛江，打造红树林之城！》，http：//gd. people. cn/n2/2021/1231/c123932－35076774. html，2021 年 12 月 31 日。

［4］邱明正、朱立元主编：《美学小词典》（增补本），上海：上海辞书出版社，2007 年。

［5］朱光潜：《文艺心理学》，上海：复旦大学出版社，2005 年。

［6］朱光潜：《西方美学史》（下卷），北京：人民文学出版社，1979 年。

［7］叶浩生：《镜像神经元的意义》，《心理学报》2016 年第 48 卷第 4 期。

［8］徐东升等：《中国共产党革命精神研究》，济南：山东人民出版社，2017 年。

［9］《习近平在山东考察时强调认真贯彻党的十八届三中全会精神汇聚起全面深化改革的强大正能量》，《人民日报》，2013 年 11 月 29 日。

［10］《弘扬红树精神　共建和谐家园》，https：//news. sina. com. cn/c/2006－08－07/03569676615s. shtml，2006 年 8 月 7 日。

［11］习近平：《携手追寻中澳发展梦想　并肩实现地区繁荣稳定——在澳大利亚联邦议会的演讲》，《人民日报》，2014 年 11 月 18 日。

［12］施保国：《红树林的精神内涵及文化特质》，《湛江日报》，2023 年 5 月 13 日。

［13］《中国故事："海岸卫士"和它的守护者》，https：//h5. ifeng. com/c/vivo/v0020sk6Jdp JGDVypmKHbWYAOmijW9JJ1Sh9X65zdkIs－－NQ__？isNews＝1&showComments＝0，2023 年 6 月 16 日。

［14］刘国军：《广东湛江服务和融入新发展格局实现高质量发展的优势和挑战》，《中国国情国力》2021 年第 9 期。

［15］黄祖辉：《湛江对接国家发展战略的三个先行考量》，《广东经济》2021 年第 4 期。

［16］司徒尚纪：《雷州文化概论》，广州：广东人民出版社，2014 年。

［17］田丰主编，中国人民政治协商会议广东省委员会编：《敢为人先——改革开放广东一千个率先》（科技·教育卷），北京：人民出版社，2015 年。

［18］刘红兵：《湛江：带着海的"胎记"成长为翩翩港"公子"》，《学习时报》，2023 年 5 月 26 日。

［19］《今日护堤红树林　往昔抗日"青纱帐"》，http：//news. sohu. com/a/56764493 3_ 161794，2022 年 7 月 14 日。

红树林与湛江教育

黄　敏　杨进军①

红树林生态系统是生物多样性最丰富、固碳效率最高的滨海湿地生态系统之一，对于维持生物多样性和稳定全球气候具有重大意义。然而，红树林湿地也是受到严重破坏的生态系统之一。生态文明是人民群众共同参与、共同建设、共同享有的事业，要将爱护红树林落到实处必须增强全民环保意识、生态意识，通过加强红树林生态文明宣传教育，弘扬蕴含社会主义核心价值观导向的"红树林精神"，培育生态道德、提升行动自觉。

一、 红树林生态文明教育的价值意蕴

党的十八大以来，以习近平同志为核心的党中央把生态文明建设摆在全局工作的突出位置，以前所未有的力度谋划开展了一系列根本性、开创性、长远性工作，生态文明建设从认识到实践都发生了历史性、转折性、全局性的变化②，生态良好的文明发展道路成为"美丽中国"建设的绿色根基。党的十八大加大对生态环境的保护力度，生态文明建设被纳入中国特色社会主义事业"五位一体"总体布局；党的十九大号召"建设美丽中国"，并提出"坚持人与自然和谐共生"的现代化建设理念，将人与自然的关系由"和谐相处"推向"和谐共生"的高度；党的二十大把"促进人与自然和谐共生"作为中国式现代化的本质要求之一。8月15日是全国生态日③，习近平总书记在首个全国生态日之际作出重要指示强调："全社会行动起来，做绿水青山就是金山银山理念的积极传播者和

---

① 黄敏，岭南师范学院马克思主义学院讲师；研究方向：思想政治教育。杨进军，岭南师范学院马克思主义学院讲师；研究方向：大学生思想政治教育。
② 汪晓东、刘毅、林小溪：《让绿水青山造福人民泽被子孙——习近平总书记关于生态文明建设重要论述综述》，《人民日报》，2021年6月3日。
③ 2023年6月28日，十四届全国人大常委会第三次会议通过决定，将8月15日设立为全国生态日。

模范践行者。"① 加强生态文明教育是树立生态文明发展理念的根本途径，也是在习近平生态文明思想指引下建设"美丽中国"的实践路径。用习近平生态文明思想武装头脑，增强全社会生态文明意识与行动自觉，持续践行"绿色"发展理念，推动形成人人、事事、时时、处处崇尚生态文明的良好社会氛围，离不开生态文明教育。

（一）红树林资源保护与利用的生态向度意义

习近平生态文明思想是中国特色社会主义理论的重要组成部分，以新认识、新视野和新理念深刻地回答了关于生态文明建设的三问，即"为什么建设生态文明""建设什么样的生态文明"和"怎样建设生态文明"的重大理论和实践问题②，为建设"美丽中国"和实现中华民族永续发展提供了根本遵循和行动指南。2023 年 4 月 10 日，习近平总书记亲临广东湛江红树林国家级自然保护区金牛岛红树林片区调研考察时强调："这片红树林是'国宝'，要像爱护眼睛一样守护好。"③ 守护红树林，是"人与自然和谐共生"的美丽诠释和生动实践。

1. 生态自然观之人与自然和谐共生

习近平总书记深刻指出："生态是统一的自然系统，是相互依存、紧密联系的有机链条。人的命脉在田，田的命脉在水，水的命脉在山，山的命脉在土，土的命脉在林和草，这个生命共同体是人类生存发展的物质基础。"④ 人与自然的辩证统一是马克思主义自然观的基础性理论观点。人类的生存、发展与自然密不可分。同样地，自然界各要素之间也是环环相扣、唇齿相依。"山水林田湖草沙是生命共同体"这一科学概念的提出，不仅展现了习近平生态文明思想的整体系统观，更揭示出了人与大自然是生命共同体的科学意蕴。红树林作为热带、亚热带海滨地区一类重要的湿地生态系统，与海岸湿地、珊瑚礁、上升流并称为世界四大海洋自然生态系统。其中，红树林是四大海洋自然生态系统中最具特色的一

---

① 《习近平在首个全国生态日之际作出重要指示强调：全社会行动起来做绿水青山就是金山银山理念的积极传播者和模范践行者》，http：//www. news. cn/politics/leaders/2023 – 08/15/c_1129803631. html，2023 年 8 月 15 日。

② 中共中央宣传部、中华人民共和国生态环境部：《习近平生态文明思想学习纲要》，北京：学习出版社、人民出版社，2022 年，第 5 页。

③ 朱江伟：《守护好"国宝"红树林 高质量推进绿美广东生态建设》，https：//news. southcn. com/node_54a44f01a2/48a54797c9. shtml，2023 年 4 月 19 日。

④ 中共中央宣传部、中华人民共和国生态环境部：《习近平生态文明思想学习纲要》，北京：学习出版社、人民出版社，2022 年，第 71 页。

个，是陆地生态系统向海洋生态系统过渡的最后一道"生态屏障"。这最后一道"生态屏障"的价值涉及生态、社会与经济各方面，尤其在固岸护堤、防治灾害、维持生物多样性和海岸带生态平衡、防治污染、净化环境、美化景观、发展旅游和科学研究等方面具有重要功能。这些不可比拟的生态价值蕴含了"人与自然和谐共生"的科学自然观。红树林的价值不容忽视，在开发和保护过程中，首先应当承认其自然性，尊重其存在和发展的规律性。若出于人为的主观利益而破坏其原有的生态环境，实则就是破坏人类赖以生存的生态家园。人与自然是一种共生关系，对自然的伤害最终会伤及人类自身。守护红树林，守护的不仅是湿地，更是我们的永续家园和未来。

2. 生态发展观之绿水青山就是金山银山

绿水青山不仅是自然财富、生态财富，也是社会财富、经济财富。习近平总书记深刻指出："当人类合理利用、友好保护自然时，自然的回报常常是慷慨的；当人类无序开发、粗暴掠夺自然时，自然的惩罚必然是无情的。人类对大自然的伤害最终会伤及人类自身，这是无法抗拒的规律。"[1] "绿水青山就是金山银山"的科学论断阐述了经济发展和生态环境保护的关系，揭示了保护生态环境就是保护生产力、改善生态环境就是发展生产力的道理，指明了实现发展和保护协同共生的新路径。[2] 红树林与潮间带滩涂、潮沟和浅水水域组成红树林湿地生态系统，是世界上生物多样性最丰富、生产力最高的四大海洋生态系统之一。红树林也是地球上生态系统服务功能最强的自然生态系统之一，每公顷的红树林每年提供的生态系统服务价值达 193 843 美元，仅次于珊瑚礁（352 249 美元），远高于热带雨林。红树林也是世界上最具旅游科普价值的自然生态系统之一，具备了生态旅游的所有要素。"地球之肾""海岸卫士""海上森林""绿色聚宝盆""生物基因库""生物盾牌""造陆先锋""海水净化剂""环境守护神""绿色长城""天然避风港""农田防洪墙""鸟类天堂""海洋农牧场""无机氮、磷终结者"等正是人们基于对红树林丰富的生态、经济、景观价值的深刻认识而给予的由衷赞美。保护红树林生态系统既是提升生态系统稳定性、促进生态系统功能提升的重要工作，也是推进"双碳"工作、把红树林变成"金树林"的重要抓手。

---

① 中共中央宣传部、中华人民共和国生态环境部：《习近平生态文明思想学习纲要》，北京：学习出版社、人民出版社，2022 年，第 18 页。

② 中共中央宣传部、中华人民共和国生态环境部：《习近平生态文明思想学习纲要》，北京：学习出版社、人民出版社，2022 年，第 27 页。

2021 年 6 月，"湛江红树林造林项目"碳减排量转让协议签署，这标志着中国首个"蓝碳"项目交易完成。以湛江市《红树林碳汇碳普惠方法学》为基础，广东省出台了《广东省红树林碳普惠方法学》，解决了红树林碳增汇的量化和变现两大难题，推动了红树林碳增汇市场化、价值化。2023 年 4 月印发的《广东省红树林保护修复专项规划》①围绕提高红树林生态系统质量、增强沿海生态安全保障能力和推进蓝碳生态系统建设的目标部署了七大主要任务、六项重点工程，对建立健全保护修复机制、高标准建设国际红树林中心、促进红树林生态资源价值实现等作出了具体要求。积极稳妥推进"双碳"工作是全省生态环境保护大会暨绿美广东生态建设工作会议②提出的重点任务——以减污降碳协同增效为总抓手，加快构建清洁低碳安全高效的能源体系，着力发展碳市场，积极开展绿色经贸合作，不断塑造"双碳"竞争新优势，让生态优势源源不断转化为经济优势和发展优势，③以经济社会发展的绿色转型夯实增进民生福祉的生态根基。

3. 生态治理观之共谋全球生态文明建设

生态文明建设关乎人类的生存、发展和未来，建设美丽家园理应是各国人民的共同梦想，也是构建人类命运共同体的题中之义。构建爱护自然、尊重自然、顺应自然的生态体系离不开国际社会的共同努力，共建清洁美丽的世界需要世界各国加强合作，并肩同行。习近平总书记以人类命运共同体为视角，对全球生态问题进行了考量，在许多场合都提出了关于共谋全球生态文明建设的目标，充分体现了习近平生态文明思想所蕴含的全球共赢观和大国责任担当。2018 年 5 月 18 日，习近平总书记在全国生态环境保护大会上指出，"要深度参与全球环境治理，增强我国在全球环境治理体系中的话语权和影响力，积极引导国际秩序变革

---

① 广东省自然资源厅、省林业局在 2023 年 4 月印发《广东省红树林保护修复专项规划》，对全省红树林保护修复工作进行了全面系统部署。专项计划提出构建"两核五区多点"的红树林保护修复新格局，到 2025 年，全省将营造红树林 5 500 公顷、修复红树林 2 500 公顷，建立 4 个万亩级红树林示范区，使红树林保有量达到 1.61 万公顷。

② 2023 年 9 月 22 日下午，全省生态环境保护大会暨绿美广东生态建设工作会议在广州召开。会议的主要任务是：以习近平新时代中国特色社会主义思想为指导，深入学习贯彻党的二十大精神和习近平生态文明思想，认真贯彻落实习近平总书记在全国生态环境保护大会上的重要讲话和视察广东重要讲话、重要指示精神，总结我省生态环境保护工作，部署以绿美广东生态建设为牵引，全面推进广东生态文明建设，奋力打造人与自然和谐共生的中国式现代化广东样板。

③ 徐林、骆骁骅、李凤祥：《全省生态环境保护大会暨绿美广东生态建设工作会议召开》，https：//news. southcn. com/node_35b24e100d/c8bcc6de86. shtml，2023 年 9 月 22 日。

方向，形成世界环境保护和可持续发展的解决方案。要坚持环境友好，引导应对气候变化国际合作。要推进'一带一路'建设，让生态文明的理念和实践造福沿线各国人民"①。共谋全球生态文明建设是新时代推进生态文明建设必须坚持的基本原则。我国已成为全球生态文明建设的重要参与者、贡献者、引领者，主张加快构筑尊崇自然、绿色发展的生态体系，共建清洁美丽的世界。② 近年来，广东积极探索红树林和滨海蓝碳生态系统国际合作机制，通过搭建红树林保护的国际平台推动交流合作。为加强湿地保护的国际合作，中国在 2022 年 11 月举行的《关于特别是作为水禽栖息地的国际重要湿地公约》（简称《湿地公约》）第十四届缔约方大会上宣布将在深圳建立全球首个"国际红树林中心"。2023 年 9 月，该区域提案已由《湿地公约》常委会第 62 次会议审议通过。"国际红树林中心"旨在为开展全球红树林保护修复的多方合作和协同行动搭建国际合作平台③，支持《湿地公约》战略计划实施，助力实现全球生物多样性保护、应对气候变化及联合国可持续发展等全球治理与发展相关目标。2023 年 5 月16—17 日，国家林业和草原局、深圳市人民政府在深圳共同举办红树林保护合作国际研讨会，来自32 个国家、《湿地公约》秘书处、6 个国际组织以及多个研究机构的120 名中外代表参加了此次研讨会。会议围绕红树林保护、修复和合理利用共谋国际合作优先领域和路径，通过科技交流和经验分享凝聚保护红树林生态系统的全球力量。红树林的生态价值日益被人们重视，保护红树林已成为全球普遍共识。

（二）加强红树林生态文明教育的重要意义

红树林生态文明教育作为生态文明教育体系的重要内容，具有广泛而独特的价值意蕴。学习保护红树林的有关知识，公众可加强对生态环境的认识和关注，社会成员的环保意识和可持续发展观念得以培养，从而推动红树林保护与可持续利用的整体发展。须以习近平生态文明思想为引领，讲好红树林生态保护与修复的中国故事。

1. 促进公众对红树林生态保护的认识和关注

红树林生态文明教育通过教育活动和实践项目，向公众传递红树林的知识、

---

① 习近平：《推动我国生态文明建设迈上新台阶》，http：//www.qstheory.cn/dukan/qs/2019－01/31/c_1124054331.htm，2019 年 1 月 31 日。
② 习近平：《习近平著作选读》（第 2 卷），北京：人民出版社，2023 年，第 175 页。
③ 方怡晖：《广东：打造人与红树林共生的样板》，《小康》2023 年第 17 期，第 30－33 页。

特点和生态保护的重要性，使人们能够了解红树林的生态特征、生物多样性和生态系统服务，以及红树林的重要性和脆弱性。通过实地考察和参观红树林保护区，公众可以亲身体验红树林的美丽和独特之处，了解红树林的生态功能和生态系统，从而加深对红树林生态保护的认识和理解。媒体渠道的宣传，如电视、报纸、网络等，可提升公众对红树林湿地生态系统及其生态价值的关注，引导树立红树林保护新理念，倡导开展红树林保护新行动，营造人人爱护红树林的社会氛围。

2. 培养社会成员的环保意识和可持续发展观念

红树林为生物繁衍创造了很好的适宜生长的环境，依托红树林的生物资源十分丰富。然而，这个不断提供生态福祉的重要宝库却面临着全球性面积下降、功能性衰退甚至衰亡的境况。红树林资源的保护需要广泛的社会参与，需要汇聚从政府到民间公众的力量。无论是确立"国际红树林生态系统保护日"① 还是"世界海洋日"②，其共同主旨都在于提高人们对红树林生态系统重要性的认识，通过加强人们对红树林湿地的保护意识提升红树林保护修复工作的社会认可度，通过红树林生态文明教育让公众意识到人类活动对环境的影响，以及环境问题的紧迫性和重要性。培养公众对自然界和生命的尊重，形成良好的环境伦理观念，激发公众对可持续发展的思考和行动，提升生态责任感、生态使命感、生态文明素养以及生态责任意识。以生态文明主流价值观凝聚保护红树林生态系统的共识，在提升公民生态文明意识行动的实践中增强对习近平生态文明思想的自觉认同。

3. 推动红树林保护与可持续利用的整体发展

红树林生态文明教育在红树林保护与可持续利用的整体发展中发挥着重要的推动作用。通过培养公众的环保意识、环境伦理和可持续发展观念，促使公众参与红树林保护与可持续利用的实践，并推动相关政策和措施的制定和实施。政府、社区、学术界、非政府组织等各方的合作为红树林生态文明教育提供更多的资源和专业知识，通过创新保护与利用的实践模式，让更多人接触和了解红树林生态资源具体发展情况和附加价值所在，多措并举推进红树林生态修复。

---

① 7月26日是由联合国教科文组织确立的"保护红树林生态系统国际日"。
② 2020年世界海洋日的主题是"保护红树林，保护海洋生态"。

二、 红树林生态文明教育融入思政教育

红树林生态系统是一个独特、脆弱的生态结构体系，一旦被较大面积损毁，这一生态系统的基本结构就会随之发生不可逆转的变化，再恢复是十分困难的。从趋势上看，全球 35% 的红树林已经消失，目前还在以每年 1% ~ 2% 的速度减少。我国红树林面积总体呈现先减少后增加的趋势。20 世纪 50 年代，我国红树林面积约 5 万公顷，受自然和人为因素影响，红树林遭受了较大破坏，2000 年减少到 2.2 万公顷。近 20 年，随着各地保护意识加强和保护修复力度加大，2019 年我国红树林面积增加到约 2.9 万公顷，各地已在红树林分布区域建立了 52 个自然保护地。在 2023 年 8 月 28 日召开的例行新闻发布会上，生态环境部通报，根据 2022 年度最新调查数据，我国红树林地面积增长至 2.92 万公顷，较 21 世纪初增加了约 7 200 公顷，是世界上少数几个红树林面积净增加的国家之一。广东现有红树林面积位居全国首位，其中湛江红树林国家级自然保护区总面积达 20 278.8 公顷，是中国红树林面积最大、分布最集中、种类较多的国家级自然保护区。[①] 以习近平生态文明思想为指引，以"把红树林保护好"为目标导向，立足红树林资源优势，湛江在 2021 年吹响了"红树林之城"建设的嘹亮号角。

习近平总书记在这次视察广东时强调："要坚持绿色发展，一代接着一代干，久久为功，建设美丽中国，为保护好地球村作出中国贡献。"[②] 生态文明建设只有进行时没有完成时，每个人都是生态环境的保护者、建设者和受益者。要把"湛江红树林"打造成生态文明名片，需要创新红树林生态文明教育模式，让人人参与、人人守护深入人心。习近平总书记在党的二十大报告中强调："教育是国之大计、党之大计。培养什么人、怎样培养人、为谁培养人是教育的根本问题。育人的根本在于立德。全面贯彻党的教育方针，落实立德树人根本任务，培养德智体美劳全面发展的社会主义建设者和接班人。"[③] 思想政治教育作为落实立德树人根本任务的关键环节，可切实提升学生的生态道德责任。在社会主义生态文明建设理念指引下，将红树林生态文明教育与思想政治教育相结合，对于加

---

① 广东省人民政府地方志办公室：《湛江红树林国家级自然保护区》，http://dfz.gd.gov.cn/index/yxgd/gdyj/xl/content/post_4087283.html。

② 刘毅：《绘出美丽中国的更新画卷》，《人民日报》，2023 年 4 月 27 日。

③ 习近平：《高举中国特色社会主义伟大旗帜，为全面建设社会主义现代化国家而团结奋斗——在中国共产党第二十次全国代表大会上的报告》，北京：人民出版社，2023 年，第 34 页。

强公民生态道德建设、提升生态道德素质具有重要作用。

（一）红树林生态文明教育融入思想政治教育的逻辑机理

思想政治教育是加强生态文明教育的重要载体，将红树林生态文明教育有机融入思想政治教育，既能拓展和丰富思想政治教育的内容，又能有针对性地提高学生的生态文明意识，引导学生践行生态价值观。

1. 教育内容相融

习近平总书记在中国人民大学考察时强调："思政课的本质是讲道理，要注重方式方法，把道理讲深讲透讲活。"思政课讲道理，必须观照社会生活，接地气地讲好事实之理。因此，将精准供给教学内容与增强实践厚度相结合，推进教育资源本地化是讲好事实之理的题中之义。地方特色文化资源是兼具浓郁生活气息与鲜明地域特色的文化形态，具有本土性、生动性和生活化等特征。将地方特色文化资源与高校思想政治教育教学有机结合，既能让教育素材更贴近生活、贴近实际、贴近学生，更具有渗透力和感召力，也能丰富思想政治教育中的人文性内容，提高学生的人文精神，同时加深学生对地方文化、传统文化的了解和认识，从而促进地方文化的传承发展。

红树林是生态文明名片、城市文化名片，也是思政课讲好"红树林之城"共建故事的鲜活素材。例如，红树林生长在恶劣的海滨环境中，经受潮湿、盐碱、风暴等多种不利条件的考验。坚韧不拔的意志力是它们能够生存和茁壮成长的关键，因此红树林作为红土之树、生命之树，被誉为"树坚强"。红树林浓密的根系不仅可以牢牢固定住土壤，而且能够过滤水中的硝酸盐、磷酸盐和其他污染物，因其能孕育良好的生态环境而被誉为"环境守护神"。红树林吸收了大气中大量的二氧化碳和其他温室气体，然后将其储存在富含碳的淹水土壤中达千年之久。这种被埋在地下的碳储存于红树林、海草床和盐沼等沿海生态系统的水下，被称为"蓝碳"。红树林的创新应用，让其成为碳汇"明星"，变成"金树林"。红树植物庞大的根系彼此相互配合，使它们在牢牢固定的同时可以获取氧气。一棵树或许抵御不了多大风浪，但一大片林则可成为抵御台风的"海上长城"。红树林生态系统中的植物相互依存、相互支持，形成了一种合作与互助的关系。红树林以坚韧、奉献、涵容、互助的品格傲立于海天之间，其所蕴含的顽强不屈的意志、激浊扬清的正气、勇于创新的品质、团结奋进的力量，恰恰是新时代湛江人精神的生动写照，也是凝聚共识、凝聚智慧、凝聚人心建设"红树林之城"的精神纽带。中国式现代化是物质文明和精神文明相协调的现代化，要以辩证的、全面的、平衡的观点正确处理物质文明和精神文明的关系。① 绿美湛江生态建设需要充分挖掘和利用好红树林的生态价值、经济价值、社会价值、文化价值，不断提炼和丰富"红树林之城"精神内核，推动生态优势更好地转化为发展优势，让生态文明可知可感、可亲可近，让"绿色"成为湛江书写高质量发展新篇章的鲜明底色。

2. 教育目标相契

红树林生态文明教育旨在通过对红树林生态系统的学习和体验，培养学生对自然环境的尊重和保护意识，提高生态文明建设的责任感、使命感，是把学习贯彻习近平生态文明思想不断引向深入的具体教育实践。思想政治教育和生态文明教育是协同共进、同向同行的，是理论与实践的辩证统一。学校作为人才培养的主阵地，是对广大青少年儿童进行生态文明教育的重要场所，其对大中小学生的教育引导在习近平生态文明思想及其价值理念教育过程中起着关键作用。将红树林生态文明教育有机融入思想政治教育，不仅能够促进思想政治教育内容和研究领域的丰富和完善，还能够促进学生生态文明素养的提高，为生态文明建设夯实人才基础。

增强理论认知能为实践提供重要指导。将生态文明理论融入红树林生态文明教育，引导学生深入领会习近平生态文明思想的丰富内涵、核心要义及其所蕴含的马克思主义立场、观点和方法。2018 年 12 月 18 日，习近平总书记在庆祝改革开放 40 周年大会上指出："我们要加强生态文明建设，牢固树立绿水青山就是金山银山的理念，形成绿色发展方式和生活方式，把我们伟大祖国建设得更加美丽，让人民生活在天更蓝、山更绿、水更清的优美环境之中。"② "两山"理论蕴含深刻的马克思主义生态哲学底蕴，创造性发展了马克思主义生产力理论，创新了马克思主义人与自然关系理论，传承和弘扬了古代中国"天地和谐"的生态伦理，是用马克思主义的哲学理论去思考和解决中国生态难题的独创性观点。结合湛江把红树林变成"金树林"、振兴红树林产业、创新种养耦合"湛江模式"、扎实推进红树林生态旅游经济带建设、绿美湛江生态建设"七大行动"等鲜活案例以及生动实践系统阐释习近平生态文明思想的丰富内涵，既能增进学生对生态文明建设的理解和认知，也能引导学生领悟习近平生态文明思想的理论价值和

---

① 习近平：《人民有信仰，民族有希望，国家有力量》，http://jhsjk.people.cn/article/26614982。

② 习近平：《习近平著作选读》（第 2 卷），北京：人民出版社，2023 年，第 228 页。

实践价值，在真学、真懂、真信的基础上提高学生的生态文明素养。

（二）红树林生态文明教育融入思想政治教育的实践路径

了解红树林，才会热爱红树林；认识红树林，才会呵护红树林。要全面提高公众对红树林的功能认知、价值认知，需深化红树林生态文明教育与思想政治教育的整合，凸显协同育人效应。

1. 发挥课堂主渠道作用

课堂是开展思想政治教育工作的主要平台，利用好课堂主渠道作用是促进红树林生态文明教育融入的重要举措。首先，在完善教学内容方面，将红树林生态文明的相关知识，如红树林的生态功能、保护意义和价值，以及红树林面临的威胁和挑战、红树林精神的传承等，与思想政治教育的内容与资源进行有机整合。例如，可以结合当前生态文明建设的新形势新要求，在"形势与政策"课程中进行以"深入贯彻习近平生态文明思想，凝心聚力打造湛江'红树林之城'"为主题的专题教学。此外，还可以依托校内外的传播手段或平台，开展或举办具有地方特色或本校特点的专题讲座，在普及生态基本知识的基础上，使受教育者深刻理解生态保护与经济发展的关系，以及自身在生态文明建设中的责任和义务。其次，在教育方法创新方面，遵循思政课改革创新的"八个相统一"，将课堂讲授、案例分析、小组讨论、主题汇报、知识竞赛、实地考察等相结合，使红树林生态文明教育更加生动、形象和具有说服力。充分利用现有数字化教育资源，如网络课堂、系列慕课、周末大讲坛、微思政、微团课、微党课、5G 云 VR 教育实验基地建设等，实现思想政治教育数字化、微型化、智能化，拓展红树林生态文明教育教学空间。

2. 加强社会实践探索

习近平总书记在 2021 年 3 月 6 日看望参加全国政协十三届四次会议的医药卫生、教育界委员时指出："思政课不仅应该在课堂上讲，也应该在社会生活中来讲。"① 社会实践是育人的重要途径，坚持理论性和实践性相统一是提升思政课实效的必然要求。一方面，学校以课程实践为依托，通过展览、参观、调研、体验、演讲等形式开展丰富的红树林生态文明科学普及活动，形成人人关注、人人参与的校园氛围。将思政课课程体系与学生专业特点相结合，进行以"红树林生态文明建设科普"为主题的实践教学活动，引导学生在实践教学中发挥主动性

---

① 齐鹏飞：《善用"大思政课"》，《人民日报》，2021 年 3 月 19 日。

和创造力，培养他们的科学思维和解决问题的能力。另一方面，建立学校、社区、政府和企业等多方参与的红树林生态文明教育合作机制，形成全社会共同参与生态保护的合力。通过成立与生态环境保护相关的学生社团或志愿组织，鼓励学生走出校园，将生态理念传播给社会。例如，岭南师范学院组建的159支大学生"三下乡"社会实践队暨"百千万工程"突击队共4 500多名师生，奔赴粤东、粤西、粤北等地的红树林、乡村和海岛。其中，10多支"红树林之城"宣讲团带着由岭师"红树林生态文明建设科普基地"提供的红树林生态文明科普教育资源包走进千家万户，开展红树林保护、科普、普法等系列活动，动员全社会守护好"国宝"红树林，为湛江打造"红树林之城"提供科技支撑和技术服务。岭南师范学院生科院组建的志愿服务队走进寸金街道拥军社区，开展了以"将红树林种进拥军社区"为主题的科普宣讲宣教活动，传播红树林文化，让红树林走进社区，走进大众心里。

3. 深耕红树林科学研究

学校尤其是高校在拓展红树林科普教育、推动红树林修复和保护的科学研究以及提升全民红树林认知水平和生态文明素养方面具有重要资源优势。一方面，高校是科学研究的重要阵地，拥有丰富的科研资源和人才优势，可以通过开展科研项目、推广科技成果、提供技术服务等方式，为建设"红树林之城"提供强大的智力支持。另一方面，依托研究院、研究所等平台，开展产学研合作，探索"党支部＋科研团队（保护区管理局、科研院所、科技协会、社会团队）＋红树林保护"等模式，推动红树林科研共建共享。例如，岭南师范学院红树林研究院将设立广东省红树林濒危物种保护与资源利用重点实验室、粤西蓝碳资源开发与利用工程技术研究中心、广东省红树林科普与海洋意识教育基地和粤西红树林野外观测站、红树林生态修复研究所等7个研究所，围绕濒危红树林资源与生态修复、红树林药材资源、红树林生态蓝碳、红树林生态系统监测、红树林文化与精神等方面进行深入研究，为湛江打造"红树林之城"提供科技支撑。岭南师范学院"湛江市红树林生态系统保护与修复重点实验室"致力于红树林生态恢复及濒危物种研究、红树林蓝碳资源开发及利用、红树林监测与评估、红树林药食资源开发与利用和红树林科普及自然教育平台建设等方面的研究，为湛江市打造"红树林之城"提供理论支撑和科研保障。岭南师范学院省级"红树林生态文明建设科普基地"围绕湛江市建设"红树林之城"的战略目标，以红树林保护、修复、发展与生态文明知识科学普及为研究对象，面向社会公众开展公益性、群众性和经常性的红树林与生态文明建设科学普及活动，宣传习近平生态文明思想，普及红树林科学知识，展示红树林科技成果，助力绿美湛江生态建设。

4. 优化校园文化环境

习近平总书记在全国高校思想政治工作会议上指出："要更加注重以文化人，开展形式多样、健康向上、格调高雅的校园文化活动。"① 校园文化是思想政治教育的载体，具有陶冶情操、启智润心、激励引导等隐性育人功能。将生态文明理论、观念有机融入校园文化，在校园中营造良好的红树林生态文明教育氛围，可以进一步提升红树林文化的感染力、亲和力和影响力。学校可利用标语、宣传栏、校报、公众号等校园主流文化载体宣传红树林生态保护知识，在食堂、图书馆、教室等特定场所布置保护红树林生态环境的宣传海报或专题展览。通过组织主题宣讲、知识竞赛、文艺表演、绘画摄影比赛、微视频征集等丰富多彩的活动，调动学生参与的兴趣，丰富学生的情感体验并提升其思想认知，在潜移默化中培养学生的生态文明观。

三、 红树林精神融入青少年社会主义核心价值观教育

红树林向海而生，有着"顽强不屈的意志、激浊扬清的正气、勇于创新的品质、团结奋进的力量"，孕育了奋斗精神、担当精神、创新精神、团结精神等内涵丰富的红树林精神。红树林精神彰显了社会主义核心价值观的时代价值、体现了社会主义核心价值观的核心内涵、蕴含了社会主义核心价值观的价值导向，与社会主义核心价值观有着天然的内在联系。

青少年肩负着民族复兴大任，对其加强社会主义核心价值观的教育与引导，是学校立德树人的目标。新时代在全社会培育和践行社会主义核心价值观，青少年理应成为其中最积极、最活跃的代表。红树林精神融入湛江青少年社会主义核心价值观教育，对于湛江"红树林之城"的打造和经济社会的健康发展，对于青少年个人成长成才都具有十分重要的意义。

（一） 红树林精神与社会主义核心价值观的内在联系

红树林精神作为民族精神与时代精神的具体体现，其所蕴含的内在价值与社会主义核心价值观血脉相通、高度契合，是对社会主义核心价值观的生动诠释，二者相融相通。

1. 以马克思主义为理论基础，彰显社会主义核心价值观的时代价值

社会主义核心价值观是在中国特色社会主义实践中逐步形成和发展起来的核

---

① 习近平：《习近平谈治国理政》（第 2 卷），北京：外文出版社，2017 年，第 378 页。

心价值目标和理念，是马克思主义中国化、时代化的一种具体价值体现。以奋斗精神、担当精神、创新精神和团结精神为内核的红树林精神以马克思主义为理论基础，彰显了社会主义核心价值观的时代价值。红树林精神与社会主义核心价值观在国家层面的价值目标、社会层面的价值理念和个人层面的价值准则具有高度一致的价值意蕴。从国家层面看，"红树林精神"集中体现了人民对富强、民主、文明、和谐价值目标的不懈追求。从社会层面看，红树林精神是践行自由、平等、公正、法治价值理念的实践成果。从个人层面看，红树林精神符合新时代加强公民道德建设的现实需要，生动诠释了爱国、敬业、诚信、友善的价值准则。因此，在青少年中弘扬红树林精神，就是在培育和践行社会主义核心价值观，是青少年树立正确的世界观、人生观和价值观的重要保证，也是青少年不断增强"四个意识"、坚定"四个自信"、做到"两个维护"的重要法宝，充分彰显了红树林精神融合社会主义核心价值观的时代价值。

2. 承袭中国特色社会主义文化，体现社会主义核心价值观的核心内涵

社会主义核心价值观根植于中国特色社会主义文化沃土，浇筑于我们党领导人民长期奋斗的伟大实践，是社会主义先进文化的精髓。红树林精神与社会主义核心价值观均承袭了中华优秀传统文化、革命文化和社会主义先进文化，二者具有相同的文化基因。社会主义核心价值观表达了国家、社会和个人最本质的价值诉求，体现了社会评判是非的价值标准。"天行健，君子以自强不息"的奋斗精神、"天下兴亡，匹夫有责"的担当精神、"苟日新，日日新，又日新"的创新精神和"兄弟同心，其利断金"的团结精神，都是中华优秀传统文化、革命文化和社会主义先进文化的时代体现，是红树林精神的核心内涵。"红树林精神"既与社会主义核心价值观拥有同宗同源的文化根基，又是对中国特色社会主义文化的最好诠释，体现了社会主义核心价值观的基本内涵。青少年是国家的未来、民族的希望，理应在弘扬红树林精神、培育和践行社会主义核心价值观的过程中，自觉担当中国特色社会主义文化的学习者、传播者和弘扬者。

3. 寄托实现中国梦的理想，蕴含社会主义核心价值观的价值导向

"富强、民主、文明、和谐，自由、平等、公正、法治，爱国、敬业、诚信、友善，传承着中华优秀传统文化的基因，寄托着近代以来中国人民上下求索、历经千辛万苦确立的理想和信念，也承载着我们每个人的美好愿望。"① 社会主义核心价值观是当代中国精神的集中体现，凝结着全体人民共同的价值追求。红树

---

① 习近平：《习近平著作选读》（第 1 卷），北京：人民出版社，2023 年，第 240 页。

林精神与社会主义核心价值观承载的是一种积极进取的追求，二者具有共同的理想和价值归依。理想信念是立党兴党之基，也是党员干部安身立命之本。实现中华民族伟大复兴是中华民族近代以来最伟大的梦想。红树林精神带给我们团结、奋斗、担当和创新的力量，指引着全国各族人民为实现中国梦的理想锲而不舍。为实现社会主义核心价值观所倡导的"国家层面的价值目标""社会层面的价值取向"和"公民个人层面的价值准则"，需要全国人民秉持奋斗精神、担当精神、创新精神和团结精神。因此，要把红树林精神融入各级各类学校的社会主义核心价值观教育，通过教育引导、实践养成和制度保障，逐步将其转化为青少年的情感认同和行为习惯。

（二）红树林精神融入社会主义核心价值观教育的作用

青少年是时代最灵敏的晴雨表。青少年的价值取向，既关系着自身的健康成长成才，也决定着整个社会未来的价值取向。青少年的成长成才和全面发展，离不开正确价值观的引领。当今世界正经历百年未有之大变局，大变局带来大挑战。面对世界范围内各种思想文化交流、交融、交锋的新形势，面对整个社会思想观念呈现多元多样、复杂多变的新特点，青少年的成长成才更需要正确价值观的引导。人无精神则不立，国无精神则不强。精神是一个国家、一个民族赖以长久生存的灵魂。红树林精神是当代中国精神的具体体现，与社会主义核心价值观高度契合，是实现中华民族伟大复兴的中国梦的动力来源和保证。因此，在青少年中开展红树林精神学习，对青少年奋斗精神的培养、担当精神的树立、创新精神的激发和团结精神的发扬，都是极为重要的。

1. 有利于青少年培养奋斗精神

幸福不会从天而降，梦想不会自动成真。中国人民自古就明白，成就源于奋斗，唯有奋斗才能成功。奋斗是指付出艰辛努力，战胜各种困难，去实现宏伟目标的过程。奋斗精神是自强不息、百折不挠的意志，是个人、组织、民族或国家维护权益和尊严、争取进步、实现目标的精神状态。中国人民是具有伟大奋斗精神的人民。一代又一代中华儿女在中国共产党领导下，勠力同心、攻坚克难，用勤劳、勇敢的双手，把一个又一个"不可能"变成"一定能"，实现了从"赶上时代"到"引领时代"的伟大跨越。为此，习近平总书记强调指出，我们培养社会主义建设者和接班人，"要在培养奋斗精神上下功夫"①。

---

① 习近平：《习近平著作选读》（第 2 卷），北京：人民出版社，2023 年，第 200 页。

现在的青少年绝大多数在不愁吃穿的环境中长大，培养他们的责任感、坚强意志、吃苦耐劳的精神需要比过去付出更多努力。红树林身上迸发出的顽强不屈的意志，正是中国人民伟大奋斗精神的体现。学习红树林精神，汲取红树林身上顽强不屈的意志，有利于培养青少年"爱奋斗""敢奋斗""能奋斗"的奋斗精神。首先是树立奋斗幸福观，激发"爱奋斗"的内生动力。其次，涵养奋斗品格，保持"敢奋斗"的姿态。最后，提升奋斗本领，厚植"能奋斗"的底气。全社会要以社会主义核心价值观引领奋斗精神，融入青少年生活的方方面面，引导青少年在与各种不良思潮作坚决彻底的斗争过程中，自觉地认同、实践并不断丰富奋斗精神。

2. 有利于青少年树立担当精神

习近平总书记指出："在实现中华民族伟大复兴的新征程上，应对重大挑战、抵御重大风险、克服重大阻力、解决重大矛盾，迫切需要迎难而上、挺身而出的担当精神。"实干担当促进发展。担当是指接受并负起责任，是知责、尽责、负责的动态行为过程。担当精神是不辱使命的时代责任认知、是对道德责任的价值认同、是追求高尚品格的道德实践。担当精神内蕴大爱胸怀的担当之情、砥砺奋斗的担当之志、实干巧干的担当之能、无私奉献的担当之境等"内容形态"①。责任面前看担当，担当大小显价值。担当精神是中国精神的集中体现。敢于担当是中国共产党人的优良传统和精神特质，也是我们党能够改变中华民族命运的重要原因。今天我们面临的国际国内形势空前复杂，面对的风险和挑战空前严峻，攻坚克难的压力前所未有。越是如此，越是要大力弘扬担当精神。具备担当精神是青少年成长成才的基本条件。红树林身上激浊扬清的正气，正是中国人民伟大担当精神的体现。通过学习红树林精神，汲取红树林身上激浊扬清的正气，有利于培养青少年能担当、会担当的担当品质。一是要在坚定理想信念中找准担当方向。二是要在勤奋学习中提高担当能力。三是要在学以致用中培育担当意志。

3. 有利于青少年激发创新精神

创新是一个民族进步的灵魂，是一个国家兴旺发达的不竭动力，是中华民族最深沉的民族禀赋。党的二十大报告指出："坚持创新在我国现代化建设全局中的核心地位。"2019 年，中共中央办公厅、国务院办公厅印发的《关于进一步弘扬科学家精神加强作风和学风建设的意见》要求大力弘扬勇攀高峰、敢为人先的

---

① 张琴、熊健生：《新时代担当精神的德性意蕴及其实践品格》，《理论视野》2021 年第 255 卷第 5 期，第 77 - 82 页。

创新精神。创新精神是伴随着创造性活动进行的思维活动，是一个人从事创新活动、产生创新成果、成为创新之人所具备的综合素质，[①] 表现为具有能够综合运用已有知识、信息、技能和方法提出新问题、新观点的思维能力以及进行发明创造、改革革新的意志、信心、勇气和智慧。当前，世界发展格局正加速演变，第四次工业革命深入推进，国家创新力竞争此起彼伏。时代呼唤培育具有创新精神的时代新人。"'勇攀高峰、敢为人先'是新时代创新精神的核心要义"。[②] 红树林身上"胎生"的繁殖本领、特殊的根系、奇妙的耐盐机制和"固碳"的创新方法，正是中国人民伟大创新精神的体现。青少年处于创造力提升的关键阶段，培养其良好的创新精神不仅是青少年全面发展的重要基础，更是应对"百年未有之大变局"和担当民族复兴伟业的现实需要。学习红树林精神，汲取红树林身上勇于创新的品质，有利于青少年对创新精神形成科学认知，达成情感认同，并躬身实践，真正实现创新精神的内化于心、外化于行。

4. 有利于青少年发扬团结精神

团结是多元社会和谐共生的基础。习近平总书记在庆祝中华人民共和国成立70周年招待会上指出："团结是铁，团结是钢，团结就是力量。团结是中国人民和中华民族战胜前进道路上一切风险挑战、不断从胜利走向新的胜利的重要保证。"[③] 团结精神是一种由多种情感聚集在一起而产生的精神。团结精神是中国人民在长期奋斗历程中形成的伟大民族精神，是增强民族归属、凝聚民族力量、激发民族自信的重要法宝，是巩固中国共产党长期执政地位的现实要求，是确保国家安全和社会稳定的基础条件，是应对世界之变、时代之变、历史之变的有力举措。[④] 团结奋斗是中国共产党和中国人民最显著的精神标识，是中国人民创造历史伟业的必由之路。在改革发展稳定中经受重大考验、战胜风险挑战、主动识变应变求变，必须依靠中国人民和中华民族同舟共济、紧密团结。在新的征程上，弘扬伟大团结精神就要加强各方面的团结，巩固大团结，用爱国主义精神激

---

① 秦虹、张武升：《创新精神的本质特点与结构构成》，《教育科学》2006 年第 2 期，第 7 – 9 页。

② 陈小波、周国桥：《新时代大学生创新精神的生成及其培育》，《学校党建与思想教育》2022 年第 4 期，第 69 – 71 页。

③ 习近平：《在庆祝中华人民共和国成立 70 周年招待会上的讲话》，《人民日报》，2019 年 10 月 1 日。

④ 高永久、冯辉：《习近平总书记关于团结重要论述的生成逻辑、丰富意涵与时代价值——学习贯彻党的二十大精神体会》，《云南民族大学学报》（哲学社会科学版），2023 年第 40 卷第 2 期，第 5 – 10 页。

发伟力，用伟大团结精神凝聚伟力。最强大的力量是同心合力，最有效的方法是和衷共济。红树林成片而生，众志成城、携手共进，正是中国人民伟大团结精神的具体体现。学习红树林精神，汲取红树林身上团结奋进的力量，有利于青少年在日常学习生活中发扬团结精神。

（三）红树林精神融入社会主义核心价值观教育的路径探究

培育和践行社会主义核心价值观，需要融入社会生活各方面。习近平总书记指出："要注意把社会主义核心价值观日常化、具体化、形象化、生活化，使每个人都能感知它、领悟它，内化为精神追求，外化为实际行动。"红树林精神融入社会主义核心价值观教育是一项系统工程，需要多管齐下、综合施策，从娃娃抓起、从家庭做起，持续强化教育引导、实践养成和制度保障，将红树林精神与湛江大中小学生的社会主义核心价值观教育有机融合。

1. 教育引导相融

认知是行为的先导，人的行为受认知的支配。认知水平的提高是内外部因素经由个体活动交互作用的结果。青少年认知能力的提高离不开教育引导。教育引导是提高思想认识的前提，也是社会主义核心价值观教育的基础。青少年所接受的教育既可以是学校老师的循循善诱，也可以是父母等家庭成员的言传身教，还可以是社会环境的各种影响。因此，推动红树林精神融入湛江大中小学社会主义核心价值观教育，应该充分发挥学校、家庭和社会的教育引导作用。

首先，切实发挥学校在教育引导方面的主阵地作用。学校"当然总是明确根据影响其成员的智力的和道德的倾向而塑造的环境典型"[1]，是社会主义核心价值观教育的主阵地。"红树林精神"与湛江人文精神一脉相承。《红树林深处的灯塔》以音乐剧的形式，将在湛江发生的重大红色历史题材渡海战役和抗台风、红树林生态修复等有机整合，融入雷州换鼓、傩舞、雷州歌、渔歌调童谣等富有地域特色的文化元素，讲述革命后代雷阿满守岛护航、扎根海岛，像灯塔一般守护红树林的故事，生动诠释了何谓红树林精神。因此，湛江各级各类学校应以《红树林深处的灯塔》为题材，通过思政课堂进行专题教学，帮助湛江大中小学生了解红树林及其精神。

其次，夯实家庭在教育引导方面的基础作用。家庭是社会的基本细胞，是道

---

[1] （美）约翰·杜威著，王承绪译：《民主主义与教育》，北京：人民教育出版社，1990年，第21页。

德养成的起点。家庭是人生的第一个课堂，父母是孩子的第一任老师。著名教育家鲁洁曾说："家庭不仅影响受教育者的在校学习，而且参与塑造他们的全部个性和人格行为，家庭教育复制着现实的社会关系，孕育着未来社会的风貌。"可见家庭环境对孩子的健康成长起着至关重要的作用。湛江人对生命的不屈不挠，对工作的持之以恒，对事物的认真负责，如同一座精神丰碑，为红树林注入了新的活力，为年轻人树起了榜样。因此，家长应主动配合学校，通过多种方式重言传、重身教，教知识、育品德，以身作则、耳濡目染，用红树林精神涵育青少年的良好道德品行。

再次，全社会都要关心、帮助、支持青少年成长发展，完善家庭、学校、政府、社会相结合的社会主义核心价值教育体系，引导青少年发扬红树林"奋斗、担当、创新、团结"的精神，树立远大志向，热爱党、热爱祖国、热爱人民，形成好思想、好品行、好习惯，扣好人生第一粒扣子。

总而言之，学校、家庭和社会教育是整体的社会系统工程，各司其职又相互联系，任何一方的失误或者失职都会造成青少年的成长缺陷，形成社会发展障碍。湛江各大中小学应遵循不同年龄阶段的道德认知规律，结合基础教育、职业教育、高等教育的不同特点，打造"思政小课堂 + 社会大课堂"双向互动、协同育人的教学模式，采用丰富多彩的形式让学生充分认识、深刻体悟红树林的精神，将红树林精神有效传授给学生。

2. 实践养成相融

社会主义核心价值观的生命力在于实践。社会主义核心价值观要真正发挥作用，必须融入社会生活，让人们在实践中感知它、领悟它、践行它。红树林精神与社会主义核心价值观一样，承载的都是一种积极进取的追求，生命力同样在实践。马克思唯物主义认识论认为，实践是认识的基础和来源，实践对认识具有决定性作用。同时，认识对实践具有反作用，正确的认识对实践具有重要的指导意义，错误的认识则会将人的实践活动引入歧途。马克思主义还认为认识运动具有反复性，对一个具体事物的认识要经历由实践到认识、认识到实践这样反复多次才能完成。青少年对红树林及其精神的认识也同样要经历这样一个由实践到认识、再由认识到实践的反复过程。可以说，实践是红树林精神融入社会主义核心价值观教育的关键环节。因此，推动红树林精神融入湛江大中小学社会主义核心价值观教育，应注重发挥实践养成的作用。

首先要建立和完善实践育人体系。湛江有以大汉三墩、海丝文化为特色的古代文化，以南路红色文化为灵魂的革命文化和以雷州青年运河精神为示范的社会主义先进文化。结合湛江三种文化完善大中小学实践教育教学体系，开发红树林精神入脑入心的实践课程和活动课程，通过课程知识传授、主题教育、学校文化氛围等，发挥实践育人作用。还要打造社会大实践平台。加强红树林实践育人基地建设，充分利用红树林科普教育示范基地作用，推动现有红树林景区提档升级，打造独具湛江特色的红树林生态旅游景点等，让大中小学生在实践中践行红树林"奋斗、担当、创新、团结"的精神。

其次要注重发挥校园文化的熏陶作用。加强各级各类学校的报刊、广播、宣传栏、校园网等建设，重视校园红树林精神的人文环境培育和周边环境整治，建设体现社会主义核心价值观和红树林精神的校园文化。一言蔽之，我们要形成有利于培育和践行"红树林精神"的社会氛围和实践环境，使红树林精神成为大中小学生日常生活的自觉意识和价值追求。

3. 制度保障相融

制度问题带有根本性、全局性、稳定性和长期性，在社会公共生活领域具有刚性约束作用。弘扬社会主义核心价值观和红树林精神，教育引导是基础，但仅靠教育是远远不够的，还要有制度规范和政策保障。事实表明，以法律规范和政策承载价值理念和道德要求，核心价值观培育和践行才有可靠支撑。红树林精神的培育和践行同样需要发挥制度的约束和保障作用。推动红树林精神融入湛江大中小学社会主义核心价值观教育，需要用刚性制度和政策来引领正确价值导向，用法律法规来守护公平正义，用行为规范来弘扬美德善行。

首先，要彰显规范的价值导向。要按照社会主义核心价值观的基本要求，及时把红树林"奋斗、担当、创新、团结"的精神转化为操作性强、突出体现大中小学生特点的行为规范和准则，发挥其规范、调节、评价学生言行举止的作用。要发挥学生及其社团组织的自我教育、自我管理、自我服务功能，推动落实学生行为守则和规范，共建共享与社会主义核心价值观相匹配的校园文明。

其次，要深化学生道德领域突出问题的治理。要组织开展学生道德领域突出问题的专项治理，运用学生管理的法治化手段，有力纠正学生当中与社会主义核心价值观和红树林精神相悖的失德败德、突破道德底线的行为，不断净化校园环境。学校要建立惩戒学生失德行为的常态化机制，形成"奋斗、担当、创新、团结"的校园风气。

再次，要加强社会治理。要在社会治理中形成预防和化解社会矛盾的机制，正确处理人民内部矛盾，大力纠正各种不公平现象，在教育、就业、社会保障等事关人民群众切身利益的工作中充分体现社会主义核心价值观和"红树林精神"，让大中小学生切身感受、真正认同社会主义核心价值观和红树林精神。

总之，通过综合施策、标本兼治，让大中小学生都自觉遵守相应制度，严格执行制度、坚决维护制度，形成用社会主义核心价值观和"红树林精神"铸魂育人的法治环境、制度支撑。

参考文献

[1] 汪晓东、刘毅、林小溪：《让绿水青山造福人民泽被子孙——习近平总书记关于生态文明建设重要论述综述》，《人民日报》，2021 年 6 月 3 日。

[2] 《习近平在首个全国生态日之际作出重要指示强调：全社会行动起来做绿水青山就是金山银山理念的积极传播者和模范践行者》，http：//www. news. cn/politics/leaders/2023 – 08/15/c_1129803631. html，2023 年 8 月 15 日。

[3] 中共中央宣传部、中华人民共和国生态环境部：《习近平生态文明思想学习纲要》，北京：学习出版社、人民出版社，2022 年。

[4] 朱江伟：《守护好"国宝"红树林 高质量推进绿美广东生态建设》，https：//news. southcn. com/node_54a44f01a2/48a54797c9. shtml，2023 年 4 月 19 日。

[5] 徐林、骆骁骅、李凤祥：《全省生态环境保护大会暨绿美广东生态建设工作会议召开》，https：//news. southcn. com/node_35b24e100d/c8bcc6de86. shtml，2023 年 9 月 22 日。

[6] 习近平：《推动我国生态文明建设迈上新台阶》，http：//www. qstheory. cn/dukan/qs/2019 – 01/31/c_1124054331. html，2019 年 1 月 31 日。

[7] 方怡晖：《广东：打造人与红树林共生的样板》，《小康》2023 年第 17 期。

[8] 广东省人民政府地方志办公室：《湛江红树林国家级自然保护区》，http：//dfz. gd. gov. cn/index/yxgd/gdyj/xl/content/post_4087283. html。

[9] 刘毅：《绘出美丽中国的更新画卷》，《人民日报》，2023 年 4 月 27 日。

[10] 习近平：《高举中国特色社会主义伟大旗帜，为全面建设社会主义现代化国家而团结奋斗——在中国共产党第二十次全国代表大会上的报告》，北京：人民出版社，2023 年。

[11] 习近平：《人民有信仰，民族有希望，国家有力量》，http：//jhsjk. people. cn/article/26614982。

[12] 齐鹏飞：《善用"大思政课"》，《人民日报》，2021 年 3 月 19 日。

[13] 习近平：《习近平著作选读》（第 1 卷、第 2 卷），北京：人民出版社，2023 年。

[14] 习近平：《习近平谈治国理政》（第 2 卷），北京：外文出版社，2017 年。

[15] 张琴、熊健生：《新时代担当精神的德性意蕴及其实践品格》，《理论视野》2021 年第 25 卷第 5 期。

［16］秦虹、张武升：《创新精神的本质特点与结构构成》，《教育科学》2006 年第 22 卷第 2 期。

［17］陈小波，周国桥：《新时代大学生创新精神的生成及其培育》，《学校党建与思想教育》2022 年第 4 期。

［18］习近平：《在庆祝中华人民共和国成立 70 周年招待会上的讲话》，《人民日报》，2019 年 10 月 1 日。

［19］高永久、冯辉：《习近平总书记关于团结重要论述的生成逻辑、丰富意涵与时代价值——学习贯彻党的二十大精神体会》，《云南民族大学学报》（哲学社会科学版）2023 年第 40 卷第 2 期。

［20］（美）约翰·杜威著，王承绪译：《民主主义与教育》，北京：人民教育出版社，1990 年。

红树林与湛江生态文明建设

韩小香　岳春柳①

一、 生态文明理念与湛江生态文明建设

（一）生态文明理念的内涵

生态文明是由"生态"和"文明"两个词复合生成的概念。"文明"（civilization）源于 16 世纪的拉丁文"civis"，原指人民生活于古希腊的城邦或社会集体中的能力，引申为社会的进步和文化发展的状态。在中国古籍中，"文明"一词最早出现在《易经》中，"见龙在田，天下文明"，意味着国家繁荣与和谐。唐代孔颖达注疏《尚书》时将"文明"解释为国家发展的状态，指国家创造的物质财富与精神财富的总和。在《辞海》中，"文明"定义为"一是指文化；二是指人类社会进步状态，与'野蛮'相对"。《现代汉语词典》中"文明"直接定义为"文化"，也就是指"人类在社会历史发展过程中所创造的物质财富和精神财富的总和，特指精神财富"②。马克思、恩格斯认为，文明是社会生产力发展的结果，包括物质和文化的增长，以及相应的制度建设，推动人类全面进步。简而言之，文明是指人类在认识世界和改造世界的过程中不断进化和进步的较高发展阶段的状态。

"生态"一词源自古希腊文"oikos"，中外学术界不少学者相对独立地提出"生态"概念及相关论述。1866 年德国科学家海克尔（E. Haeckel）在《生物体普通形态学》中首次提出"生态"概念，揭开了生态学发展的序幕。20 世纪 20年代出现了"人类生态学"的概念。1935 年英国学者坦斯勒（A. G. Tansley）进而提出"生态系统"的概念，从更宏观的视角认识自然生态环境。1972 年，联合国通过《联合国人类环境会议宣言》提出"为了这一代和将来世世代代保护

---

① 韩小香，岭南师范学院马克思主义学院副教授；研究方向：习近平生态文明思想。岳春柳，岭南师范学院马克思主义学院教师；研究方向：生态经济、生态文明思想。
② 中国社会科学院语言研究所词典编辑室：《现代汉语词典》（第 7 版），北京：商务印书馆，2016 年。

和改善环境"的口号。①1978 年，德国法兰克福大学的政治学教授伊林·费切尔（Iring Fetscher）在他的论文《人类生存的条件：论发展的辩证法》中首次提出了"生态文明"（ecological civilization）一词。他运用这个概念来批评工业文明和技术进步主义，强调了对环境的关注和可持续发展的重要性。1987 年中国生态学家叶谦吉首次提出"生态文明"的概念，并将其定义为"人类既获利于自然又还利于自然、既改造自然又保护自然的文明关系"。2007 年，中国学者张荣寰在《中国复兴的前提是什么》一文中首次将生态文明定为世界伦理社会化文明，提出中国需要"生态文明发展模式"。简单地说，生态通常是指生物在一定的自然环境下生存和发展的生活状态。生态文明是人类继工业文明之后的世界伦理社会化的文明形态，强调人类社会应当以生态平衡和可持续发展为宗旨，实现人与自然和谐共生的一种社会文明形态，是人类文明形态与文明发展理念、道路和模式的重大进步 。②

在我国，生态文明理念提出之后，逐步被纳入国家发展战略，成为政府关注的重要议题之一。从党的十二大到十五大，我们党一直强调推进社会主义物质文明和精神文明建设。党的十六大则在这基础上提出了建设社会主义政治文明。党的十七大报告首次提出了"建设生态文明"理念，并明确将其置于实现工业化、现代化发展战略的核心地位，这标志着我国经济发展模式的根本性转变。这一理念的提出不仅仅是我们党发展理念的升华，更是我国整体发展思维的转变。而在党的十八大报告中，首次把"美丽中国"作为生态文明建设的宏伟目标，确立了生态文明建设在社会主义建设"五位一体"总体布局中的核心地位。十八届三中全会提出了建立系统完整的生态文明制度体系的目标，而党的十八届四中全会则强调通过严格的法律制度来保护生态环境。2018 年习近平生态文明思想首次提出"生态文明体系"，勾勒和描绘了美丽中国总蓝图。党的十九大报告明确指出，我们的现代化建设目标是实现人类与自然和谐共生的现代化进程。

生态文明理念的提出以及其在国家发展战略中的逐步融入，强调了经济发展与环境保护的协调，以及对生态平衡和可持续性的重视。习近平生态文明思想是系统完整、逻辑严密、内涵丰富、博大精深的科学体系。它强调人与自然的和谐共生，坚持绿色发展，促进经济增长与环境保护的有机统一，推动实现可持续发

---

① 《联合国人类环境会议，1972 年 6 月 5 至 16 日，斯德哥尔摩》，http：/un. org/zh/node/172896。

② 沈满洪：《生态文明的内涵及其地位》，《浙江日报》，2010 年 5 月 17 日。

展目标，同时强调生态文明建设在中国特色社会主义事业中的重要地位，将生态文明融入国家发展战略，倡导资源节约、环境友好、绿色创新的发展模式。习近平生态文明思想不仅继承和发展了马克思主义生态文明思想，也继承和发展了中华优秀传统文化中蕴含的天人合一、道法自然等哲学的生态智慧，在指导新时代生态文明建设的伟大实践中展现出强大的真理力量。

（二）湛江生态文明建设的现状

党的二十大报告提出："我们要实现好、维护好、发展好最广大人民根本利益，紧紧抓住人民最关心最直接最现实的利益问题。"[①] 生态文明建设的出发点是尊重自然，维护生态平衡，坚持人与自然和谐共生，共建人类干净美丽的地球家园。

湛江位于祖国大陆最南端雷州半岛，是广东省西部沿海经济带的核心城市之一。湛江有着独特的热带北缘季风气候，终年受海洋气候的调节，拥有丰富的海洋资源和生物资源，包括渔业、海洋生态系统等，同时，湛江还有众多红树林湿地、自然保护区等珍贵的生态环境。长期以来，工业化和城市化进程对湛江地区的生态环境产生了一定的压力，水污染，空气质量下降，传统的高耗能、高排放的发展方式对环境造成严重影响。不止如此，人口剧增、环境污染、资源枯竭、生态系统破坏等问题也威胁着这些资源的可持续利用。作为沿海城市，湛江的宝钢湛江钢铁、中科炼化、晨鸣纸业等大型企业，都存在不同程度的环境污染问题。同时，湛江红树林也面临着过度捕捞、过度养殖、生物入侵和海洋工程的多重威胁和挑战。湛江在环境治理技术难度、经济发展和生态保护的压力下，不断探索生态文明建设的发展路径。

近几年，湛江深入贯彻落实习近平生态文明思想，积极践行"绿水青山就是金山银山"理念[②]，将生态文明理念融入政策制定和发展规划中，不断加强环境保护，推动绿色发展提升生态品质，为湛江加快建设省域副中心城市，打造现代化沿海经济带重要发展极提供环境支撑和生态保障；加强湿地保护、海洋生态保护等，开展生态修复和恢复工程，改善水体质量，推动湛江生态系统的健康发

[①] 郭红燕、许福成：《践行"人民至上"，生态文明建设中要这样做》，《中国环境报》，2022年12月20日。

[②] 《习近平在首个全国生态日之际作出重要指示强调　全社会行动起来做绿水青山就是金山银山理念的积极传播者和模范践行者》，https：//www. xuexi. cn/lgpage/detail/index. html? id=6128930337763131057&amp；item_ id=6128930337763131057，2023年8月15日。

展；鼓励发展如新能源、新材料、生态农业等绿色产业，推动产业升级和结构优化，实现经济增长与环境保护的双赢；加强生态文明建设，通过宣传教育活动，增强市民的环保意识，培养生态文化价值观。湛江积极参与国内外生态交流合作，与周边地区共同推进跨界水资源保护、生态治理等，共同应对生态挑战。虽然，湛江的生态文明建设仍然面临环境污染治理、资源合理利用等方面的挑战，但是在政府、企业和社会共同努力下，湛江正朝着更加环保、可持续的方向迈进，努力实现经济发展与生态环境保护的协调发展。

习近平生态文明思想的核心与生态可持续发展的理念是一脉相承的。红树林作为独特的生态系统，扮演着生态保护的重要角色，为众多生物提供了宝贵的栖息地，维护了生物多样性，平衡了海洋生态系统，维持了生态平衡与人类可持续发展。习近平生态文明思想的核心也是强调生态平衡、可持续发展和环境保护。湛江红树林的保护实践，能够更好地诠释和落实习近平生态文明思想，将其转化为实际行动，促进社会绿色发展，维护生态平衡，塑造美好环境，实现经济社会发展与生态环境保护的有机统一，以确保人类繁荣与地球生态平衡。今日之湛江，在习近平生态文明思想的指引下，"绿色"正成为高质量发展的鲜明底色。

（三）湛江生态文明建设的原则

为了深入贯彻习近平生态文明思想，继续坚定践行"绿水青山就是金山银山"的理念，湛江紧紧围绕绿美湛江的总体思路和工作目标，以贯彻"三项措施"、实施"七大行动"、提升"三个效益"为指导，切实推进湛江生态文明建设，加速打造"红树林之城"，全方位推动红树林地区实现从"红树林"到"金树林"的转变。在生态文明建设方面，湛江秉持以下一系列核心原则和明确目标。

1. 生态优先原则

在生态保护日益受到重视的今天，保护自然生态环境成为当务之急，各种针对湛江红树林保护和修复的规定也不断出台。湛江不断采取有力措施维护水、森林、湿地以及野生动植物等珍贵自然资源，坚决推进生态保护工作，尤其突出红树林生态功能，全面加强保护，维护生物多样性和红树林生境连通性，同心协力建设"红树林之城"，走生态优先绿色发展之路。

2. 绿色发展原则

湛江的经济在发展理念上以"绿色"为指引，通过降低污染、提升资源利用效率以及推动清洁能源等举措，减少对环境的不利影响，使经济增长与环境保护紧密结合，实现绿色、低碳、循环的发展模式。政府鼓励采用低碳、环保、可持续的绿色产业模式，推动经济结构的优化升级。新发展理念下，湛江的绿色石化、绿色钢铁、绿色能源产业蓄势崛起，将保障国家生态安全和能源安全，实现湛江经济转型和绿色发展，助力实现碳达峰、碳中和目标，加快绿美广东生态建设步伐，推动生态文明建设，实现能源、环境、气候共赢的经济社会可持续发展。

3. 资源节约原则

保护红树林是生态文明与构建资源节约型和环境友好型社会不可缺少的重要组成部分，湛江市政府将中共中央、国务院关于红树林保护修复的一系列目标任务落到实处，在沿海地区及普通的宜林地滩涂上基本上已实现或正在进行红树林的恢复和发展工作。在生态文明建设过程中，我们需要明智而合理地运用红树林资源的优势，解决在粤西沿海高盐度深水海滩上红树林营造技术问题，推动资源的有效节约与利用，以促进循环经济和绿色发展的格局，实现资源的可持续利用，这对于我国红树林资源的恢复和发展具有重要的现实意义和应用价值。

4. 可持续发展原则

生态文明建设秉持可持续发展的原则，实现经济、社会和生态环境的协同发展，涵盖了在资源利用、环境保护和社会进步方面的平衡和协调。湛江红树林生态文明建设，依托红树林生态资源，注重保护和恢复当地的生态环境，注重发展生态旅游、生态工业、生态农业等产业，注重与当地居民、企业等各界合作，注重尊重当地的文化遗产和人文环境，注重加强科学管理，积极推广环保理念，实现经济效益和生态效益的双赢，推动生态文明建设，建立健全的环境监测体系和管理制度，确保生态系统的稳定和健康发展，实现生态与人文的和谐统一，倡导可持续发展，推动湛江当地经济的可持续发展，促进社会和谐发展。

5. 科学决策原则

在生态文明建设过程中，我们要遵循红树林生长繁殖规律，坚持生态优先，以科学的方式和规划确定发展方向，确立发展目标，制定相应的措施。在红树林保护修复专项行动计划中，根据对红树林的抚育栽培、分布范围、生长状况和修复保护等的调查研究实施红树林整体保护，突破红树林修复关键技术制约，保护珍稀濒危红树物种，强化红树林科技支撑，加强红树林监测与评估，完善红树林保护修复法律法规和制度体系，为后续的生态文明建设工作提供科学依据。

6. 全民参与原则

湛江以建设"红树林之城"为抓手，把生态优势转化为经济优势，让红树林真正变成"金树林"，需要政府、企业、社会组织以及全民积极参与和通力协作。通过宣讲、展览、课堂教学、生态体验和线上平台交流等形式向群众宣传保护红树林的科普知识、法律法规，激励公众积极参与环境保护和生态建设，进一步强化人民群众的环保意识和责任感，从而促进全社会保护红树林的生态文明意识的不断提升。

7. 区域协调原则

生态文明建设建立在区域协调的基础之上，通过强化跨部门、跨地区的紧密协同合作，打造一个统一的、协调高效的生态治理体系。各级政府、相关部门、地方社会组织和企业等各方应共同参与改善红树林生态系统，充分发挥各自的优势，形成合力，共同推进生态文明建设的各项任务，促进区域可持续发展；实施红树林生态修复应符合区域发展、国土空间规划，避免因红树林生态修复破坏滨海盐沼湿地、海草床、鸟类及海洋生物栖息地。结合当地区域保护措施和实际情况，实现积极、长期的保护效果和发展效益。

湛江将在以上原则和目标的指引下，不断加强生态文明建设，以红树林保护为核心，推动绿色湛江的可持续发展，实现经济、社会和生态效益的和谐共生。

二、 红树林保护与湛江生态文明建设的协同发展

红树林作为独特的生态系统，不仅具有重要的生态、经济和社会价值，而且与生态文明建设的目标紧密契合，通过有机融合和协同发展，能够带来多方面的利益。习近平总书记指出："保护生态环境就是保护生产力，改善生态环境就是发展生产力。"① 湛江秉持"绿水青山就是金山银山"的理念，以建设"红树林之城"为抓手，像爱护眼睛一样守护好红树林，积极探索通向绿色低碳、惠及民生的生态文明之路。在这一探索中，红树林的生态价值持续显现，经济价值得到充分释放，科研价值进一步强化，人文价值也不断凸显，正在将"绿水青山"所蕴含的生态系统服务的"盈余"和"增量"有机转化为实实在在的"金山银山"。

（一）聚焦"绿起来"，增强绿美湛江的综合效益

积极推进"增绿"工程，湛江市在保存现有绿地数量、扩大绿地面积和提升绿地质量等方面下足功夫，不断扩展城市的"绿色版图"。多年来，湛江高度

---

① 《中共中央关于党的百年奋斗重大成就和历史经验的决议》，《人民日报》，2021 年 11 月 11 日。

重视生态文明建设，将其纳入民生事项和重要工程，大力推动新一轮绿化大行动以及雷州半岛生态修复等生态文明建设工程。通过这些努力，湛江市先后获得了全国绿化达标城市、国家园林城市、中国十佳绿色城市、中国十大低碳生态城市、中国十佳绿色生态城市等10多项荣誉称号。

近年来，通过补植和生态系统修复，湛江红树林保护区的有林面积逆势增加了4 000多亩，红树林生态功能逐步提升，实现了生态系统的良性循环，被国际湿地专家誉为"世界湿地恢复的成功范例"。以霞山区观海长廊红树林湿地建设为主题的湛江湾（北部）海岸带综合整治及修复项目也荣获广东省第二届国土空间生态修复十大范例"十大范例提名"第一名。

在绿美湛江生态建设方面，2023年3月22日，湛江市召开生态建设动员部署会，发布了《湛江市深入推进绿美湛江生态建设行动方案》。该方案明确提出构建"一核、二屏、三廊、四组团、多园多点"的新格局，规划到2027年底，全市完成林分优化提升7.61万亩、森林抚育提升2.73万亩；到2035年，全市完成林分优化提升32.38万亩、森林抚育提升10.28万亩。这一规划为湛江市绿美生态建设工作提供了有力的指导和坚实的基础。

（二）聚焦"美起来"，精细化雕琢城市微景观

近年来，湛江充分利用各类空间，精心进行"见缝插绿"，以打造宜人的城市环境为目标。城市公园、广场、道路以及街头景点的绿化成为社会关注的焦点，通过在各个角落精心布置绿化，不断扩大城市的"绿量"，并配合基础设施建设，致力于创造出宜人的城市空间。湛江的街头处处可见绿化工人在辛勤劳作，栽植各类花卉、精心维护绿化，各色花朵竞相开放，柳树吐露嫩芽，共同谱写出红花绿树相映成趣的美丽画卷。在市民生活的方方面面，不断涌现出"口袋公园"和小型绿地，使城市绿化质量不断提升，市民沿着观海长廊红树林栈道行走，沐浴在清新的绿意中，生活的幸福感逐渐提升。

与此同时，各个村镇也积极充分利用边角地、空闲地和撂荒地等资源，因地制宜地打造"小花园、小果园、小菜园"，竭力增加绿地面积，部分地方已开发美丽的红树林景观。这一努力旨在打造出村在林中、房在园中、人在景中的美丽和谐乡村自然生态景观，弘扬乡村生态文化，形成"一村一景""一村一韵"的多样美丽乡村。

展望未来，湛江城乡一体的绿美提升行动将通过多种措施，深入推动湛江从"绿起来"向"美起来"转变。计划着力推进综合公园、社区公园、专类公园和

游园建设，并不断完善一批口袋公园，为城市增添更多绿美微景观，使城市空间更加富有魅力。

（三）聚焦"兴起来"，提升绿美湛江的经济效益

以构建"红树林之城"为核心，湛江持续致力于提升绿美湛江的经济效益，强调增强其社会效益，深入挖掘绿美湛江的文化价值，走上绿色低碳、造福民众的生态文明之路。首先，湛江率先在全省推行"红树林种植＋养殖耦合"生态型经济试点。在较高地区如宜林塘基和堆岛种植红树林，与在较低地区如养殖塘和潮沟养殖水产品相结合，形成了红树林、水域和裸滩交错的种养耦合布局。其次，湛江启动了中国首个蓝碳交易项目。在2021年签署了"广东湛江红树林造林项目"碳减排量转让协议，为湛江红树林保护区筹资超过780万元。通过明确的碳汇量和市场交易机制，实现了自然资源资产的有效利用，提升了红树林生态产品的价值。再次，湛江还探索"文化＋旅游＋生态"模式，设计并推出麻章"海湖山色·涤荡心灵"之旅和廉江"滨海寻古之旅"等多条红树林精品主题旅游线路。在霞山观海长廊，湛江打造了红树林休闲旅游的名片，成为绿美广东生态建设的示范点，使湛江"红树林之城"更加独具魅力。这一举措不仅提升了湛江红树林生态旅游的吸引力，也将红树林生态旅游打造成湛江旅游的新引擎。最终，湛江将生态环境优势转化为生态农业、生态工业和生态旅游等生态经济优势，使红树林成为造福湛江的"金树林"，堪称习近平总书记所赞誉的"国宝"。

三、 湛江生态文明建设的实践探索

（一）湛江红树林保护与修复的实践探索

湛江市政府在红树林保护与修复方面积极行动，致力于维护海岸线稳定、保护生物多样性以及支持渔业资源；以科学手段和技术创新为基础，强调社区积极参与生态教育，启动规划先行、精准护卫的切实可行的保护修复模式。

1. 政府政策法规的制定和实施

湛江市政府致力于维护和恢复红树林生态系统。通过制定严格的政策和法规，确保生态平衡和可持续发展。湛江红树林国家级自然保护区分为核心区、缓冲区和实验区等多个地区。核心区严禁非法进入，缓冲区禁止旅游和生产经营，实验区鼓励科研和教育。湛江市政府积极调整和扩建，强化管理，推动保护区合理利用。政府在红树林生态保护和修复方面采取综合策略，严禁砍伐、采摘，推动树种改造、有害生物清除、生境恢复等，强化濒危植物保护，加强监测和评

估，有效应对有害生物威胁，提升种苗供应能力，以科学修复应对灾害和生态退化。湛江市政府根据法律法规积极推动相关法律的制定和修订，设立执法机构，监督执行，完善法律制度。地方健全保护与修复制度，设定控制线，强化巡逻执法，杜绝违法行为。湛江市政府制定《广东湛江红树林国家级自然保护区管理办法》《广东湛江红树林国家级自然保护区四至界定方案》（简称《四至界定方案》）作为法律保障，禁止非法捕捞、采伐等行为，夯实保护与修复措施。高标准编制实施《湛江市红树林保护修复规划（2021—2025 年）》，依法逐步清退自然保护地的养殖塘等开发性、生产性活动，因地制宜开展红树林营造修复，持续加强和改进红树林保护管理工作。推进红树林生态设施建设，促进科研和生态旅游，强调严格环境影响评估，提升监测网络和信息平台，跟踪修复项目，确保红树林生态系统可持续发展。2021 年印发了《湛江市全面推行林长制工作方案》，在全市基本建立、落实并开展市县镇村四级林长制管理体系，初步建立林长制相关管理制度，并计划在 2025 年全面建成落实成熟的林长制组织管理体系。

2. 红树林保护区的建立和管理

湛江红树林国家级自然保护区坐落在祖国大陆南端的雷州半岛沿海滩涂上，横跨湛江市的徐闻、雷州、遂溪、廉江四县（市）以及麻章、坡头、开发区、霞山等县区的 39 个乡镇，覆盖 147 个村委会，总面积 20 278.8 公顷。该保护区成立于 1990 年，初为省级自然保护区，重在保护红树林关联的鸟类资源。1997 年经国务院批准升级为国家级保护区，并扩大至整个雷州半岛红树林区域。

目前，湛江红树林国家级自然保护区已经成功恢复红树林面积达 6 398.3 公顷，占全国红树林面积的 23.7%、广东省红树林面积 60.1%。保护区划分为 68 个保护小区，分布在雷州半岛沿海滩涂，涵盖了高桥、官渡、湖光、和安、角尾等地。

为有效管理该保护区，湛江市政府成立了湛江红树林国家级自然保护区管理局，隶属于广东省林业厅。该管理局设有办公室、科研宣教科、资源管护科、可持续利用科等职能科室，辖区包括徐闻、雷州、遂溪、廉江、东海和麻章 6 个管理站。这一举措为湛江红树林国家级自然保护区的科学管理和生态保育工作提供了有力支持，彰显了政府保护生态的决心与努力。湛江红树林国家级自然保护区的成功建立和管理为当地生态平衡与可持续发展奠定了坚实的基础。

3. 湛江红树林保护项目与实践案例介绍

湛江的红树林保护项目和实践案例展示了湛江地区在保护和合理利用红树林资源方面的积极探索。这些案例不仅凸显了红树林生态系统的珍贵价值，同时展示了如何在可持续发展的框架下，推动实现生态旅游、碳中和等目标。湛江市通过创新方法和多领域的合作，成功将红树林保护与社区发展、碳交易等多方面相融合。

（1）立法清退与确权增补。

湛江红树林这片生态宝地的显著生态功能备受瞩目。然而，红树林分布广泛，曾经受到生态完整性威胁，保护难度大，也面临诸多挑战。尤其在20世纪80年代中期，围滩养殖、围海造田、大面积红树林被砍伐等活动导致红树林群落破碎化，总面积急剧减少。2016年，中央生态环境保护督察组指出湛江红树林保护区存在的问题，包括规划与管控边界不一致、历史养殖塘未清退以及部分区域的红树林受损等。

面对这一现实，湛江市委、市政府迅速行动，将红树林保护置于首要位置，坚定推进整改工作。2017年，湛江市政府发布了《广东湛江红树林国家级自然保护区管理办法》，为红树林保护提供了法律依据，确保保护工作有序进行。为解决实际管控面积与规划面积不一致的问题，湛江采用调整和增补等手段，将红树林保护区的实际管控面积从17 336.6公顷扩大到20 278.8公顷，与规划面积实现一致。同时，湛江市展开了红树林确权登记工作，已完成34宗登记，涵盖面积达到16 589.58公顷，占总面积的81.81%；另有9宗登记正在公示中，面积为1 952.21公顷，占总面积的9.63%。湛江市还就周边养殖塘问题制订了清退方案，并投入资金进行整改。岭头岛红树林核心区410.5公顷的养殖塘已完成清退，异地增补核心区养殖塘714.7公顷，与4 570.5公顷的实验区养殖塘签署了共管协议，确保红树林能恢复正常的潮汐生境。

湛江市通过立法清退和确权增补等实践，为实现该地区的生态平衡和可持续发展迈出了重要的一步。这一保护项目的成功经验为其他地区在面对类似挑战时提供了有益的参考。

（2）运用现代化技术齐抓共管。

为进一步加强对红树林保护区的管理，湛江市政府采用现代化技术齐抓共管，主要包括加强执法和监测力量、完善巡护制度以及提升巡护频率等措施，旨在巩固对红树林保护区的管理工作，坚决制止任何违法破坏红树林的行为。

目前，湛江市设立了68个红树林保护区，以其中著名的廉江高桥红树林保护区为例，该区占地1 202公顷，由6名护林员负责监管。为实现与当地村民共治、共建、共享红树林生态的目标，保护区积极鼓励当地社区居民参与调查、巡护、监督和植树造林等活动，定期开展巡查与维护工作。违法破坏行为一经发现，将立即上报并交由执法人员处理。

在红树林保护区，红树林管理局积极进行日常巡查和维护工作，与参与共管的村社合作，支持修建乡村道路、安装路灯等基础设施，努力改善交通环境。这一努力激发了社区居民发展旅游行业、推广当地特产的热情，推动了红树林生态旅游、滨海度假、观光农业、休闲渔业等多种形式的深度融合，实现了共享发展成果。湛江还成立了红树林宣教中心和户外科普宣教点，通过在世界环境日、湿地日、海洋日等举办主题活动向公众传播与红树林保护法规相关的知识。

另外，湛江市政府与国家海洋环境监测中心共同合作，开展海洋生态环境遥感监测工作，借助高分辨率卫星、无人机等现代技术，为监管人员提供海上"千里眼"，对红树林、海草床、珊瑚礁等海洋生态系统进行实时评估和监测。

（3）红树林变"金树林"助推实现碳中和。

有"海洋绿肺"美誉的红树林是最重要的蓝碳生态系统之一，在固碳和储碳方面发挥着至关重要的作用。通过植物的光合作用，红树林将二氧化碳转化为有机物质，并将其储存在地下根系、湿地沉积物和水体中，有效固定大量碳元素在生态系统内。红树林的树木、树根和湿地底泥具有长期储存碳的能力，为碳元素的吸附和稳定提供了关键支持。此外，红树林在全球气候变化和生物多样性维护方面发挥着重要作用。

湛江红树林国家级自然保护区管理局、自然资源部第三海洋研究所和北京市企业家环保基金会于2021年联合签署了"广东湛江红树林造林项目"碳减排量转让协议。基金会为湛江红树林保护区筹资超过780万元，用于红树林保护、修复以及社区共建等工作。湛江市生态环境局助推广东省出台《广东省红树林碳普惠方法学》，解决了红树林碳增汇的量化和变现两大难题，推动了红树林碳增汇市场化、价值化，促进了保护工作的可持续发展。据2021年印发的《湛江市建设"红树林之城"行动方案（2021—2025年）》，湛江将营造和修复红树林面积4 183公顷，大力发展红树林碳汇经济。蓝碳碳汇交易市场机制的健全完善，将有助于吸引更多社会资金进行蓝碳交易，推动蓝碳经济发展，实现我国的碳中和目标，为建设保护和造福市民的"金树林"贡献积极力量。

4. 湛江红树林保护的成就

党的十八大以来，湛江积极响应习近平总书记提出的生态文明建设理念，采取一系列根本性、开创性、长期性行动，深入贯彻习近平生态文明思想。在中央生态环境保护督察整改的契机下，湛江市通过采取一系列措施，取得了显著的阶段性成就，特别是在红树林保护工作方面取得了显著进展。

（1）通过人工造林改善红树林生态环境。

湛江自 2021 年 12 月 30 日起着眼于打造"红树林之城"，通过加强保护、生态修复和旅游开发等措施，将红树林的自然优势转化为经济社会发展的优势，推动生态文明建设向更高水平迈进。通过大规模的红树林苗木种植和人工造林，湛江成功地扩大了红树林的覆盖面积，并在保护区内取得了对生态系统和环境的显著改善。在"十三五"期间，湛江累计修复和新建了 1 961.5 公顷的红树林，其中新建 545.5 公顷、修复 1 416 公顷。2023 年，雷州已完成营造红树林 115.7 公顷、修复红树林 32.8 公顷；徐闻已完成营造红树林 288.4 公顷，两个"万亩级红树林示范区"的建设效果初显。[①] 特别是在金牛岛的红树林片区，湛江市政府进一步加强了对生长环境的改善、红树林的建设以及外来物种的调整等生态资源的保护和修复工作。这些努力不仅显著改善了沿海湿地的生态环境，也在保护区的蓝碳生态系统中实现了良性循环。同时，红树林湿地内多种珍稀鸟类如勺嘴鹬、黑脸琵鹭等的出现，表明红树林生态环境逐渐改善，已成为这些珍稀鸟类的重要栖息和繁衍地。

（2）被国际湿地专家誉为世界湿地恢复的成功典范。

湛江保护区成立 30 多年里，红树林面积持续增长。通过人工造林、生态修复等工程，湛江在 2000—2010 年，红树林面积覆盖率增至 22.5%；而在 2010—2020 年期间，红树林面积覆盖率进一步提高至 29.5%。总体而言，红树林面积增长了约 33%，年均增长率约 1.4%。这一成就在全球红树林面积逐年减少的大背景下，凸显了湛江在红树林保护上的坚定决心和持续努力，被国际湿地专家称为世界湿地恢复的成功范例。

（3）积极争取多方联动共护红树林。

2022 年 7 月 7 日，湛江市成立了红树林湿地保护基金会，以推动红树林生态保护和修复工作。湛江市政府向社会借智借力，鼓励社会资金参与红树林的保护和修复，为"红树林之城"建设再添"金"引擎。湛江成功争取到约 4.3 亿元的投资，计划在徐闻、廉江、雷州等地进行红树林种植，进一步加强生态系统的修复和保护。2023 年 9 月 21 日，广东湛江红树林国家级自然保护区管理局还与北京市企业家环保基金会和广汽本田汽车有限公司达成合作，共同开展雷州区域 550 亩红树林的修复和保护工作。该合作的各相关方分别签署了《广汽本田红树

---

① 《破解湛江红树林逆势增长"密码"》，https：//baijiahao. baidu. com/s？id = 1782050243 257533583&wfr = spider&for = pc。

林生态保护捐赠协议》和《湛江红树林保护与修复战略合作协议》。据了解，捐赠的公益资金将用于红树林生态保护和修复、蓝碳开发、社区保护、生物多样性监测、公众环境教育等领域合作。这是湛江继 2021 年与北京市企业家环保基金会合作完成我国首笔红树林蓝碳项目"广东湛江红树林造林项目"后的又一重要合作举措。

（4）开发了我国首个蓝碳交易项目。

近年来，国际社会越来越重视滨海湿地蓝碳在气候变化应对中的作用和生态系统的价值。2021 年 6 月 8 日，湛江红树林造林项目首次转让了 5 880 吨碳减排量，标志着中国首个蓝碳交易项目正式启动。该项目利用 2015—2020 年间种植的 380 公顷红树林产生的碳汇，按照核证碳标准（VCS）和气候、社区和生物多样性标准（CCB）进行开发，预计到 2055 年可减排 16 万吨二氧化碳。北京市企业家环保基金会已与开发方签署意向协议，购买了项目的第一笔减排量，用于维护红树林生态修复。这一创举开启了中国蓝碳交易的先河，将碳交易收益用于生态保护和社区建设，实现了经济与生态的双赢，提升了红树林生态产品的价值。

总体而言，湛江红树林在生态修复、物种保护、面积扩大以及碳交易等方面取得显著成就，为红树林生态系统的保护和发展树立了良好典范，为未来的生态保护工作提供了有益的经验。湛江将保持加强生态文明建设的战略定力，进一步建立健全保护修复机制，持续加强红树林保护和修复工作，继续探索可持续发展模式，引导多方参与，加快监测评估体系建设，并拓展物种保护、红树林培育、生态修复、生态旅游、碳汇交易、科普宣教、产业发展等多种模式，推动国际交流合作，致力打造广东生态建设的新名片。

（二）湛江红树林保护与生态文明建设的路径探索

湛江以守护红树林、推动"红树林之城"建设为崇高使命，深入践行习近平总书记的重要讲话和指示精神，积极推动人与自然和谐共生，实践"绿水青山就是金山银山"的理念。湛江在"红树林之城"建设中进行了一系列的路径探索和实践，为生态文明建设贡献了智慧和力量。

（1）坚持顶层设计和综合施策。为确保红树林保护与生态文明建设取得实质性成果，湛江坚持顶层设计和综合施策，将红树林保护核心理念嵌入城市和区域发展规划，确保生态优先、绿色发展的原则贯穿各项规划；明确规划中的保护区域、限制性开发区域，有效避免不合理的开发对红树林生态系统的破坏。同时，在规划、环保、科技、财政等领域综合施策，建立信息共享和联动机制，确保政策的协同配合，避免政策碎片化，加强各部门之间的合作，形成合力推动红树林保护与生态文明建设。

（2）完善相关政策与法律法规。法律法规是最具强制力的手段，红树林生态系统物种丰富，且生态价值高，自 2017 年以来，湛江市根据国家和广东省的相关法律法规，结合湛江红树林保护区的实际情况，印发了《广东湛江红树林国家级自然保护区管理办法》①，编制了《广东湛江红树林国家级自然保护区四至界定方案》② 等一系列法律法规，明确了红树林的保护范围、禁止性活动等内容，从而为生态保护划定了明确的界限，在红树林保护和治理方面取得不错的效果，但保护区的生态治理法治工作依旧有待进一步完善。因为红树林生态治理是一项复杂工程，不仅是自然保护区片面的管理，还涉及海洋环境与湿地生态环境的保护，需要相关部门在法律法规的规范下达成协调与合作。

（3）推进科学研究和技术创新。湛江在红树林保护中推进科学研究和技术创新，借助先进的遥感技术实现实时监测，通过地理信息系统（GIS）精准规划和管理红树林，确保资源得到有效的配置和利用。科学研究在红树林生态特征、植被恢复机制等方面发挥关键作用，为制定精准保护策略提供支持。例如，深入研究红树林树种适应性机制可指导引入和培育适应环境变化的红树林树种。同时，深入研究生态系统中的关键物种（如鱼类和鸟类），揭示它们的生态位和相互关系，能更好地保护整个生态链条。科技和科学研究的进步为红树林保护提供了新机遇和强大工具，使管理更加精准、高效，确保生态系统持续健康发展。

（4）构建多元主体治理体系。湛江红树林生态治理的关键在于构建多元主体治理体系，以实现政府与社会的合作共治，推动生态文明的实现。政府、公众、社会组织、大众媒体及国际合作等多元主体应共同参与，形成紧密互动的网络。政府在其中发挥引领、协调和监督作用，为多元主体参与提供制度支持。公众需加强生态保护意识，参与活动，增强环保责任感。社会组织发挥专业和创新作用，积极参与红树林生态保护。大众媒体在宣传和教育中扮演关键角色，引导公众正确理解红树林的价值。通过多元主体治理体系，各社会主体合作推动湛江红树林生态治理，提高治理效率，凝聚更广泛社会支持，为湛江红树林生态治理

---

① 《广东湛江红树林国家级自然保护区管理办法》，https：//www. moj. gov. cn/pub/sfbgw/flfggz/flfggzdfzwgz/201804/t20180428_142342. html，2018 年 4 月 28 日。

② 《中央环保督察整改见成效：湛江创新模式建设全国最大红树林保护区》，https：//mp. weixin. qq. com/s/J5Fo－JbqQCMO7AF8lF9osA，2019 年 5 月 13 日。

的可持续发展奠定坚实基础。

（5）完善蓝碳碳汇市场交易机制。湛江市虽然已实现我国首个红树林碳汇项目，但目前碳汇市场交易机制尚存在不少问题，如价格不透明、执法不严格、机制不完善等，制约了碳汇市场的进一步拓展。为充分发挥红树林生态的潜力，政府需要健全蓝碳碳汇市场交易机制。相关部门应制定清晰的法规和政策，确保蓝碳碳汇市场透明、公平运行；建立国际合作机制，促进蓝碳碳汇市场国际合作；设立独立监管机构监督市场合规运行，建立信息平台以提高透明度，鼓励清洁、低碳技术，发展碳金融工具如碳期货、碳信托，提高市场流动性。通过税收激励企业参与，加强培训和宣传，提高认知度。同时，设立碳汇基金支持生态修复，探索多元资金投入途径，保持投资者受益原则。同时，强化政府监管，用碳交易收益支持红树林经济。

蓝碳碳汇市场交易机制将有助于释放红树林的经济、生态和社会价值，充分挖掘我国红树林蓝碳发展的巨大潜力，同时提升红树林生态系统的碳固定功能。通过这些积极努力，湛江有望更加成功地实现红树林保护与经济可持续发展的双赢目标。

（6）创新生态治理方式方法。湛江市在红树林与生态保护领域取得了初步成就，但在保护区生态管理方面还存在改进的空间，需要持续创新治理策略和方法。为了解决以往生态补偿机制的不足，湛江应采用更为精准的补偿方案，不再局限于村级范围，而是进一步细分到家庭层面，以更准确地评估不同家庭对生态环境的贡献。在经济补偿的基础上，应更紧密地融合生态保护和经济效益，通过创造就业机会，使当地居民在参与红树林保护中能够获得实际经济回报。面对多重挑战，湛江市积极探索创新治理模式，如生态混养等新兴方法。这一模式不仅提升了红树林修复的效果，还在沿海农村创造了生态就业机会，减轻了养殖与保护之间的矛盾，进一步促进了社会的稳定发展。此外，公众的积极参与也是湛江生态治理策略的核心。湛江通过加强红树林生态知识的宣传和普及，提升公众的环保意识和参与热情。一方面，积极组织志愿者团队，并与社会团体合作，让公众更深入地了解红树林的重要性和价值，激发他们参与保护的意愿。另一方面，充分利用学校宣讲的机会，将红树林相关知识融入课堂，引导学生积极融入红树林生态治理。这些举措将有助于湛江更好地实现红树林保护与经济可持续发展的双重目标。

湛江在红树林保护和生态文明建设方面展开了积极探索。通过顶层设计、政策法规完善、科技创新、多元主体治理、蓝碳市场交易机制建设，湛江为红树林保护提供了有效路径。积极引入国际合作与经验交流，为湛江提供资金支持和技术援助，将红树林保护推向国际舞台。湛江应不断创新治理方式，促进生态保护和经济可持续发展的融合，为实现建设"红树林之城"的目标贡献力量。

（三）湛江红树林保护与生态文明建设的经验启示

红树林是地球上独特而珍贵的生态系统之一，它位于陆地与海洋的交汇处，发挥着重要的生态和环境作用。然而，由于人类活动和气候变化的影响，全球范围内红树林生态系统正受到严重威胁。在这一背景下，湛江红树林保护经验为其他地区提供了有益的启示和借鉴。

（1）政府的决心与行动。湛江在红树林保护方面取得成功，关键在于政府的决心和行动。政府将红树林保护作为重要议题，并将其纳入政府工作报告，出台了一系列法规和政策，明确了保护目标和责任分工。政府还签署了《湛江市建设"红树林之城"行动方案（2021—2025 年）》，为保护工作确立了长远目标和发展路径。同时，政府积极投入资金、人力和物力资源，支持项目的实施与可持续发展，加大监管与执法力度，确保红树林生态系统的完整和稳定。政府的决心和政策支持为湛江的红树林保护工作奠定了坚实基础。

（2）多部门合作与社区参与。湛江红树林保护经验彰显了多部门合作和社区参与的重要性。政府、环保组织、科研机构以及社区居民共同努力，形成了强大合力，共同参与红树林保护工作。湛江市政府联合多个部门，建立了红树林保护协调机构，实现了跨部门合作与信息共享。同时，政府鼓励社区居民、企业和社会组织积极参与红树林巡护、环境宣传教育等活动，提升了公众对红树林保护的认识和意识，推动了社会各界的共同参与和支持。

（3）科技创新的应用。现代科技在湛江红树林保护中发挥着重要作用。利用卫星遥感技术和无人机等现代科技手段，可以实时监测红树林的生长状态、植被覆盖情况、土壤质量等关键指标，为科学评估红树林生态系统的健康状况提供了有效手段。利用高分辨率卫星和无人机，对红树林、珊瑚礁等海洋生态系统进行动态评估和监测。这种科技创新不仅提高了监测的准确性，也加强了数据支持，为科学决策提供了有力依据。现代科技可用于建立红树林生态系统的灾害预警系统，防范包括风暴、洪涝、盐渍化等自然灾害。通过传感器、遥感和模拟技术，可以提前预警并采取相应的保护措施，减少灾害对红树林的损害。基因技术和 DNA 测序等现代生物技术可用于对红树林中的关键物种进行生物多样性保护和研究，帮助科学家更好地了解物种的遗传背景、种群动态和生态需求，从而制定更有效的保护策略。

现代科技为红树林保护提供了丰富的研究工具和创新技术，如基因编辑、生态模型、数据挖掘等。专家们可以利用这些工具和技术，深入研究红树林生态系统的运行机制，为保护工作提供科学依据和技术支持。

此外，利用互联网和社交媒体等现代科技平台，政府和环保组织可以开展红树林保护的科普宣传和公众参与活动，提升公众对红树林保护的认识和关注度，促进社会各界共同参与保护行动。现代科技在湛江红树林保护中扮演着重要角色，为提升红树林保护的科学性、有效性和可持续性发挥关键作用。

（4）成立红树林保护研究中心。湛江湾实验室在 2022 年 4 月成立了粤西首家红树林保护研究中心，旨在更好地保护红树林，同时充分挖掘其价值。该研究中心的主要任务是围绕红树林保护、修复与可持续利用展开基础理论与应用研究、技术研发及示范应用工作。

在同年 5 月，湛江湾实验室选定了麻章区金牛岛作为红树林种养耦合模式研发的长期定位观测基地。这一选择的背后意味着实验室将在金牛岛开展长期的实地观测与研究工作，以深入了解红树林生态系统的动态变化、物种多样性、生长状况等关键指标，为红树林保护与可持续利用提供科学依据和技术支持。

（5）加快生态经济的探索。湛江在红树林保护中探索了生态经济发展模式，实现了生态保护与经济增长的有机结合。通过生态旅游和蓝碳交易等方式，湛江市实现了生态资源的保护和经济效益的双赢。湛江市政府与北京企业家环保基金会合作的"广东湛江红树林造林项目"将红树林的生态服务转化为碳交易，推动了生态经济的发展。这一经验启示表明，生态保护与经济增长并非对立，而是相辅相成的。合理利用生态资源，发展生态产业，并将生态服务转化为经济收益，可以实现生态保护和经济发展的良性循环，为可持续发展提供有益参考。

（6）加强国际合作与交流。湛江在红树林保护中积极推动国际合作与交流，与联合国环境规划署等国际组织合作举办国际研讨会，共同推动全球红树林保护事业。湛江积极参与联合国环境规划署发起的"SUC 项目可持续发展先锋城市"试点项目，被列为"GIREC 全球资源高效城市"首批中国试点城市，获得国际认可和支持。通过这些合作，湛江从全球智慧和经验中获益，推动了本地红树林保护工作的不断深化。湛江通过国际合作获取资金、技术支持，加速推进红树林保护工作，并通过文化交流与教育合作提升公众意识和社会参与度。与国际科研机构、学术界开展合作研究，可以促进科学技术的进步，提高湛江红树林保护工作的科学性和专业性。国际合作可以拓展研究领域，提供新的研究思路和方法，为湛江的保护工作注入新的活力。经验表明，国际合作对于湛江红树林保护与生态文明建设具有重要意义，可以充分利用外部资源和经验，为生态文明建设作出更大贡献。

湛江致力于打造"红树林之城"，这一举措是对习近平生态文明思想的创新性实践和具体体现。通过红树林的生态文明建设，湛江不仅保护了生态环境，还促进了经济发展，为全球红树林保护提供了一个可借鉴的模式。在政府的有力领导、多部门的通力合作、科技创新的广泛应用、生态经济的深入探索以及国际合作的积极推进下，湛江有效地保护并恢复了红树林生态系统。在全球环境问题日益严峻的当下，保护自然遗产、实现生态与经济的平衡显得尤为关键。随着生态文明建设战略的不断推进，建设生态城市已成为时代发展的必然要求。湛江将继续以习近平生态文明思想为指导，不断开拓"红树林之城"建设的新局面，积极推进红树林的保护与发展工作，这不仅体现了生态与经济的共同繁荣，也共同推动了全球生态文明的建设，促进了人与自然的和谐共生。

参考文献

[1] 习近平：《推进生态文明建设需要处理好几个重大关系》，《求知》2023 年第 12 期。

[2] 郇庆治：《论习近平生态文明思想科学体系的三重意涵》，《环境与可持续发展》2023 年第 6 期。

[3] 郑杭生、杨敏：《关于社会建设的内涵和外延——兼论当前中国社会建设的时代内容》，《学海》2008 年第 4 期。

[4] 第三届世界生态高峰会全体会议：《北京生态宣言》，《生态学报》2007 年第 6 期。

[5] 潘岳：《社会主义与生态文明》，《中国环境报》，2007 年 10 月 29 日。

[6] 蒋昌松：《城市生态管理学》，北京：九州文艺出版社，2021 年。

[7] 王尔德：《解读生态文明：超越工业文明的新文明形态》，https：//gongyi. sina. com. cn/greenlife/2012 - 10 - 09/092237974. html，2012 年 10 月 9 日。

[8] 卢风、曹小竹：《论伊林·费切尔的生态文明观念——纪念提出"生态文明"观念 40 周年》，《自然辩证法通讯》2020 年第 2 期。

[9] 《广东湛江红树林国家级自然保护区管理办法》，中国政府法制网，2018 年 4 月 28 日。

[10] 《中央环保督察整改见成效：湛江创新模式建设全国最大红树林保护区》，https：//mp. weixin. qq. com/s/J5Fo - JbqQCMO7AF8lF9osA，2019 年 5 月 19 日。

[11] 叶谦吉：《叶谦吉文集》，北京：社会科学文献出版社，2014 年。

[12] 刘勇：《"两山论"对新质生产力的绿色赋能》，《理论与改革》2024 年第 3 期。

[13] 《生态环境部发布 2024 年六五环境日主题》，https：//www. Mee. Gov. Cn/ywdt/xwfb/202404/t20240416_1070921. Shtml，2024 年 5 月 28 日。

红树林与国际合作

张艳伟　赵德芳①

红树林是指海岸潮间带和河流入海口的湿地木本植物群落，也被称为海岸盐生沼泽植被，主要生长在热带及亚热带，是全球生态系统中生产率较高的生态系统，②红树林对人类生存和发展具有重要意义和价值，红树林群落既有强大的生态功能，在沿海地带可防风消浪、促淤保滩、固岸护堤、沉降污染、调节气候、净化海水和空气、维持生物多样性、固碳储碳，同时又能产生巨大的经济和社会效益；人类可利用红树林群落获得海产品食物供给，拓展水产、药物、纸浆等产业发展，开展景观和人文旅游，促进就业和经济发展，等等。③在过去的近百年里，人类围绕红树林的开发和利用使得全球红树林面积急剧减少，增加了自然灾害事件发生频率和损失范围。随着人们对红树林生态系统的科学认识提高和保护意识的加强，近十年来全球红树林面积减少的速度有所变缓，一些国家的红树林面积开始增加，但大多数国家的红树林面积持续减少，红树林保护国际合作需加强。本文基于红树林的自然属性和地理分布情况，尝试运用国际关系理论分析红树林国际合作的必要性、困境和紧迫性，并对红树林保护国际合作的现状和趋势进行梳理和展望。

---

① 张艳伟，岭南师范学院马克思主义学院讲师；研究方向：国际能源、环境与气候合作。赵德芳，岭南师范学院法政学院讲师；研究方向：生态文明。本文发表于《对外经贸实务》2023 年第 11 期，为湛江市哲学社会科学 2022 年度规划项目（ZJ22YB23）、湛江市哲学社会科学 2023 年度规划项目（ZJ23ZZ16）、岭南师范学院 2022 年高等教育教改项目。
② 林鹏：《中国红树林生态系统研究》，北京：科学出版社，1997 年。
③ 张和钰、陈传明、郑行洋等：《漳江口红树林国家级自然保护区湿地生态系统服务价值评估》，《湿地科学》2013 年第 11 卷第 1 期，第 108 – 113 页。Roy A K D. Determinants of Participation of Mangrove Dependent Communities in Mangrove Conservation Practices. *Ocean & Coastal Management*，2014，98：70 – 78。郑艺、林懿琼、周建等：《基于资源三号的雷州半岛红树林种间分类研究》，《国土资源遥感》2019 年第 31 卷第 3 期，第 201 – 208 页。

一、 红树林的全球分布

（一）全球红树林分布特点

红树林生长在世界广大地区，有 123 个国家和地区拥有红树林，[①] 分布具有全球性。因自身生长环境特点，红树林相对集中于热带和亚热带区域，分布具有不均衡性。据全球红树林观察数据，2020 年世界红树林面积约 14.7 万平方公里[②]。全球红树林观察研究报告显示，全球红树林分布在亚洲、北美洲、南美洲、非洲和大洋洲的热带和亚热带地区，其中分布最广泛的地区在东南亚，仅印度尼西亚的红树林就占全球红树林总分布的五分之一。印度尼西亚、巴西、澳大利亚、墨西哥和尼日利亚的红树林数量几乎占世界的一半。[③]

（二）全球红树林面积减少趋势

全球红树林面积快速减少，危及地球环境与人类生存发展。红树林是全球重要的生态系统，提供广泛的生态环境服务，如碳捕获和储存、沿海保护和渔业改善等。然而，由于地处海陆交界的潮间带，红树林也是全球最脆弱的生态系统之一，城市发展、环境污染、海平面上升等问题威胁红树林的生长。[④] 在过去 50 年中，尤其是 1990 年之前，由于沿海环境中农业和水产养殖业扩张引发森林砍伐，全球范围内红树林面积大幅减少，[⑤] 红树林被毁坏的速度是森林平均损失率的3～5 倍，世界上超过四分之一的原始红树林已经消失。[⑥] 21 世纪以来，全球红树林减少速度相较于 1990 年之前稍有减缓，但全球红树林面积仍以约 0.4% 的年均速

---

① 《保护红树林生态系统国际日》，https：//www. unesco. org/zh/days/mangrove – ecosystem – conservation。

② Bunting P, Rosenqvist A, Hilarides L, et al. Global Mangrove Extent Change 1996 – 2020： Global Mangrove Watch Version 3. 0. *Remote Sensing*，2022，14（15）：3657.

③ Leal M and Spalding, M D （editors）. The State of the World's Mangroves 2022. *Global Mangrove Alliance*，2022.

④ Pham T D and Yoshino K. Impacts of Mangrove Management Systems on Mangrove Changes in the Northern Coast of Vietnam. *Tropics*，2016，24（4）：141–151.

⑤ Leal M and Spalding, M D （editors）. The State of the World's Mangroves 2022. *Global Mangrove Alliance*，2022.

⑥ 《聚光灯下的红树林》，https：//www. unep. org/news – and – stories/story/mangroves – spotlight，2017 年 7 月 25 日。

度减少。① 全球红树林面积逐渐减少，伴随红树林带来独特的经济、社会、生态价值也将减少乃至荡然无存，严重威胁到人类的生存与发展。② 因此，红树林保护和修复急需全人类携手合作。

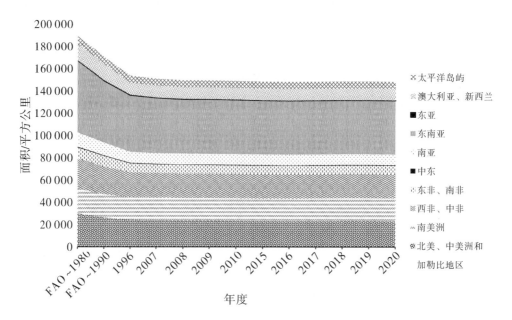

图1　全球红树林面积变化（1980—2020年）

数据来源：《世界红树林状况2022》（*The state of the world's Mangroves 2022*）。

二、 红树林国际合作的必要性及意义

从国家视角来看，红树林是拥有国的主权资源，对国家的经济、民生、环境等有重大价值，影响国家的发展和稳定，具有主权资源属性。从全球视野来看，红树林生态系统是全球生态系统、气候系统的重要组成部分，对全球气温、海平面升降、生物多样性、碳存储等产生重大影响，具有全球公共产品属性。因此，保护和修复红树林既是拥有国的权利与责任，也需要跨越国界和全球范围的协调。

---

① Hamilton S E and Casey D. Creation of a High Spatio-temporal Resolution Global Database of Continuous Mangrove Forest Cover for the 21st Century（CGMFC – 21）. *Global Ecology and Biogeography*, 2016, 25（6）: 729 – 738.

② 贾明明、王宗明、毛德华等：《面向可持续发展目标的中国红树林近50年变化分析》，《科学通报》2021年第66卷第30期，第3886 – 3901页。

（一）红树林具有全球公共产品属性

1. 红树林为维系全球生态系统稳定发挥作用

红树林生态系统是沿海生态系统和全球生态系统不可或缺的重要组成部分，与珊瑚礁和海草床等其他潮汐湿地系统以及附近的陆地和淡水生境相互联系。所有这些生境的分布都受到陆地、沿海和海洋过程的综合影响，广泛的生物和物理联系在它们之间建立了复杂的相互依存的关系。沿海湿地可以通过捕获和保持沉积物，从而形成新的生物栖息地，还可以确保邻近的近海水域更清澈，使海草和珊瑚礁茁壮成长。从虾到鹦嘴鱼等近海物种都把沿海的泥滩和红树林作为苗圃，它们的幼崽在成熟后会迁徙到珊瑚礁和近海水域。河流沉积物通量的变化可能导致三角洲结构的变化，这一过程可能导致红树林生态系统、泥滩和潮汐沼泽之间的变化。[1] 保护和维系包括红树林系统在内的全球生态系统对维系自然与人类的生存与发展至关重要。恢复红树林是一种基于自然的解决方法，可以缓解气候变化、增强沿海地区复原力。同时，红树林区域人类社区可以通过增加获得可持续生计和食物来源的机会来增强经济抵御能力。

2. 红树林为缓解全球气候变化发挥作用

红树林系统是一个长期碳储存系统，从大气中捕获碳以供生长，同时将一部分碳储存在叶子、树干和根等部位中以及隔离在土壤中。健康的红树林生态系统捕获和储存碳的速度远高于大多数陆地森林，每公顷红树林可以存储 3 754 吨碳，相当于 2 650 多辆石油汽车一年的碳排量。[2] 据估计，红树林的碳含量是其他森林生态系统（如温带森林和北方森林）的四倍。在世界范围内，红树林储存了约 228.6 亿吨二氧化碳，相当于 500 多亿桶石油的二氧化碳排放量。[3] 由于红树林中储存了大量的碳，防止因砍伐红树林而排放出长期存储的二氧化碳至关重要。专家估计，尽管被毁的红树林在覆盖率上仅占全球被毁森林的 0.7%，但由此造成的碳排放却占 10%。[4] 保护现存的红树林、修复已经减少的红树林，对

[1] Leal M and Spalding, M D（editors）. The State of the World's Mangroves 2022. *Global Mangrove Alliance*，2022.

[2] 《保护红树林生态系统国际日》，https：//www. unesco. org/zh/days/mangrove – ecosystem – conservation。

[3] Leal M and Spalding, M D（editors）. The State of the World's Mangroves 2022. *Global Mangrove Alliance*，2022.

[4] 《保护红树林生态系统国际日》，https：//www. unesco. org/zh/days/mangrove – ecosystem – conservation。

扩容全球碳存储系统十分必要。

3. 红树林为维系生物多样性和保障粮食安全发挥重要作用

红树林能够支撑复杂的生态系统和生物群落，为上千物种提供相互依存的生境，是341种受威胁物种的栖息地，例如，为鱼类和甲壳类动物提供育苗栖息地，为猴、鹿、鸟和袋鼠提供食物来源，为蜜蜂提供花蜜来源等。[①] 红树林为具有重要商业价值的鱼类、甲壳类动物和软体动物提供生境。《世界红树林状况2022》报告研究模型估计，红树林哺育了近6 000亿只虾和鱼的幼苗以及1 000亿只螃蟹和双壳类动物，约410万渔民依赖红树林生存。[②] 红树林为此类经济较落后社区的粮食安全提供保障，尤其是在不确定的粮食安全格局和适应气候变化方面发挥关键作用。红树林同时是自然基础设施，为抵御风暴、沿海洪水和侵蚀提供重要保护。

（二）红树林保护存在三重困境

红树林分布在热带和亚热带的123个国家和地区，绝大多数为发展中国家和地区，面临经济、就业、民生等发展问题与生态保护的"机会资源"竞争问题。囿于上述原因，红树林保护存在三重困境：一是经济发展、环境保护和社会稳定目标间矛盾冲突困境；二是红树林保护行为体间存在意愿、资源和能力不匹配困境；三是红树林保护成本、风险和收益错位困境。

1. 红树林拥有国面临经济、环保和民生资源竞争矛盾

红树林可以为沿海乃至全球提供丰富的海产品，可以为制药、纸浆和建筑等产业提供原材料，可以被开发成旅游资源，是当地政府和社区促进经济发展、解决就业和保障粮食安全的重要凭借。但正是基于上述目标而实施的水产养殖和征地开发等行为造成了大量红树林被砍伐破坏。东南亚是全球红树林面积占比最多的地区，也是红树林损失最多的区域，从1996—2020年，东南亚损失红树林面积估计2 457平方公里，占全球红树林损失面积的47%，人为损失主要由于商品开发和水产养殖。[③] 1980—2010年缅甸红树林的总面积减少了50%，伊洛瓦底江三角洲的红树林减少了85%，开垦稻田、养虾及采伐燃材是造成红树林面积削

---

① 《保护红树林生态系统国际日》，https：//www.unesco.org/zh/days/mangrove – ecosystem – conservation。

② Leal M and Spalding, M D（editors）. The State of the World's Mangroves 2022. *Global Mangrove Alliance*，2022.

③ Bunting P, Rosenqvist A, Hilarides L, et al. Global Mangrove Extent Change 1996 – 2020：Global Mangrove Watch Version 3. 0. *Remote Sensing*，2022，14（15）：3657.

减的主要因素。① 对红树林的保护和修复需要"退塘还林（湿）"或"退地（房）还林"，直接影响社区居民生计、社会经济和政府财政，势必产生对红树林资源的争夺。如何将这种具有"零和"性质的竞争转化为"共赢"性质的合作，是红树林保护迫切需要解决的问题。

2. 红树林保护行为体间存在意愿、资源和能力不匹配困境

由于红树林拥有国大多为发展中国家，在面对上述第一重困境时，出于惯性思维，一些国家偏好于选择稳定且低成本的不作为。国家作为国际社会的主要行为体来行使主权，对本国范围内生长的红树林具有管辖、开发利用、治理和保护的权力，设计何种制度和执行力度视主权国家的意愿而定。但正如上文所述，红树林生态系统具有全球影响力，世界各国无论是否拥有红树林资源，都会在不同程度上受到红树林生态系统变化的影响。因此，红树林保护的意愿和资源占有之间较易出现不匹配现象。另外，尽管红树林保护和修复十分重要，但实践中经常遭遇失败和挫折。政府通常会进行大规模的修复工作，但主要集中在降低成本和最大化项目面积上。投资者担心红树林恢复工作失败，又存在执行阻碍，因此恢复项目的投资进展缓慢。一些国家的非政府组织和社区大多缺乏设计修复项目的技术和专长。许多项目因缺乏科学指导和制度设计，导致未能获取任何收益；一些项目由于技术错误或能力欠缺，导致修复工作失败，不仅失去了重建红树林的机会，还造成资源的巨大浪费，打击了恢复红树林的信心。②

3. 国家间开展红树林保护面临成本、风险和收益不匹配困境

红树林保护的成本与风险由本国承担，而收益则由全球共享，正是出于此一担忧，红树林拥有国在开展红树林保护行动中可能踌躇不前。尽管当今国际社会的无政府状态并非处于霍布斯文化之中，但发展权与环境权之争也显示了包括红树林合作在内的国际合作远非建构主义者界定的洛克文化状态，国家间的博弈在关注绝对收益时，也并未舍弃对相对收益的考量。因此，国家间开展红树林保护合作依然要解决成本、风险和收益的"正义""公平"或"均衡"问题。例如，受红树林面积和环境条件的影响，相关红树林拥有国之间红树林碳含量分布不均，印度尼西亚、巴西、尼日利亚、澳大利亚和墨西哥五国拥有的红树林碳存储

---

① 张立、AUNG ToeToe：《缅甸红树林湿地及其可持续管理》，《湿地科学与管理》2016 年第 12 卷第 2 期，第 63－65 页。

② Leal M and Spalding, M D（editors）. The State of the World's Mangroves 2022. *Global Mangrove Alliance*, 2022.

占世界总量的 50% 。① 在巨大的红树林资源差异和庞大的二氧化碳存储通量情境下，如何处理红树林保护行动的成本、风险以及如何将红树林的蓝碳变现为全球碳交易系统的流通商品，是红树林保护全球合作必须解决的核心问题。

（三）红树林保护合作的紧迫性和机遇期

1. 红树林保护议题热度提升

气候变化争论减少和极端天气增加趋势提升了红树林保护的重要性和紧迫性，气温升高、海平面上升对红树林的威胁加大。气候变化话题曾经并将继续引起政客的争论，造成国家间互不信任，质疑企业在社会中的角色，以及个人对生活方式的选择。然而，自然科学家们通过追踪百年以上的温室气体、全球温度、海平面高度、太阳黑子、火山活动、冰川和极端天气等诸多证据，检验了气候变化的观点和理论。"在过去的 40 年里，气候变化理论一定是科学界经过最全面检验的理念之一。"② 有研究指出，过去 2 000 年里，只有最近 150 年世界各地气候同向变化，地球表面 98% 以上的地区变暖了。③ 联合国政府间气候变化专门委员会（IPCC）研究显示，1901—2018 年间全球海平面上升超过 24 厘米，2015—2020 年间 70% 的极端天气事件因气候变化导致其频率或强度有所增大。④ 诸多科学证据表明，气候变化对红树林的生存威胁增大，激化了红树林保护的紧迫性。

2. 红树林保护认知提高、实践增多，提升了国际合作的可行性

红树林保护的实践提升了科学认知与治理能力，增强了红树林保护预期目标的可行性。尽管围绕气候变化的争论还在持续，但全球对气候变化的共识逐步增多，尤其是各地极端天气频发提升了各国携手合作应对气候变化的意愿，2010—2020 年亚洲、非洲、南美洲和大洋洲红树林损失面积有所减少，而北美和中美洲则实现了红树林面积的净增加。⑤ 另外，过去的实践也促使与红树林保护相关的科学技术和制度规范逐渐完善。东南亚、南美洲北部海岸和澳大利亚北部的恢

① Leal M and Spalding, M D（editors）. The State of the World's Mangroves 2022. *Global Mangrove Alliance*，2022.

② ［英］马克·马斯林著，陈星译：《气候变化》，北京：外语教学与研究出版社，2022 年，第 189 - 190 页。

③ ［英］马克·马斯林著，陈星译：《气候变化》，北京：外语教学与研究出版社，2022 年，第 193 页。

④ ［英］马克·马斯林著，陈星译：《气候变化》，北京：外语教学与研究出版社，2022 年，第 196、201 页。

⑤ 《再接再厉保护红树林：红树林消失速度减缓近四分之一》，https：//news. un. org/zh/story/2023/07/1120107，2023 年 7 月 25 日。

复潜力最大。在克服了许多财政、生态和社会挑战后，世界各地的恢复项目取得巨大进展。斯里兰卡已成为世界上第一个全面保护其所有红树林的国家，2015年启动政府支持替代就业培训和苗圃种植贷款计划等；肯尼亚的"红树林一起"是世界上第一个将红树林与全球碳市场联系起来的保护项目，该模型将推广到阿联酋、厄瓜多尔、印度尼西亚、马达加斯加和莫桑比克等全球其他蓝碳森林项目。[1]

3. 红树林保护收益预期提高，有益于提升投资热情

全球碳价格高企预期将会激励红树林蓝碳投资的热情和商业收益期望。国际货币基金组织（IMF）指出，一些国家积极推进碳定价，但各国目标不同，全球有五分之四的碳排放尚未实现定价，全球碳排放的平均价格仅为每吨3美元，要实现《巴黎协定》的温度目标，价格必须大幅上涨。为此 IMF 提议创建一项国际碳价下限安排，设置三层价格下限（分为发达经济体、高收入新兴市场经济体和低收入新兴市场经济体三个层级，分别对应75美元、50美元和25美元的碳价）。[2] 中央财经大学绿色金融国际研究院（IIGF）研究指出，全球碳价长期看涨是主流趋势，为实现《巴黎协定》升温不超2℃目标，预计到2030年碳价将达61~122美元/吨。[3] 世界银行最新研究报告显示，碳排放权交易体系（ETS）和碳税的价格经过多年的高速增长后，2022年在全球能源危机背景下增长趋势有所减缓，约50%的价格整体呈有序上涨趋势，其中，欧盟碳排放权交易体系碳价格增长最为显著，于2023年3月飙升至100欧元/吨的高点。[4]

三、 红树林保护国际合作框架、 现状与趋势

许多国家和地区也制定了红树林保护及管理相关政策法规，并通过建立保护区、实施政府和社区共管以及生态补偿等方式开展红树林保护工作。建立自然保护区是全球应用最普遍且成效显著的红树林保护方式。目前，世界上近42%的

① 《聚光灯下的红树林》，https：//www. unep. org/news – and – stories/story/mangroves – spotlight，2017 年 7 月 25 日。

② 《有关扩大全球碳定价机制的提议》，https：//www. imf. org/zh/Blogs/Articles/2021/06/18/blog – a – proposal – to – scale – up – global – carbon – pricing，2021 年 6 月 21 日。

③ 庞心睿：《2022 年全球碳定价机制的进展与展望》，https：//iigf. cufe. edu. cn/info/1012/7096. htm，2023 年 6 月 20 日。

④ World Bank Group. State and Trends of Carbon Pricing 2023. （2023 – 05），http：//hdl. handle. net/10986/39796.

红树林被划为保护区，但在一些重要的红树林拥有国中，纳入国家保护的红树林尚不到 5%。[①]

鉴于红树林保护的重要性、可行性、紧迫性和经济性，国际社会已经采取行动，对全球范围内的红树林开展保护合作与可持续开发利用。随着世界各国保护红树林的决心增强，包括红树林在内的沿海生态系统成为近年许多全球论坛的核心议题，如格拉斯哥气候公约会议和 2022 年联合国海洋会议等。目前，红树林保护国际合作主要是以联合国为代表的国际组织发挥重要作用。

（一）联合国框架下的红树林保护合作

以联合国为代表的国际组织发起的有关红树林全球合作行动与项目数量繁多，比较有代表性的协议和议程主要有：《2030 年可持续发展议程》（SDGs）、《生物多样性公约》（CBD）、联合国森林论坛（UNFF）、《联合国气候变化框架公约》（UNFCCC）等等。此外还有重要的政府间环境公约，如：《湿地公约》以及《华盛顿公约》（CITES）等。

1. 《2030 年可持续发展议程》（SDGs）

SDGs 于 2015 年经联合国所有会员国一致通过，议程涵盖社会、经济、环境三大方面的 17 个全球可持续发展目标（SDGs）和 169 个具体目标（Targets），2016 年又确定了 230 个指标（Indicators）以监测并跟踪 SDGs 进展情况。[②] 其中与红树林保护有关的内容包含在可持续发展目标的第 6、14 和 15 项中，具体目标涉及 Target 6.6、14.2、14.5 和 15.2（见表 1）。

表 1　《2030 年可持续发展议程》与红树林保护有关的目标

目标（SDGs）	具体目标（Target）	指标（Indicator）
SDG 6：为所有人提供水和环境卫生并对其进行可持续管理	6.6：到 2020 年，保护和恢复与水有关的生态系统，包括山地、森林、湿地、河流、地下含水层和湖泊	6.6.1：与水有关的生态系统范围随时间的变化

---

① Leal M and Spalding, M D （editors）. The State of the World's Mangroves 2022. *Global Mangrove Alliance*, 2022.

② 《〈2030 年可持续发展议程〉各项可持续发展目标和具体目标全球指标框架》，https：//unstats. un. org/sdgs/indicators/Global% 20Indicator% 20Framework% 20after% 202019% 20refinement _ Chi. pdf.

（续上表）

目标（Goal）	具体目标（Target）	指标（Indicator）
SDG 14：保护和可持续利用海洋和海洋资源以促进可持续发展	14.2：到 2020 年，通过加强抵御灾害能力等方式，可持续管理和保护海洋与沿海生态系统，以免产生重大负面影响，并采取行动帮助它们恢复原状，使海洋保持健康，物产丰富	14.2.1：国家级经济特区当中实施基于生态系统管理措施的比例
	14.5：到 2020 年，根据国内和国际法，并基于现有的最佳科学资料，保护至少 10% 的沿海和海洋区域	14.5.1：保护区面积占海洋区域的比例
SDG 15：保护、恢复和促进可持续利用陆地生态系统，可持续管理森林，防治荒漠化，制止和扭转土地退化，遏制生物多样性的丧失	15.2：到 2020 年，推动对所有类型森林进行可持续管理，停止毁林，恢复退化的森林，大幅增加全球植树造林和重新造林	15.2.1：实施可持续森林管理的进展

数据来源：联合国《2030 年可持续发展议程》。

2.《生物多样性公约》（CBD）

CBD 由联合国环境和发展大会于 1992 年通过并于 1993 年生效，共 196 个缔约方，是全球签署国家最多的国际环境公约。CBD 的目标是保护生物多样性、可持续利用生物多样性及公正合理分享由利用遗传资源所产生的惠益。作为沿海和湿地系统的红树林生态系统是 CBD 的核心内容之一。CBD 要求每一个缔约方制定国家战略、计划或方案，开展生物多样性检测、保护、持久使用、研究培训、教育和科技合作，并应尽可能为保护和持久使用生物多样性进行合作，特别为发展中国家提供财务和其他援助。[①] CBD 及其后期议定书涵盖了所有层面的生物多样性，即生态系统、物种、遗传资源和生物技术。事实上，CBD 涵盖了与生物多样性及其在发展中的作用有直接或间接关联的所有领域，包括科学、政治和教育、农业、商业和文化等。《昆明－蒙特利尔全球生物多样性框架》（下称《昆蒙框架》）是 CBD 缔约方大会 2022 年通过的决定，把生物多样性、生物多样性

---

① 《生物多样性公约》，https：//www. un. org/zh/documents/treaty/cbd。

的保护、生物多样性组成部分的可持续利用以及公正公平地分享利用遗传资源所产生的惠益放在可持续发展议程的核心，同时认识到生物多样性和文化多样性之间的重要联系。《昆蒙框架》2050 年的愿景是构建一个与自然和谐相处的世界，为此设定 4 个 2050 长期目标（见表 2）和 23 个 2030 行动目标。① 这些长期目标和行动目标绝大多数涉及红树林保护、修复、管理和利用。2022 年联合国生物多样性大会（CBD COP15）开展新的全球生物多样性框架谈判，制定全球生物多样性目标和具体目标，红树林将在实现这一框架方面发挥至关重要的作用。

表 2　《昆明－蒙特利尔全球生物多样性框架》2050 年长期目标

长期目标	具体内容
A	到 2050 年，所有生态系统的完整性、连通性和复原力得到维持、增强或恢复，大幅度增加自然生态系统的面积；已知受威胁物种的人为灭绝得到制止，到 2050 年所有物种的灭绝率和风险减少 10 倍，本地野生物种的数量增加到健康和有复原力的水平；野生和驯化物种种群内的遗传多样性得以维持，从而保护它们的适应潜力
B	到 2050 年，生物多样性得到可持续利用和管理，自然对人类的贡献，包括生态系统功能和服务的贡献得到重视、维持和加强，目前正在下降的生态系统得到恢复，促进实现可持续发展，造福今世后代
C	到 2050 年，根据关于获取和惠益分享的国际文书，通过利用遗传资源、遗传资源数字序列信息、与遗传资源相关的传统知识（如适用）所产生的货币和非货币惠益得到公正公平分享，包括酌情与当地人民和地方社区分享，并有大幅增加，同时确保与遗传资源相关的传统知识得到适当保护，从而促进生物多样性的保护和可持续利用
D	全面执行《昆蒙框架》所需的充分执行手段，包括财政资源、能力建设、科技合作、获取和转让技术得到保障并公平提供给所有缔约方，尤其是发展中国家，特别是最不发达国家和小岛屿发展中国家以及经济转型国家，逐步缩小每年 7 000 亿美元的生物多样性资金缺口，并使资金流动与《昆蒙框架》和 2050 年生物多样性愿景保持一致

数据来源：联合国环境规划署《昆明－蒙特利尔全球生物多样性框架》。

---

① 《昆明－蒙特利尔全球生物多样性框架》，https：//www.cbd.int/doc/decisions/cop－15/cop－15－dec－04－zh.pdf，2022 年 12 月 19 日。

除了上述议程和公约外，联合国其他组成部门也为红树林保护合作搭建平台、提供指导等。

《联合国气候变化框架公约》的《巴黎协定》推动各国建立"REDD＋"框架来保护森林。"REDD"是指减少发展中国家森林砍伐和森林退化造成的二氧化碳排放，"＋"代表保护气候的其他与森林相关的活动，即森林的可持续管理以及森林碳储量的保护和增加。在"REDD＋"活动的框架下，发展中国家在减少森林砍伐时可以获得基于结果的减排付款，支付机制包括可持续融资要素，也可以是碳市场或其他方法的一部分。①

政府间气候变化专门委员会（IPCC）为各国提供实施《巴黎协定》所示温室气体清单指导，其中《2006 年 IPCC 国家温室气体清单指南的 2013 年补编：湿地》就湿地和排水良好土壤、供污水处理的人工湿地提供方法学指导，是关于红树林生态系统的最新核算指南。②

（二）其他国际组织开展的红树林保护国际合作

1. 《湿地公约》（*The Convention on Wetlands*）

该公约于 1971 年签署，是全球第一部政府间多边环境公约，使命是"通过地方和国家行动以及国际合作，保护和明智利用所有湿地，为全世界实现可持续发展作出贡献"。公约中的湿地包括所有的湖泊和河流、地下含水层、沼泽和湿地、潮湿的草原、泥炭地、绿洲、河口、三角洲和滩涂、红树林和其他沿海地区、珊瑚礁以及所有人造场所，如鱼塘、稻田、水库和盐田。湿地是最多样化和最具生产力的生态系统之一。公约缔约方承诺，努力明智地利用所有湿地；将合适的湿地列入《湿地公约》国际重要湿地名录并确保其有效管理；在跨境湿地、共享湿地系统和共享物种方面开展国际合作。目前，《湿地公约》的内涵已由关注水禽栖息地和迁移水鸟的保护，延伸到注重整个湿地生态系统及其功能的发挥，缔约方也发展到 172 个。2022 年《湿地公约》第十四届缔约方大会推动在中国建立国际红树林中心，作为全球红树林保护国际合作的重要基地和科研平台，重点开展国际培训研讨、科研宣教及红树林保护项目。③《湿地公约》中有关红树林的主要决议见表 3。

---

① *What is REDD＋?*. https：//unfccc. int/topics/land － use/workstreams/redd/what － is － redd.

② 参见 IPCC 网站：https：//www. ipcc. ch/languages － 2/chinese/。

③ 资料来源于"湿地公约"网站，经作者整理，https：//www. ramsar. org/about/convention － wetlands － and － its － mission。

表3 《湿地公约》关于红树林的主要决议

时间（年）	决议（Resolution）
2002	8.32：红树林生态系统及其资源的保护、综合管理和可持续利用
2002	8.11：关于识别和指定代表性不足的湿地类型为国际重要湿地的附加指南
2018	13.14：促进沿海蓝碳生态系统的保护、恢复和可持续管理
2021	简报12：蓝碳生态系统对减缓气候变化的贡献
2022	14.19：关于建立国际红树林中心的提案（拉姆萨尔区域倡议）

资料来源："湿地公约"网站。

2. 非政府间国际组织开展的国际合作

世界自然保护联盟（IUCN）是一个由政府和民间社会组织组成的独特会员联盟，拥有1 400多个会员和15 000多名专家，其中国家和政府机构占会员的14%。IUCN致力于为世界环境压力和发展挑战寻找解决方案，在全球范围支持科学研究、开展实地项目，并邀请联合国机构、各国各级政府、非政府组织和企业一起制定法规、政策。IUCN专注于评估和保护自然的价值，保证自然资源利用的有效和公平治理，以及应用"基于自然的解决方案"应对气候、粮食和发展等全球挑战。世界上现存的红树林中，约42%属于IUCN认定的保护区域。IUCN与合作伙伴发起三项行动倡议（见表4）：未来红树林（Mangroves for the Future）为应对沿海生态系统管理挑战的不同机构、部门和国家之间的合作提供了一个平台；波恩挑战（The Bonn Challenge）及全球红树林联盟（The Global Mangrove Alliance）。[1]

2023年IUCN还发布了两项有关红树林的最新研究成果：《蓝碳生态系统国际政策框架》主要对协调国际政策进程行动以保护和恢复沿海蓝碳生态系统提出建议；《2023年世界自然保护联盟（IUCN）黄海状况分析——聚焦潮间带和相关沿海生境》。[2]

---

[1] Mangroves against the storm, https：//social. shorthand. com/IUCN _ forests/nCec1jyqvn/mangroves – against – the – storm.

[2] Mangroves against the storm, https：//social. shorthand. com/IUCN _ forests/nCec1jyqvn/mangroves – against – the – storm.

表 4　IUCN 三项红树林行动倡议

项目行动	合作伙伴	目标	现有成果
未来红树林	南亚和东南亚11 个成员国的220 多个合作伙伴	旨在促进变革性适应并增强依赖生态系统的沿海社区的复原力，以应对气候变化影响和自然灾害	截至 2016 年底，MFF 的投资组合包括超过 315 个项目，其中许多项目侧重于恢复红树林、改善沿海生态系统的管理以及支持沿海社区的生计
波恩挑战	近 50 个国家和组织	到 2020 年恢复全球 1.5 亿公顷森林砍伐和退化土地，到 2030 年恢复 3.5 亿公顷	来自近 50 个国家和组织的承诺已达到 1.5 亿公顷的目标，其中许多国家已明确将红树林纳入其恢复计划
全球红树林联盟		到 2030 年将全球红树林栖息地范围扩大 20%	开展全球红树林观察跟踪和监测，推出红树林恢复跟踪工具（MRTT）

数据来源：世界自然保护联盟网站。

此外还有一些国际组织在致力于沿海生态系统、生物多样性等领域的国际合作时，也将红树林保护作为重要议题处理，如全球生物多样性信息机构（GBIF）将红树林纳入 2020 年后全球生物多样性框架指导文件，为世界各地的数据持有机构提供通用标准、最佳实践和开源工具，使他们能够共享有关何时何地的信息物种已被记录的数据，为任何人、任何地方提供对地球上所有生命类型数据的开放访问。[①]

有效的国际合作可以促成国际社会对全球挑战采取集体行动，鼓励国家努力克服"零和"困境，增进信心，实现双赢。对于红树林生态系统而言，协调一致的全球、国家和地方行动对红树林保护和恢复至关重要。新近发生的国际行动鼓舞人心，海洋和沿海生态系统被《格拉斯哥气候公约》吸纳，红树林指标和目标被《生物多样性公约》纳入框架，联合国海洋大会强调了沿海生态系统的优先事项。然而，各国红树林保护的步伐参差不齐，中国、坦桑尼亚、孟加拉国、日本、美国和巴西已经走在了前面，但缅甸、沙特阿拉伯、马来西亚依然步履蹒跚。各国必须努力克服困难、携手合作，共同保护红树林、恢复红树林，以真正实现构建人与自然和谐相处的世界。

---

① 参见全球生物多样性信息机构网站：https：//www.gbif.org/what－is－gbif。

参考文献

［1］贾明明、王宗明、毛德华等：《面向可持续发展目标的中国红树林近 50 年变化分析》，《科学通报》2021 年第 66 卷第 30 期。

［2］林鹏：《中国红树林生态系统研究》，北京：科学出版社，1997 年。

［3］（英）马克·斯林著，陈星译：《气候变化》，北京：外语教学与研究出版社，2022 年。

［4］张和钰、陈传明、郑行洋等：《漳江口红树林国家级自然保护区湿地生态系统服务价值评估》，《湿地科学》2013 年第 11 卷第 1 期。

［5］张立、AUNG ToeToe：《缅甸红树林湿地及其可持续管理》，《湿地科学与管理》2016 年第 12 卷第 2 期。

［6］郑艺、林懿琼、周建等：《基于资源三号的雷州半岛红树林种间分类研究》，《国土资源遥感》2019 年第 31 卷第 3 期。

［7］《生物多样性公约》，https：//www. un. org/zh/documents/treaty/cbd。

［8］《昆明－蒙特利尔全球生物多样性框架》，https：//www. cbd. int/doc/decisions/cop－15/cop－15－dec－04－zh. pdf，2022 年 12 月 19 日。

［9］Bunting P, Rosenqvist A, Hilarides L, et al. Global Mangrove Extent Change 1996 – 2020：Global Mangrove Watch Version 3. 0. *Remote Sensing*, 2022, 14（15）.

［10］Hamilton S E and Casey D. Creation of a High Spatio-temporal Resolution Global Database of Continuous Mangrove Forest Cover for the 21st Century（CGMFC－21）. *Global Ecology and Biogeography*, 2016, 25（6）.

［11］Leal M and Spalding, M D（editors）. The State of the World's Mangroves 2022. *Global Mangrove Alliance*, 2022.

［12］Pham T D and Yoshino K. Impacts of Mangrove Management Systems on Mangrove Changes in the Northern Coast of Vietnam. *Tropics*, 2016, 24（4）.

［13］Roy A K D. Determinants of Participation of Mangrove Dependent Communities in Mangrove Conservation Practices. *Ocean & Coastal Management*, 2014, 98.

［14］World Bank Group. 2023. State and Trends of Carbon Pricing 2023.（2023－05）http：//hdl. handle. net/10986/39796.

红树林与"双碳"

刘锴栋[①]　　钟军弟　　梁金荣

　　碳排放指的是在各种人类活动中释放的二氧化碳和其他温室气体的总量，这些活动包括燃烧化石燃料、工业生产和农业活动等。工业革命兴起，使得大气层中的二氧化碳等强吸热性温室气体含量逐年增加，温室效应也随之增强，导致全球平均气温正以前所未有的速度上升，从而引发干旱、大范围的森林火灾以及海平面大幅度上升等自然界灾害性天气事件。因此，气候变化问题已迫在眉睫。

　　为应对气候变化问题，国家和地区均可通过调整产业结构以及能源体系转型或优化等手段，控制二氧化碳、甲烷等温室气体的排放总量，并使碳排放达到峰值后逐步降低（碳达峰），同时通过生态系统吸收以及固定大气的碳，实现人类社会与自然界的二氧化碳产销平衡（碳中和）。一般来说，"零碳社会"可通过坚持节能减排战略，推行绿色低碳经济，增强森林、海洋碳汇等手段，达成将人类社会产生的二氧化碳全部抵消的目的。为应对气候变化带来的各种灾害事件，许多国家积极响应，纷纷制定一系列科学合理的碳中和目标。习近平总书记在2020年9月第七十五届联合国大会上提出我国力争在2030年以前实现二氧化碳排放量达峰（碳达峰）和2060年以前实现碳中和的"双碳"目标。2030年前碳达峰和2060年前碳中和目标的实现，是中国政府在迈向新发展阶段、践行绿色发展理念、推动经济社会绿色转型的重大战略决策，也是中国在应对全球气候变化行动中做出的承诺。

一、"双碳"目标与蓝碳的关系

　　蓝碳（BC）是指海洋和沿海生态系统，特别是沿海植被生态系统（海草床、盐沼和红树林）捕获和储存的有机碳。"蓝碳"一词于2009年被首次提出，主

---

①　刘锴栋，博士，岭南师范学院生命科学与技术学院院长、教授；研究方向：植物学与蓝碳研究。钟军弟，博士，岭南师范学院生命科学与技术学院高级实验师；研究方向：植物学和蓝碳资源保护与监测。梁金荣，硕士，岭南师范学院生命科学与技术学院助理实验师；研究方向：渔业碳汇应用研究。

要是用来描述除了陆地森林（绿色碳）之外，海洋和沿海植被生态系统对全球碳封存的贡献。[1] 海洋和沿海植被生态系统可通过光合作用将大气中的二氧化碳吸收固定为有机碳。固定的碳素在低氧和缺氧的潮汐环境下较难分解，部分以沉积物形式掩埋海底，从而减少碳素返还大气，减缓气候的变化。[2] 研究表明，虽然蓝碳植被生态系统所占面积不足陆地植被生态系统面积的 0.4%，但蓝碳植被生态系统固定碳量却约为陆地生态系统的 1.3%，蓝碳植被生态系统的高效固碳效率使得其在各固碳植被生态系统中占据绝对优势。[3] 另外，海洋及沿海植被生态系统（海草、盐沼、大型海藻和红树林）面积虽只占海洋面积的 0.2%，却贡献了 50% 海洋沉积物碳储量。[4] 因此，海洋及沿海植被生态系统在碳储量方面具有巨大的潜力和优势。蓝碳战略被认为是应对气候变化的一种经济高效的解决方案。[5] 另外，海洋及沿海生态系统还可以显著减弱波浪能、抬高海底，并保护海岸线免受海平面上升和侵蚀的影响。蓝碳植被生态系统可作为抵御台风、减缓海浪破坏、洪水侵蚀农田和湿地的重要天然缓冲区。有研究表明，挪威海带可减少高达 60% 的波浪高度。[6] 鉴于蓝碳具有固碳、减缓气候变化及保护海岸线等功能，研究探索蓝碳生态系统至关重要[7]。

（一）蓝碳生态系统概念

红树林是分布在热带、亚热带海岸上的以红树科植物为主的特殊生态系统，一般分布于 32°S ~ 32°N 的滨海湿地。目前全球红树林面积约 137 760 ~ 166 000

① Macreadie P I, Anton A, Raven J A, et al. The future of Blue Carbon Science. *Nature Communications*, 2019, 10 (1): 1 – 13.

② Wang F M, Sanders C J, Santos I R, et al. Global Blue Carbon Accumulation in Tidal Wetlands Increases with Climate Change. *National Science Review*, 2021, 8 (9): nwaa296.

③ Yin S, Wang J J, Zeng H. A bibliometric Study on Carbon Cycling in Vegetated Blue Carbon Ecosystems. *Environmental Science And Pollution Research*, 2023, 30 (30): 74691 – 74708.

④ Duarte C M, Losada I J, Hendriks I E, et al. The Role of Coastal Plant Communities for Climate Change Mitigation and Adaptation. *Nature Climate Change*, 2013, 3 (11): 961 – 968.

⑤ Yin S, Wang J J, Zeng H. A bibliometric Study on Carbon Cycling in Vegetated Blue Carbon Ecosystems. *Environmental Science And Pollution Research*, 2023, 30 (30): 74691 – 74708.

⑥ Wu J P, Zhang H B, Pan Y W, et al. Opportunities for Blue Carbon Strategies in China. *Ocean & Coastal Management*, 2020, 194: 105241 – 105251.

⑦ Yin S, Wang J J, Zeng H. A bibliometric Study on Carbon Cycling in Vegetated Blue Carbon Ecosystems. *Environmental Science And Pollution Research*, 2023, 30 (30): 74691 – 74708.

平方千米①，主要分布在热带、亚热带沿海，平均固碳量约 31.1 ± 5.4 ~ 34.4 ± 5.9 Gt C/a；我国红树林面积约 321 平方千米，主要分布于台湾、福建、广东和广西沿海，固碳量约为 0.07 Gt C/a。② 红树林对海岸的防护能力、海岸生态景观构成③、湿地生态功能④、沿海防护林基干林带的作用在很长一段时间受国内外学者重视。2009 年联合国于《蓝碳：健康海洋固碳作用的评估报告》中提出了"蓝碳"概念，再次肯定了红树林、盐沼等重要滨海生态系统在全球碳循环和应对气候变化中的重要作用。⑤

海草主要指生长在热带、温带浅海的高等单子叶植物，主要分布在沙质浅海或河口，可沿海潮下带延伸形成宽阔的海草床。全球海草床面积为 300 000 ~ 600 000 平方千米，平均固碳量约 48 ~ 112 Gt C/a；⑥ 我国海草床面积为 87.65 平方千米。⑦ 研究显示，全球海草生长区占海洋总面积不到 0.2%，但每年海草床生态系统封存的碳占全球海洋碳封存总量的 10% ~ 15%，⑧ 且海草床为沿海鱼类、甲壳类、贝类等生物觅食、繁殖和生存的栖息地⑨，其生态功能非常突出。由于海草床区域位于洋流、潮汐冲刷地带，容易受到人类活动影响，近年来全球

① Sanfeman J. Hengl T, Fiske G. et al. A Global Map of Mangrove Forest Soil Carbon at 30 m Spatial Resolution. *Environmental Research Letters*, 2018, 13 (5).

② 何磊、叶思源、赵广明等：《海岸带滨海湿地蓝碳管理的研究进展》，《中国地质》2023 年第 50 卷第 3 期，第 777 - 794 页。

③ 席世丽、曹明、曹利民等：《广西北海红树林生态系统的民族植物学调查》，《内蒙古师范大学学报》（自然科学汉文版）2011 年第 40 卷第 1 期，第 63 - 67、73 页。

④ 生农、辛琨、廖宝文：《红树林湿地生态功能及其价值研究文献学分析》，《湿地科学与管理》2021 年第 17 卷第 1 期，第 47 - 50 页。吕奕民、王国栋：《红树林生态景观型护岸的营造——以广州市大角山海滨公园项目为例》，《广东园林》2009 年第 31 卷第 3 期，第 37 - 40 页。

⑤ Nellemann C, Corcoran E. Blue Carbon: the Role of Healthy Oceans in Binding Carbon: a Rapid Response Assessment. UNEP/Earthprint, 2009.

⑥ Fourqurean J W, Duarte C M, Kennedy H, et al. Seagrass Ecosystems as a Globally Significant Carbon Stock. *Nature Geoscience*, 2012, 5 (7): 505 - 509.

⑦ 何磊、叶思源、赵广明等：《海岸带滨海湿地蓝碳管理的研究进展》，《中国地质》2023 年第 50 卷第 3 期，第 777 - 794 页。

⑧ Fourqurean J W, Duarte C M, Kennedy H, et al. Seagrass Ecosystems as a Globally Significant Carbon Stock. *Nature Geoscience*, 2012, 5 (7): 505 - 509.

⑨ 杨熙、余威、何静等：《海南黎安港海草床碳储量评估》，《海洋科学》2022 年第 46 卷第 11 期，第 116 - 125 页。

海草床面积以每年接近 7% 的速率缩减①。"双碳"目标的提出，为海草床的开发利用和保护提供了契机。

盐沼是处于陆地和海洋之间的生态缓冲区，具有扩张和淤积的特征，潮汐运动通过沉积物的供给加速盐沼湿地土壤碳封存能力，使得盐沼具有较高的生产力和生态服务价值。全球盐沼面积约为 41 657 ~ 400 000 平方千米，固碳量为 $4.8 \pm 0.5 ~ 87.2 \pm 9.6$ Gt C/a②；我国盐沼面积为 1 200 ~ 3 430 平方千米，固碳量约为 0.75 Gt C/a③。据估算，盐沼生态系统蓝碳年埋藏量占我国蓝碳生态系统碳年埋藏量的 80%④，在蓝碳碳汇市场有着巨大潜力。

海藻床也被认为是蓝碳生态系统。⑤ 海藻是海洋中重要的初级生产者，分布于潮间带至深海，在增加碳的封存及减缓气候变化方面发挥着重要作用。⑥ 海藻可通过光合作用生长，积累大量有机物。当其死亡并沉入深海时，可能形成相对稳定的沉积碳，也可能通过微生物碳泵（MCP）机制形成稳定有机碳（RDOC）。⑦ 因此，海藻可充当碳汇将大气碳素固定并储存下来。但由于海藻固定碳及储存碳的地点可能不同，可能相隔较远，海藻碳储量不易被估算及管理。

---

① Waycott M, Duarte C M, Carruthers T JB, et al. Accelerating Loss of Seagrasses Across the Globe Threatens Coastal Ecosystems. *Proceedings of the National Academy of Sciences*, 2009, 106 (30): 12377 – 12381.

② Pendleton L, Donato D C, Murray B C, et al. Estimating Global "Blue Carbon" Emissions from Conversion and Degradation of Vegetated Coastal Ecosystems. *PLOS ONE*, 2012, 7 (9): e43542.

③ Gao Y, Yu G, Yang T, et al. New Insight into Global blue Carbon Estimation under Human Activity in Land-sea Interaction Area: A Case Study of China. *Earth-Science Reviews*, 2016, 159: 36 – 46.

④ 周晨昊、毛覃愉、徐晓等：《中国海岸带蓝碳生态系统碳汇潜力的初步分析》，《中国科学：生命科学》2016 年第 46 卷第 4 期，第 475 – 486 页。

⑤ Trevathan-Tackett S M, Kelleway J, Macreadie P I, et al. Comparison of Marine Macrophytes for Their Contributions to Blue Carbon Sequestration. *Ecology*, 2015, 96 (11): 3043 – 3057.

⑥ Krause-Jensen D, Lavery P, Serrano O, et al. Sequestration of Macroalgal Carbon: the Elephant in the Blue Carbon Room. *Biology Letters*, 2018, 14 (6): 20180236. Gao G, Beardall J, Jin P, et al. A Review of Existing and Potential Blue Carbon Contributions to Climate Change Mitigation in the Anthropocene. *Journal of Applied Ecology*, 2022, 59 (7): 1686 – 1699.

⑦ Zhong C M, Li T C, Bi R, et al. A Systematic Overview, Trends and Global Perspectives on Blue carbon: A Bibliometric Study (2003 – 2021). *Ecological Indicators*, 2023, 148: 110063 – 110074. Krause-Jensen D, Duarte C M. Substantial Role of Macroalgae in Marine carbon sequestration. *Nature Geoscience*, 2016, 9 (10): 737 – 742.

因此，海藻床的碳储量估算及管理需建立一套有别于传统的蓝碳生态系统管理方法[①]。

（二）"双碳"目标在蓝碳生态系统的实现方法论

要实现"双碳"目标，需要在减排和增汇两个方面采取措施。减排是指通过产业转型、节能减排和使用清洁能源等方式来减少二氧化碳的排放；增汇则是利用生态系统吸收和固定大气中的碳来实现。然而，由于我国目前还依赖化石能源，仅靠减排无法在短期内实现碳中和。因此，为了实现"双碳"目标，我国必须在增加绿色和蓝色增汇方面加大投入。因此，碳增汇（固碳）是目前实现"双碳"目标的主要途径。

生态系统固碳主要指森林、草地、农田、荒漠、湿地和海洋等生态系统在光合作用过程中捕获大气中二氧化碳的过程。因此，碳增汇有两种途径：一种是增加陆地碳汇（绿碳），即通过在陆地增加植被面积、提升陆生植物丰富度及采取先进的节能技术等途径改善生产生活中的碳排放。另一种是增加海洋碳汇（蓝碳），即增加被盐沼、海草床以及红树林等海洋生态系统固定的碳。

海洋生态系统是全球最大的碳汇体，固定了全球55%的碳；海洋生态系统每年可吸收约30%的人类社会排碳量。此外，海洋生态系统碳储量是陆地碳库的20倍、大气碳库的50倍，可见海岸带蓝碳系统是一种潜力巨大的碳汇资源。海岸带系统的固碳量高达237.6 Gt C/a，远远高于深海的固碳量。其中红树林、盐沼和海草床等生态系统都具有较高的固碳效率，虽然海岸带生态系统植物生物的数量仅有陆地植物生物数量的万分之五，但两者年固碳量基本等同，因此海岸带生态系统成为海洋蓝色碳汇的重要组成部分。另外，早在1997年，"红树林之父"林鹏院士就提出，中国红树林具有"三高"（高生产力、高归还率、高分解率）特点，证明红树林在发展蓝色碳汇方面存在天然优势。研究表明，仅占全球陆地总面积0.1%的红树林，其固碳量却占全球总固碳量的5%。红树林拥有出色的固碳能力，这主要归功于两个重要的因素。首先，红树林具有极高的生产力，加之地下部分长期缺氧，大幅降低了根系和凋落物的分解速度，从而加快了碳的埋藏速度。其次，红树林所在沉积型海岸和河口地区，受到上游河流和潮汐的共同作用，带来了大量的外源性碳，由于红树林区的减速作用，碳迅速沉积到

① Krause-Jensen D, Lavery P, Serrano O, et al. Sequestration of Macroalgal Carbon: the Elephant in the Blue Carbon Room. *Biology Letters*, 2018, 14 (6): 20180236. Lovelock C E, Duarte C M. Dimensions of Blue Carbon and Emerging Perspectives. *Biology Letters*, 2019, 15 (3).

潮间带底层。"开源节流"的"组合拳"使得红树林成为海岸带蓝碳碳汇的主要贡献者。因此，发展海洋蓝碳生态系统尤其发展红树林蓝碳生态系统是实现"双碳"目标的一个重要举措。

二、 我国蓝碳资源现状

远古时期的红树林曾经占据热带海岸带的 75%，但后期受人类活动影响，世界各地海岸带红树林面积呈递减态势。我国红树林面积约为 32 834 公顷，主要分布于广东、广西、海南等地。中国共有真红树植物和半红树植物 34～38 种。

海草床广泛分布在除南极外的浅海水域，其分布深度范围较广（水下 6～90 米）。我国大陆架类型丰富，浅海面积大，因此海草床资源较为丰富，面积约为 8 765.1 公顷，且分布范围大、海草种类多。根据其分布区域的地理位置特性，可将海草床划分为中国南海和中国黄渤海两个主要区域。在这些海草床中，已确定存在 22 种海草植物，约占全球海草种类总数的 30%。

我国沿海各省都有盐沼，盐沼是海岸带主要的植被群落类型之一。在北方盐沼群落中，芦苇、碱蓬、柽柳等是代表性植物，而在南方盐沼群落中，茳芏、芦苇、盐地鼠尾栗、海雀稗等是代表性植物。我国滨海盐沼面积范围在 1 207～3 434 平方千米。

（一）湛江红树林蓝碳现状及成效

1. 湛江红树林蓝碳现状

湛江市位于中国大陆南端，三面环海，海岸线长达 1 556 公里，约占广东省海岸线的 46% 和全国海岸线的 1/10；拥有我国面积最大、品种最多和最为集中的红树林国家级自然保护区。湛江的红树林呈带状间断分布在雷州半岛的沿海滩涂，分为 68 个保护小区，保护区总面积约为 20 278 公顷。其中，红树林面积为 6 398.3 公顷，分别占全国红树林面积的 33% 和广东省红树林面积的 79%。2021 年 4 月 8 日，湛江红树林造林项目顺利通过核证碳标准开发和管理组织 Verra 的评审，成为我国首个符合核证碳标准（VCS）和气候、社区和生物多样性标准（CCB）的红树林碳汇项目。该项目的推行，对碳达峰和碳中和起到积极作用；项目对保护区范围内的 380 公顷红树林（2015 年至 2019 年种植），按照 VCS 和 CCB 标准进行开发，预计在 2015 年至 2055 年减少 16 万吨碳排放量。2021 年 6 月 8 日，广东湛江红树林国家级自然保护区管理局联合自然资源部第三海洋研究所、北京市企业家环保基金会成功签署"湛江红树林造林项目"。该项目首笔

5 880 吨碳减排量的转让，标志着我国首个"蓝碳"交易项目正式完成。这一示范性举措对实现红树林等蓝碳生态系统的生态产品价值，促进社会资本投入红树林保护修复以及推动碳中和目标的实现，具有重要意义。

2. 湛江红树林蓝碳发展成效

湛江在探索发展红树林蓝碳路上取得一定成效，具体表现如下：

（1）提升了区域红树林生态系统质量和稳定性。

湛江红树林国家级自然保护区是国际候鸟重要迁徙通道，是留鸟的栖息、繁殖地，该项目实施后进一步提升了该区域红树林生态系统的质量和稳定性，为生物提供了大量的栖息和觅食环境，在生物多样性保护方面发挥重要作用。

（2）体现了生态产品的生态效益与经济效益。

经第三方核算，明确了该项目的碳汇量，有效盘活了自然资源资产，实现了红树林生态产品的价值，推动了生态效益和经济效益有机统一，同时推动建立蓝碳生态产品价值实现机制，为后续管护红树林提供新的资金渠道。

（3）构建了生态修复长效机制。

按照"谁修复、谁受益"的原则，该项目所获收益将用于红树林修复管护和科普宣教等，这将激发更多社会组织积极参与红树林修复工作，并且为保护和修复红树林营造良好的社会环境。

（二）湛江发展海岸带蓝色碳汇存在的问题

充足的水热条件和优越的地理位置赋予湛江巨大的蓝色碳汇发展优势。同时也存在一定的不足，主要体现在五个方面：

1. 现有蓝碳资源仍受威胁

海岸带作为海洋与陆地相互衔接、过渡的地带，被人类活动频繁干扰，以致海岸带生态环境脆弱。广东省海岸带蓝碳系统同样受到多种海洋灾害的威胁。研究表明，病虫害对蓝碳资源有重大威胁，[①] 一些病原体或害虫会感染藻类和海草，使它们大规模死亡；另外，一些病虫害还会削弱藻类和海草的生长能力，降低其光合作用和碳吸收速率。因此，蓝藻资源的碳储备流失，再生能力减弱。近年来，广东省海岸带频繁暴发蓝藻赤潮事件，对当地生态环境造成严重影响。正

---

① 张月琪、张志、江巍倩等：《城市红树林生态系统健康评价与管理对策——以粤港澳大湾区为例》，《中国环境科学》2022 年第 42 卷第 5 期，第 2352–2369 页。Yu J K, Wang Y. Evolution of Blue Carbon Management Policies in China：Review, Performance and Prospects. *Climate Policy*, 2023, 23（2）：254–267.

如 2020 年，广东省海岸带共发生六次蓝藻赤潮事件，累计面积达到了 111.63 平方千米，[①] 红树林、海草床和盐沼湿地受赤潮影响而水质不佳，导致生物过程中的二氧化碳吸收减少，蓝碳系统中的光合作用降低，其碳储存能力也随之降低。广东省蓝碳资源还面临来自入侵物种及藤本植物（鱼藤）的威胁，藤本植物的快速生长性和蔓延性会导致其与其他植物争夺阳光和养分资源。当鱼藤大量存在时，它们会覆盖低矮的蓝碳植物，阻止蓝碳植物的正常生长[②]。此外，藤本植物的根系也有可能破坏土壤结构，导致蓝碳植物根系腐烂。广东省现有蓝碳资源除了受以上自然威胁外，还遭受来自工业和港口建设、过度捕捞和海洋污染[③]、沿海旅游开发以及海洋废弃物和海洋生态破坏等人为破坏因素的威胁。

2. 蓝碳保护力度不足，保护仍未到位

当前蓝碳资源保护力度不足，蓝碳资源保护需要具备相关专业知识和技能的人员[④]，包括生态学家、地理信息系统专家、环境监测人员等，然而许多地方缺乏这些专业人员，导致保护工作无法达到最佳效果。此外，蓝碳资源保护还需要多个部门之间的协调和合作，但目前仍存在部门间职责不明确、缺乏有效沟通机制、部门间利益冲突等问题，使得保护工作无法高效开展，保护效果受到影响。另外，蓝碳保护法尚未确立。目前，蓝碳保护相关的处罚虽有条例可依，如《中华人民共和国海洋环境保护法》中明确表示，主管部门可对相关污染企业或个人进行罚款及责令限期采取补救措施。但这些保护条例的制定较为粗略，并不能完全弥补蓝碳资源被破坏造成的生态损失。[⑤] 专门化及精细化的蓝碳保护法律能使每类处罚均有法可依，为蓝碳的执法和蓝碳的保护提供更加清晰明了的法律依据。[⑥] 因此，亟须建立专门化及精细化的蓝碳保护法律，以便为蓝碳气候政策提

① 刘强、张洒洒、杨伦庆等：《广东发展蓝色碳汇的对策研究》，《海洋开发与管理》2021 年第 38 卷第 12 期，第 74 – 79 页。

② 黄歆怡、钟诚、陈树誉等：《鱼藤对红树林植物的危害及管理》，《湿地科学与管理》2015 年第 11 卷第 2 期，第 26 – 29 页。

③ 张月琪、张志、江镕倩等：《城市红树林生态系统健康评价与管理对策——以粤港澳大湾区为例》，《中国环境科学》2022 年第 42 卷第 5 期，第 2352 – 2369 页。

④ 张月琪、张志、江镕倩等：《城市红树林生态系统健康评价与管理对策——以粤港澳大湾区为例》，《中国环境科学》2022 年第 42 卷第 5 期，第 2352 – 2369 页。

⑤ 江悦庭：《福建海洋碳汇交易及其法律问题研究》，《福建农林大学学报》（哲学社会科学版）2019 年第 22 卷第 1 期，第 93 – 98 页。

⑥ Yu J K, Wang Y. Evolution of Blue Carbon Management Policies in China: Review, Performance and Prospects. *Climate Policy*, 2023, 23 (2): 254 – 267.

供强有力的法律基础管理并提高其管理效果。

3. 蓝碳修复技术及政策尚未完善

当前蓝碳修复技术仍存在不足，广东省拥有多样化的湿地、沿江湿地和内陆湿地，然而当前的蓝碳修复技术对于这些不同类型湿地的适应性有限，难以针对不同类型湿地环境制定有效的修复措施。加上蓝碳修复技术的贡献评估仍存在一定的不准确性[①]，缺乏准确的评估方法和指标，使得确定修复效果变得困难，从而限制了技术的进一步优化。另外，海岸带修复用地及海洋经济用地还没得到合理规划。目前，人们对蓝碳的重要性有了一定的认识，对蓝碳保护也更加重视，同时尝试对海岸带蓝碳进行保护及修复，但尚未完全明确及合理规划蓝碳修复用地数量和空间布局。如何统筹协调及合理规划蓝碳的修复和海岸带海洋资源经济发展用地的空间布局，海岸带蓝碳保护和海洋经济资源利益最大化之间的矛盾是目前亟待解决的问题。

4. 蓝碳交易机制不够完善

目前，广东在深圳、广州等地虽然已建立了碳排放交易所，形成了碳排放交易系统[②]，且成功开发并交易了首个蓝碳项目——湛江红树林造林项目，但蓝碳交易尚处于初始探索阶段，相关配套信息和交易设施尚未成熟。如：①蓝碳交易主体范围受限，IPCC 只承认红树林、盐沼和海草床三大生态系统为交易主体，海洋渔业碳汇如大型海藻、人工海藻床等碳增汇项目尚未纳入交易范围。②广东虽然依据 AR – AM0014 方法学完成首个蓝碳项目的交易，但对蓝碳碳汇交易项目的开发认证标准及蓝碳核算方法等尚未形成统一的规定。③蓝碳交易机制尚未建立专门的法律依据或政策保障。因此，蓝碳交易机制仍需要进一步完善。

5. 国际合作较为缺乏

蓝碳是应对全球气候变化的一种新的有效方式，应由全球蓝碳主体中心共同参与合作，并提出在实践中遇到的问题及分享蓝碳研究成果才能真正解决全球气候变化问题。广东作为中国蓝碳主体成员之一，在蓝碳领域也开展了国际合作，如深圳正在筹建的国际红树林中心，目的就是打造国际蓝碳合作中心，增加蓝碳

---

① 杨越、陈玲、薛澜：《中国蓝碳市场建设的顶层设计与策略选择》，《中国人口·资源与环境》2021 年第 31 卷第 9 期，第 92 – 103 页。

② 白洋、胡锋：《我国海洋蓝碳交易机制及其制度创新研究》，《科技管理研究》2021 年第 41 卷第 3 期，第 187 – 193 页。

知识创新的国际共享，加强红树林保护修复及合理利用技术国际交流与合作，并就蓝碳核算体系及交易机制与国际达成共识等。湛江红树林保护区也尝试与国际接轨，积极参与世界红树林基金会项目合作及数据成果共享等领域，在科学研究和政策制定方面也取得了一些成果。但目前，广东在蓝碳方面与国际交流仍处于起步阶段，合作范围较为有限。

（三）湛江蓝碳发展的机遇

1. 蓝碳交易可为蓝碳的保护及修复提供可持续发展机会

蓝碳交易可产生减缓气候变化的经济价值，蓝碳交易产生的经济价值既可用于生态补偿，也可用于蓝碳保护及修复项目投资的回报，还可用于蓝碳保护、修复及管理等可持续发展费用。因此，蓝碳可通过其产生的价值反哺自身的保护和恢复，使得蓝碳的保护及修复可持续发展。广东湛江红树林国家级自然保护区管理局牵头打造的"湛江红树林造林项目"，成功签署我国首笔5 880吨的碳减排量转让协议，为红树林等蓝碳生态系统的生态产品价值实现途径提供了示范，在鼓励社会资本投入红树林保护修复、助推实现碳中和项目实现中起着重要激励作用，确保蓝碳保护和修复项目的可持续进行。蓝碳标准将为众多项目活动提供蓝图、实践指导，并为科学、技术和政策相关交流提供平台。因此，蓝碳交易为海岸带湿地恢复等项目提供了获得碳信用的机会，同时也是多方利益相关者进行合作的纽带。

2. 国家适应计划为发展中国家发展蓝碳项目、缓解气候变化提供了良好的机会

国家适应计划是在"坎昆适应框架"下确立的，并在《巴黎协定》中被再次强调。协议的非农产品的保护包括沿海生态系统土地使用变化、养护和恢复活动等。中国作为缔约方，已根据自身中长期适应需要，制定中国《国家适应气候变化战略2035》，明确将海洋和海岸带生态系统保护和修复纳入计划。2023年4月10日，习近平总书记来到位于保护区东部的麻章区湖光镇金牛岛红树林片区，察看红树林长势和周边生态环境，并语重心长地提出红树林是"国宝"，要像爱护眼睛一样守护好。习近平总书记指出，海洋生态文明建设是生态文明建设的重要组成部分；要坚持绿色发展，一代接着一代干，久久为功，建设美丽中国，为保护好地球村作出中国贡献。因此，国家适应计划为湛江蓝碳的可持续发展指明根本方向并给予了足够的信心。

3. 蓝碳的保护及修复为多个领域带来共同利益

蓝碳的保护及修复既可为全球减缓气候，又可为当地带来生态效益、经济效

益和社会效益。蓝碳项目既可改善水质、为海洋生物提供栖息地，又可保护当地海岸带免受极端天气和海平面上升的影响等生态效益。蓝碳的开发及发展可通过碳权交易为项目投资者带来经济回报，从而激励企业进一步融资等。蓝碳项目也可通过生态补偿方式为当地带来经济收益，改善当地居民生活，从而激励当地居民对蓝碳的保护及对修复的支持。另外，蓝碳开发旅游项目也可为当地带来经济效益和社会效益。总之，蓝碳给社会带来的利益是多方位的，蓝碳开发与发展可给湛江当地社会带来巨大的机遇。

（四）湛江红树林蓝碳（"红树林之城"）的建设路径

1. 湛江红树林蓝碳的建设基础

（1）优化顶层设计，把建设"红树林之城"落到实处。2021 年 12 月，湛江市出台了《湛江市建设"红树林之城"行动方案（2021—2025 年）》，组建了市建设"红树林之城"工作领导小组，明确了总体要求、重点任务和保障措施。在优化顶层设计的基础上，认真组织实施《湛江市建设"红树林之城"行动方案（2021—2025 年)》，相关部门各负其责，市委、市政府一抓到底，定期考核评估，确保扎实推进，力争经过四年的建设，让一座崭新的、美丽的"红树林之城"屹立在南海之滨。

（2）做好生态系统修复营造规划，加强红树林保护修复。通过实施红树林整体保护（优先保护红树林生态系统），加强红树林自然保护区管理（如有序清退自然保护区内养殖塘），统筹红树林保护修复规划、落实红树林保护修复任务、科学营造红树林、修复现有红树林、保护珍稀濒危红树物种，加强后期管护、防控有害生物、保障红树林种苗供应，提高红树林生态系统动态监测能力等途径，合理规划及保护修复红树林。

（3）强化对红树林保护的科技支撑，开展红树林保护修复科技攻关。湛江在强化红树林科技支撑方面已经采取了一系列行动，如成立湛江湾实验室红树林保护研究中心、以高层次人才单位为依托的岭南师范学院红树林研究院、湛江市红树林之城高端智库等研究实体、科研机构；同时还成功举办湛江市红树林科学论坛、中国（湛江）红树林保护与可持续利用高端论坛。以《红树林碳汇碳普惠方法学》为基础的全国首个《广东省红树林碳普惠方法学》已于 2023 年 4 月发布，湛江以实际行动为广东省乃至全国碳普惠交易市场注入了新的活力。

（4）完善红树林保护修复的地方性法规。为保护修复红树林，国家与地方政府陆续出台了一些法律法规，如 2022 年 6 月 1 日，《中华人民共和国湿地保护法》施行。2021 年 1 月 1 日，《广东省湿地保护条例》施行。2001 年 3 月 22 日，《湛江市红树林资源保护管理规定》施行。2018 年 2 月 1 日，《广东湛江红树林国家级自然保护区管理办法》施行。

（5）打造具有湛江特色的红树林生态旅游项目。为协调蓝碳与当地经济、文化、旅游等方面的发展，造福当地社会，目前湛江已开展了一些具有红树林特色的生态旅游项目，如：在雷州土角沿岸、卜昌村、东海岛西湾村建设"观鸟台"，聚焦候鸟栖息地和海洋生物资源；建设红树林主题酒店、特色民宿、品牌餐厅等；建设"湛江红树林博物馆"；融合建设多资源的大文旅等。

2. 打造湛江"红树林之城"海洋碳汇行动方案

湛江全面贯彻《生态系统碳汇能力巩固提升实施方案》及《湛江市建设"红树林之城"行动方案（2021—2025 年）》精神、《关于支持湛江加快建设省域副中心城市　打造现代化沿海经济带重要发展极的意见》《湛江市国民经济和社会发展第十四个五年规划和 2035 年远景目标纲要》中有关红树林修复行动的工作部署，进一步贯彻落实市委、市政府的精神，融入新发展格局，提升湛江城市知名度和美誉度，实现绿色低碳的高质量跨越式发展。围绕"全力建设省域副中心城市，加快打造现代化沿海经济带重要发展极"总目标，以打响"红树林之城"特色品牌为目标，以生态优先、产业发展为导向，构建湛江红树林碳汇标准，聚焦数字赋能，探索湛江红树林碳汇计量新路径，聚焦蓝碳产业，培育蓝碳经济发展新动能，聚焦数字治理，推动湛江高质量发展、跨越式发展。

（1）明确总体要求。结合粤港澳大湾区建设，深圳建设中国特色社会主义先行示范区等重要战略部署，围绕湛江"打造现代化沿海经济带重要发展极"和"与海南相向而行"的重大任务，以及省委、省政府赋予湛江"建设省域副中心城市"的重要使命，依据湛江市委提出建设"红树林之城"方案，深化蓝碳生态价值，结合区位条件、产业现状、科技资源、人才储备等客观事实，从前瞻性、战略性、全局性的高度，提出《湛江"红树林之城"海洋碳汇行动方案》的指导思想、基本原则、发展目标等。

（2）聚焦重点任务。面向湛江建设红树林之城发展要求，围绕蓝碳经济发展的重大问题，以生态优先和产业发展需求为导向，不断深化蓝碳生态价值创新应用，培育红树林蓝碳项目、建设红树林科技创新平台、促进科技成果转化、完善蓝碳交易、引育高层次人才等，在多领域提出重点任务。

（3）制定组织保障。从组织协调、资金投入、政策配套、督查考核等方面提出推进湛江"红树林之城"海洋碳汇行动方案的保障措施。

三、 湛江蓝碳保护及发展展望

(一) 完善管理措施，减少外界环境对现有蓝碳资源的危害

针对外界环境对蓝碳资源的威胁，采取一系列的管理措施。应加强监测和预警体系，及时发现和应对病虫害的扩散；通过生物防治和物理控制措施，控制病虫害的传播；面对藤本植物威胁问题，应及时采取必要的措施，控制鱼藤的生长和扩散。另外，应提升对人为破坏的监管和执法力度，完善健全的监管和执法机制，提高社会群众对此问题的认识和重视程度。

(二) 推动技术创新，提高海岸带蓝碳资源的修复效果

开发和利用生物绿色防治技术，去除一些入侵物种，从而减少对蓝碳资源的破坏。此外，研究和利用特定的生物纳米材料，例如细菌和藻类，可以提高植物的生长和海洋生态系统的恢复能力；开发先进的海洋生态遥感技术和传感器技术，对海岸带生态系统进行实时监测，了解蓝碳资源变化的情况；加强不同领域的合作，如海洋生态学、工程学、化学和计算机科学的合作，可以促进技术创新和提高海岸带蓝碳资源的修复效果，通过整合不同学科的专业知识和技术，可以开发出更有效的修复方法和技术。另外，加强政策支持和经济激励措施对推动修复技术的创新起着重要的作用。比如提供财政支持和奖励措施，给予技术创新和蓝碳资源修复项目以经济激励。

(三) 拓宽投融资渠道，推动蓝碳交易

（1）健全完善蓝碳投融资机制，扩宽社会资金投入渠道。积极探索金融资本、社会资本等多元化资金投入路径，按照"谁投资"、谁受益原则，鼓励社会资金投入蓝碳生态系统保护和修复。采取差别定价、差别授信，积极开发适合的信贷产品，支持湛江红树林营造和修复的融资需求。

（2）积极参与红树林碳汇项目的开发及交易，探索"蓝色碳汇＋金融"创新模式，支持碳捕集和利用等碳移除技术的研发、推广和应用，为红树林碳汇的投、融资提供综合金融服务，实现红树林碳汇的规模化、市场化交易。

（3）鼓励保险公司大力发展红树林绿色保险，提升保险服务。积极探索林木碳汇价格保险、环境污染责任保险、灾害损失保险等与红树林相关的保险创新。

（四）完善碳汇市场交易机制，推动交易主体多元化

健全和完善蓝碳碳汇市场交易机制，规范蓝碳市场交易行为，有效实现蓝碳生态产品价值，这对于充分利用和优化配置蓝碳生态资源，推动蓝碳生态系统的保护和发展蓝碳经济至关重要。因此，一方面要完善蓝碳碳汇交易市场的规则和行业规范。《全国碳排放权交易管理办法（试行）》已于 2021 年 2 月开始施行，蓝碳碳汇交易市场也应纳入国家统一的碳排放交易制度体系，完善蓝碳碳汇市场交易机制，建立和完善碳汇市场交易信息平台，加强政府对蓝碳碳汇交易市场的监督管理。另一方面则要推动蓝碳交易主体多元化。积极引导蓝碳生态系统的各类碳汇包括渔业碳汇、海洋微生物碳汇等进入蓝碳交易市场，促进交易主体多元化。

（五）完善蓝碳经济立法，健全相关制度和机制

（1）要推进蓝碳经济立法。对蓝碳生态系统和蓝碳开发项目以及蓝碳市场要加快立法，同时要加强执法监督，严厉打击破坏红树林生态行为。各级政府部门要制定和完善相关政策，积极推动蓝碳生态系统的营造和修复，加快蓝碳经济发展。

（2）要建立和完善生态补偿机制。要分期分批做好退塘还林工作，完善基于补偿金或转移支付的海洋生态补偿机制。对补偿的主体及客体、补偿标准及补偿方式等要进行合理的制度设计。

（3）要建立科学的监测及核算体系。开展蓝碳的调查和综合评估，建立蓝碳保护及修复的价值评估体系，统一规范蓝碳资源监测及核算方法。

（4）要建立蓝碳经济发展的长效机制。红树林修复和保护涉及政府的农业、林业、环保、海洋渔业、旅游文化等部门，必须建立起多部门参与的长效机制，以推动蓝碳经济发展和实现我国碳中和目标。

（六）加强国内外联动，推动蓝色碳汇资源全面开发

加强国际经验交流，加快海岸带蓝色碳汇资源普查进度，构建广东蓝色碳汇资源数据库，方便在国际共享蓝色碳汇资源的开发利用经验和技术进展；加强国内外相关研究机构之间的合作，共同制定研究计划和目标，推动蓝色碳汇资源的研究进展和技术创新；政府应加大对蓝色碳汇资源开发利用的资金投入，设立海岸带蓝色碳汇专项基金，吸引国内外专家指导广东蓝色碳汇资源的开发利用。扶持海草床、盐沼湿地保护修复的滨海生态产业发展，培育创新型、服务型的滨海生态企业，并引导进入蓝色碳汇交易市场。加快海岸带蓝色碳汇关键技术攻关，

积极发掘蓝色碳增汇潜力，建立统一的碳汇核算标准和技术规范。

（七）开展公众教育和宣传活动，提高公众对蓝碳的认识

公众教育对红树林蓝碳系统发展起着重要作用。红树林蓝碳系统在碳循环过程中扮演着重要角色，对维护海洋生态系统、减缓气候变化具有重要意义。通过公众教育向大众传递相关知识，增强群众对该系统的认同感和支持度；通过启动参与性宣传活动策略，如讲座、展览、志愿者活动等，积极鼓励公众亲身参与，减少对红树林蓝碳系统的人为破坏，从而有效提高公众对广东省红树林蓝碳系统的认知度和关注度，进一步加强对该系统的保护和管理工作。

四、 小结

湛江市位于中国大陆最南端，三面临海，有着漫长的海岸线，同时拥有红树林、海草床、湿地盐沼等多种蓝碳生态系统的宝贵资源，存在不可估量的蓝碳资源和生态优势。为保护和发展蓝碳资源，及时将生态优势转换为经济优势，需要完善的碳汇市场交易机制；同时积极推动蓝碳交易，包括建立标准和规则，支持多种蓝碳项目的参与；在国际合作中分享经验和技术，促进蓝色碳汇资源的开发利用、实现碳达峰和碳中和目标。如此，可为海洋生态系统的健康和气候变化的减缓、为给未来的世代留下一片繁荣和可持续发展的蓝色海洋贡献湛江力量。

参考文献

［1］ Macreadie P I, Anton A, Raven J A, et al. The future of Blue Carbon Science. *Nature Communications*, 2019, 10（1）.

［2］ Wang F M, Sanders C J, Santos I R, et al. Global Blue Carbon Accumulation in Tidal Wetlands Increases with Climate Change. *National Science Review*, 2021, 8（9）.

［3］ Yin S, Wang J J, Zeng H. A bibliometric Study on Carbon Cycling in Vegetated Blue Carbon Ecosystems. *Environmental Science And Pollution Research*, 2023, 30.

［4］ Duarte C M, Losada I J, Hendriks I E, et al. The Role of Coastal Plant Communities for Climate Change Mitigation and Adaptation. *Nature Climate Change*, 2013, 3（11）.

［5］ Wu J P, Zhang H B, Pan Y W, et al. Opportunities for Blue Carbon Strategies in China. *Ocean & Coastal Management*, 2020.

［6］ Sandeman J, Hengl T Fiske a et al. A Global Map of Mangrove Forest Soil Carbon at 30m Spatial Resolution. *Environmental Research Letters*, 2018, 13（5）.

［7］ 何磊、叶思源、赵广明等：《海岸带滨海湿地蓝碳管理的研究进展》，《中国地质》2023年第 50 卷第 3 期。

［8］ 席世丽、曹明、曹利民等：《广西北海红树林生态系统的民族植物学调查》，《内蒙古师范大学学报》（自然科学汉文版）2011 年第 40 卷第 1 期。

［9］ 生农、辛琨、廖宝文：《红树林湿地生态功能及其价值研究文献学分析》，《湿地科学与管理》2021 年第 17 卷第 1 期。

［10］ 吕奕民、王国栋：《红树林生态景观型护岸的营造——以广州市大角山海滨公园项目为例》，《广东园林》2009 年第 31 卷第 3 期。

［11］ Nellemann C，Corcoran E. Blue Carbon：the Role of Healthy Oceans in Binding Carbon：a Rapid Response Assessment. *UNEP/Earthprint*，2009.

［12］ Fourqurean J W，Duarte C M，Kennedy H，et al. Seagrass Ecosystems as a Globally Significant Carbon Stock. *Nature Geoscience*，2012，5（7）.

［13］ 杨熙、余威、何静等：《海南黎安港海草床碳储量评估》，《海洋科学》2022 年第 46 卷第 11 期。

［14］ Waycott M，Duarte C M，Carruthers T J B，et al. Accelerating Loss of Seagrasses Across the Globe Threatens Coastal Ecosystems. *Proceedings of the National Academy of Sciences*，2009，106（30）.

［15］ Pendleton L，Donato D C，Murray B C，et al. Estimating Global "Blue Carbon" Emissions from Conversion and Degradation of Vegetated Coastal Ecosystems. *PLOS ONE*，2012，7（9）.

［16］ Gao Y，Yu G，Yang T，et al. New Insight into Global blue Carbon Estimation under Human Activity in Land-sea Interaction Area：A Case Study of China. *Earth-Science Reviews*，2016.

［17］ 周晨昊、毛覃愉、徐晓等：《中国海岸带蓝碳生态系统碳汇潜力的初步分析》，《中国科学：生命科学》2016 年第 46 卷第 4 期。

［18］ Trevathan-Tackett S M，Kelleway J，Macreadie P I，et al. Comparison of Marine Macrophytes for Their Contributions to Blue Carbon Sequestration. *Ecology*，2015，96（11）.

［19］ Krause-Jensen D，Lavery P，Serrano O，et al. Sequestration of Macroalgal Carbon：the Elephant in the Blue Carbon Room. *Biology Letters*，2018，14（6）.

［20］ Gao G，Beardall J，Jin P，et al. A Review of Existing and Potential Blue Carbon Contributions to Climate Change Mitigation in the Anthropocene. *Journal of Applied Ecology*，2022，59（7）.

［21］ Zhong C M，Li T C，Bi R，et al. A Systematic Overview，Trends and Global Perspectives on Blue carbon：A Bibliometric Study（2003–2021）. *Ecological Indicators*，2023.

［22］ Krause – Jensen D，Duarte C M. Substantial Role of Macroalgae in Marine carbon sequestration. *Nature Geoscience*，2016，9（10）.

［23］ Lovelock C E，Duarte C M. Dimensions of Blue Carbon and Emerging Perspectives. *Biology*

Letters, 2019, 15 (3).

[24] 张月琪、张志、江鎲倩等：《城市红树林生态系统健康评价与管理对策——以粤港澳大湾区为例》，《中国环境科学》2022 年第 42 卷第 5 期。

[25] 刘强、张洒洒、杨伦庆等：《广东发展蓝色碳汇的对策研究》，《海洋开发与管理》2021 年第 38 卷第 12 期。

[26] 黄歆怡、钟诚、陈树誉等：《鱼藤对红树林植物的危害及管理》，《湿地科学与管理》2015 年第 11 卷第 2 期。

[27] 江悦庭：《福建海洋碳汇交易及其法律问题研究》，《福建农林大学学报》（哲学社会科学版）2019 年第 22 卷第 1 期。

[28] Yu J K, Wang Y. Evolution of Blue Carbon Management Policies in China: Review, Performance and Prospects. *Climate Policy*, 2023, 23 (2).

[29] 杨越、陈玲、薛澜：《中国蓝碳市场建设的顶层设计与策略选择》，《中国人口·资源与环境》2021 年第 31 卷第 9 期。

[30] 白洋、胡锋：《我国海洋蓝碳交易机制及其制度创新研究》，《科技管理研究》2021 年第 41 卷第 3 期。

红树林生物多样性

张 颖 田 丽[①]

一、 雷州半岛红树林植物多样性

（一）雷州半岛红树林湿地概况

雷州半岛是中国第三大半岛，位于中国大陆的最南端，即东经 109°30′~110°55′，北纬 20°12′~21°35′，属热带海洋季风气候。红树林湿地分布于雷州半岛沿海滩涂，呈带状分布，半岛南北长约 140 千米，东西宽 60 千米~70 千米，三面环海，海岸线长约 1 180 千米。半岛现在有红树林湿地 12 422.9 公顷，约占全国红树林湿地面积的 33%，占广东省红树林湿地面积的 80%。红树林植物种类丰富，共 16 科 26 种（包括引种），主要红树植物有红树科的木榄、红海榄、秋茄和角果木，马鞭草科的白骨壤等。其中白骨壤群落、白骨壤与桐花树群落、红海榄与木榄群落、秋茄与桐花树群落、秋茄群落是最主要的植物群落。虽然雷州半岛红树林是我国红树林分布面积最大的地区，长期以来受到科研工作者和相关管理部门的重视，但目前仍有 3 000 公顷红树林分布区未划入保护区。雷州半岛红树林绝大部分为天然次生林，已有近百年的历史，湛江红树林自然保护区位于中国大陆的最南端，接近红树林在北纬分布极限的北部边缘，区内的红树林既能代表热带类型又能代表亚热带类型，是我国乃至世界不可多得的典型的湿地生态系统。

① 张颖，博士、教授，岭南师范学院红树林研究院副院长，中国生态学学会红树林专业委员会委员，主持国家自然科学基金项目等多项。田丽，西华师范大学珍稀动植物研究所硕士研究生，北京师范大学生态学博士生（在读），高级实验师，致力于动物行为及鸟类生态研究，主持相关研究课题 10 余项。

（二）雷州半岛红树林湿地植物概况

表1　雷州半岛红树林湿地植物名录

序号	种名	归类	在雷州半岛的分布状况
1	卤蕨 *Acrostichum aureum* L.	红树植物	天然，广泛分布于雷州半岛河岸及海边潮间带
2	尖叶卤蕨 *Acrostichum speciosum* Willd.	红树植物	天然，分布于廉江新华
3	老鼠簕 *Acanthus ilicifolius* L.	红树植物	天然，分布于营仔、新华、太平、九龙山
4	小花老鼠簕 *Acanthus ebracteatus* Vahl.	红树植物	天然，分布于廉江新华
5	无瓣海桑 *Sonneratia apetala* Buch. - Ham.	红树植物	引种，分布于附城、湖光、营仔、和安
6	海桑 *Sonneratia caseolaris*（L.）Engl.	红树植物	引种，分布于雷州附城
7	榄李 *Lumnitzera racemosa* Willd.	红树植物	天然，分布于角尾、西连、覃斗
8	拉关木 *Laguncularia racemosa* Gaertn. f.	红树植物	引种，分布于雷州附城
9	木榄 *Bruguiera gymnorrhiza*（L.）Lam.	红树植物	天然，分布于高桥、车板、营仔、雷高
10	红海榄 *Rhizophora stylosa* Griff	红树植物	天然，分布于高桥、营仔、北潭、企水、迈陈、南山、调风、民安、太平
11	秋茄 *Kandelia obovata* Sheue，Liu-et Yong.	红树植物	天然，分布于高桥、营仔、太平、沈塘、雷高、东里、调风、和安、霞山
12	角果木 *Ceriops tagal*（Perr.）C. B. Rob.	红树植物	天然，分布于迈陈
13	桐花树 *Aegiceras corniculatum*（L.）Blanco.	红树植物	天然，分布于高桥、营仔、北潭、杨柑、新华、太平、沈塘
14	白骨壤 *Avicennia marina*（Forsk.）Vierh.	红树植物	天然，分布于高桥、营仔、湖光、太平、和安、西连、北和
15	木果楝 *Xylocarpus granatum* Köenig	红树植物	引种，分布于雷州附城
16	海漆 *Excoecaria agallocha* L.	半红树植物	天然，广泛分布于雷州半岛

（续上表）

序号	种名	归类	分布状况
17	海滨猫尾木 *Dolichandrone spathacea* (L. F.) K. Schum	半红树植物	引种，分布于遂溪、九龙山、徐闻、高桥
18	水黄皮 *Pongamia pinnata* (L.) Merr.	半红树植物	天然，分布于良桐、高桥、界炮、杨柑、沈塘
19	黄槿 *Hibiscus tiliaceus* L.	半红树植物	天然，广泛分布于雷州半岛河岸及海边潮间带
20	杨叶肖槿 *Thespesia populnea* L.	半红树植物	天然，分布于九龙山、鸡笼山、东海岛
21	玉蕊 *Barringtonia racemosa* (L.) Spreng.	半红树植物	天然，分布于九龙山
22	海杧果 *Cerbera manghas* L.	半红树植物	天然，广泛分布于雷州半岛沿海
23	阔苞菊 *Pluchea indica* (L.) Less.	半红树植物	天然，广泛分布于雷州半岛河岸及海边潮间带
24	草海桐 *Scaevola sericea* Vahl.	半红树植物	天然，分布于特呈岛、硇洲岛
25	海南草海桐 *Scaevola hainanensis* Hance	半红树植物	天然，分布于廉江高桥、遂溪北潭、东海岛、徐闻
26	许树 *Clerodendrum inerme* (L.) Gaertn.	半红树植物	天然，广泛分布于雷州半岛河岸及海边潮间带
27	银叶树 *Heritiera littoralis* Dryand.	半红树植物	天然，分布于九龙山、鸡笼山、太平

表2　雷州半岛红树林湿地植物群系

群系名称	调查指标	组成特点	主要分布
白骨壤群系	总盖度50%～90% 平均树高1～2m 平均胸径5～10cm 平均冠幅1.0m×2.3m	组成种类少，结构简单。 包括：白骨壤、白骨壤＋红海榄、白骨壤＋桐花树群丛	东海岛、调风、附城、高桥、鸡笼山、界炮、特呈岛、徐闻、迈陈

（续上表）

群系名称	调查指标	组成特点	主要分布
红海榄群系	总盖度 60%～95% 平均树高 1.5～2.5m 平均胸径 5～12cm 平均冠幅 1.0m×2.2m	单层或两层结构。包括：红海榄、红海榄＋秋茄、红海榄＋白骨壤＋桐花树、红海榄＋白骨壤、红海榄＋木榄＋白骨壤群丛	附城、企水、高桥、湖光、杨柑、界炮、特呈岛、和安、南山
角果木群系	总盖度 70%～90% 平均树高 1.5～2.2m 平均胸径 4.5～10cm 平均冠幅 0.5m×1.2m	结构简单、单层。包括：角果木、角果木＋红海榄＋白骨壤群丛	迈陈
秋茄群系	总盖度 60%～90% 平均树高 1.5～3.0m 平均基径 6～15cm 平均冠幅 1.5m×3m	明显的两层结构。包括：秋茄、秋茄＋白骨壤、秋茄＋红海榄＋白骨壤、秋茄＋桐花树＋老鼠簕－卤蕨、秋茄＋桐花树、秋茄－卤蕨	民安、附城、调风、九龙山、高桥、鸡笼山、太平、湖光、和安、新寮、角尾
桐花树群系	总盖度 50%～90% 平均树高 1.0～2.0m 平均胸径 4.5～10cm 平均冠幅 0.5m×1.0m	单层或两层结构。包括：桐花树＋红海榄、桐花树＋老鼠簕群丛	附城、调风、高桥、鸡笼山、杨柑、和安、新寮、角尾、营仔、九龙山
木榄群系	总盖度 70%～90% 平均树高 2.0～4.0m 平均基径 8～15cm 平均冠幅 1.0m×2.5m	单层结构，仅包括木榄群丛	高桥、界炮、北潭、湖光、特呈岛
无瓣海桑群系	总盖度 50%～80% 平均树高 6～15m 平均胸径 15～25cm 平均冠幅 3.0m×6.0m	两层结构。包括：无瓣海桑、无瓣海桑－白骨壤、无瓣海桑－白骨壤＋秋茄、无瓣海桑－秋茄＋白骨壤、无瓣海桑－秋茄、无瓣海桑－红海榄＋桐花树、无瓣海桑－红海榄＋桐花树＋秋茄、无瓣海桑－红海榄、无瓣海桑－秋茄＋木榄群丛	附城、调风、营仔、太平、湖光、通明海、和安

（续上表）

群系名称	调查指标	组成特点	主要分布
卤蕨群系	总盖度 70%～90% 平均树高 1～2m	单层结构。仅包括卤蕨群丛	东海岛、调风、高桥、鸡笼山、太平、迈陈、和安
老鼠簕群系	总盖度 50%～95% 平均树高 0.7～1.8m 平均基径 0.3cm	单层结构。包括：老鼠簕和老鼠簕+卤蕨群丛	附城、调风、高桥、鸡笼山、迈陈、和安、角尾
海漆群系	总盖度 60%～80% 平均树高 2～4m 平均胸径 5～12cm 平均冠幅2.0m×3.5m	多为两层或三层结构。包括：海漆、海漆+卤蕨、海漆+许树群丛	附城、调风、高桥、鸡笼山、通明海
黄槿群系	总盖度 50%～95% 平均树高 4～6m 平均胸径 10～12cm 平均冠幅3.0m×5.0m	结构单层或三层。包括：黄槿、黄槿+玉蕊、黄槿+海漆+卤蕨、黄槿+老鼠簕+卤蕨、黄槿+卤蕨+短叶茳芏等群丛	九龙山、高桥、营仔、鸡笼山、特呈岛、和安、迈陈、新寮
玉蕊群系	总盖度 70%～90% 平均树高 4～6m 平均胸径 15～22cm 平均冠幅3.8m×4.5m	单层结构。包括：玉蕊、玉蕊+黄槿群丛	九龙山
海杧果群系	总盖度 50%～60% 平均树高 2～4m 平均胸径 4～7cm 平均冠幅1.6m×2.0m	为明显的两层结构。包括：海杧果、海杧果+许树群丛	高桥、九龙山、东海、新华、特呈岛
草海桐群系	总盖度 50%～70% 平均树高 0.8～1.5m	单层或两层结构。包括：草海桐、草海桐+鸦胆子+许树群丛	特呈岛、硇洲岛、东头山岛

卤蕨　　　　　　尖叶卤蕨　　　　　　老鼠簕

小花老鼠簕　　　　无瓣海桑　　　　　　海桑

榄李　　　　　　拉关木　　　　　　木榄

红海榄　　　　　　秋茄　　　　　　角果木

雷州半岛红树林湿地真红树植物图谱（1）

桐花树　　　　白骨壤　　　　木果楝

海漆　　　　海滨猫尾木　　　　水黄皮

黄槿　　　　杨叶肖槿　　　　玉蕊

海杧果　　　　阔苞菊　　　　草海桐

海南草海桐　　　　许树　　　　银叶树

雷州半岛红树林湿地半红树植物图谱（2）

(三) 雷州半岛红树林湿地红树植物简介

卤蕨 *Acrostichum aureum* L.

多年生草本植物。广泛分布于雷州半岛河岸及海边潮间带，亦可生长在礁石中，耐贫瘠，属广布种。根状茎直立。叶奇数，一回羽状复叶簇生，叶尖钝。孢子囊广布能育羽片背面。

卤蕨（张颖摄）

尖叶卤蕨 *Acrostichum speciosum* Willd.

多年生草本植物。天然分布于雷州半岛的廉江新华。属濒危红树植物，不同于卤蕨，仅分布于潮间带滩涂。可与卤蕨混生并产生自然杂交后代。根状茎直立，株高低（于卤蕨）。叶奇数，一回羽状复叶簇生，叶尖尖。孢子囊广布能育羽片背面至叶柄基部。

尖叶卤蕨（张颖摄）

老鼠簕 *Acanthus ilicifolius* L.

常绿灌木或亚灌木。自然分布于雷州半岛的营仔、新华、太平、九龙山。通常在红树林林下或前缘，立于砂质或泥质土壤中形成致密的灌丛。叶片性状多变，有刺或无刺受光照条件的影响。花淡紫色，花较大。叶多刺，羽状深裂，裂片顶端为尖锐硬刺。

老鼠簕（张颖摄）

小花老鼠簕 *Acanthus ebracteatus* Vahl.

常绿灌木或亚灌木。自然分布于雷州半岛的廉江新华地区。主要分布于红树林的中、高潮间带。花小，色白。叶片先端平截或稍圆凸，基部楔形，边缘羽状不规则浅裂。

小花老鼠簕（张颖摄）

无瓣海桑 *Sonneratia apetala Buch. -Ham.*

引种，原产孟加拉国，1985 年引入我国海南东寨港红树林自然保护区。现分布于附城、湖光、营仔、和安海岸的高潮带滩涂和河道两岸。高大常绿乔木，抗逆性强，生长迅速，被广泛用于红树林造林。柔枝下垂"态似柳"，又称海柳。总状花序，无花瓣，花丝色白，花柱"蘑菇头"。浆果球形，笋状根。

无瓣海桑（张颖摄）

海桑 *Sonneratia caseolaris*（Linn.）Engl.

高大常绿乔木，耐水淹能力强，常见于红树林的前沿滩涂，但耐盐能力低。孢粉研究表明，距今 3 万～4 万年前，海桑曾广布于雷州半岛，现自然分布于海南岛，雷州附城有引种。花大，花丝粉红或上部白，花柱绿或红，花瓣红。浆果球形，萼片浅碟状，残留长花柱。发达笋状呼吸根。

海桑（张颖摄）

榄李 *Lumnitzera racemosa* Willd.

常绿灌木或小乔木。自然分布于雷州半岛，主要分布在角尾、西连和覃斗。易生长于高潮带或大潮可淹及的泥沙滩。对盐度具有广泛的适应能力，是红树植物中分布范围最为广泛的物种之一。2006年被列入《海南省省级重点保护野生植物名录》。叶小丛生枝顶。总状花序腋生，花多，花白，细小。核果，果多，卵形，花萼宿存，几乎无柄。

榄李（张颖摄）

拉关木 *Laguncularia racemosa* Gaertn. f.

高大乔木，引种，最早于1999年由墨西哥引种入我国东寨港红树林自然保护区。现广布于雷州附城。生长迅速，抗逆能力强，二年树便可开花结果，着果率极高。叶卵形，对生，叶革质。总状花序腋生，花多，白小，雄蕊两层。果多，卵形，隐胎生。

拉关木（张颖摄）

木榄 *Bruguiera gymnorrhiza*（L.）Lam.

常绿乔木或灌木。自然分布于雷州半岛，主要分布在高桥（大面积纯林）、车板、营仔和雷高等地。易生长于高潮带，是构成红树林的优势树种之一。叶大，对生，蜡质层。树干粗糙，多皮孔。单花红色（亦见白化），花萼平。胎生，胚轴雪茄状。典型膝状呼吸根（偶见支柱根和板根）。

木榄（张颖摄）

红海榄 *Rhizophora stylosa* Griff.

常绿乔木或灌木。自然分布于雷州半岛，主要分布在高桥、营仔、北潭、企水、迈陈、南山、调风、民安、太平等地。常见于沿海盐滩红树林的中内缘，属于红树植物中的广布种。单叶对生，叶背着黑褐色腺点。花小，色白，花梗长。胎生，胚轴不光滑。树干基部不明显，可见发达支柱根。

红海榄（张颖摄）

秋茄 *Kandelia obovata* Sheue，Liuet Yong.

常绿小乔木或灌木。自然分布于雷州半岛，主要分布在高桥、营仔、太平、沈塘、雷高、东里、调风、和安、霞山等地，是最耐寒的红树物种。常见于浅海和河流出口冲击带的盐滩。单叶对生，叶革质。二歧聚伞花序，花白，萼片5，瓣膜质。花柱丝状等雄（蕊）长。胚轴细长，满树"茄"。支柱根和板状根。

秋茄（张颖摄）

角果木 *Ceriops tagal*（Perr.）C. B. Rob.

角果木为灌木或小乔木。在湛江红树林保护区仅分布于迈陈沿海湿地，为中国大陆仅存的面积较小的红树树种，约0.1公顷，数量约400株。耐盐能力强，耐淹能力和抗风浪能力较弱。单叶对生，叶柄长。花小，花瓣白，后期褐色。胚轴细长，有棱，疣突起；成熟为深褐色，幼时红。不发达膝状根，无明显支柱根。

角果木（张颖摄）

桐花树 *Aegiceras corniculatum*（L.） Blanco.

紫金牛科，桐花树属，常绿灌木或小乔木，树高 1.5～4 米。又名蜡烛果，是常见的红树植物，在我国天然分布于广东、广西、海南、福建、台湾和香港等地区。对盐度适应性较强，在河口中、上游及内滩的中低潮间带分布。在雷州半岛的高桥、营仔、北潭、杨柑、新华、太平、沈塘等地自然分布。白花五瓣，伞花序。叶革，倒卵，易泌盐。蜡烛果，隐胎生。

桐花树（张颖摄）

白骨壤 *Avicennia marina*（Forsk.） Vierh.

常绿灌木或小乔木。又名海榄雌，是常见的先锋红树植物，在我国天然分布于广东、广西、海南、福建、台湾、香港和澳门等地区。常生长于海边潮间带和盐沼地。在雷州半岛的高桥、营仔、湖光、太平、和安、西连、北和等地自然分布。单叶对生，叶革质，卵圆，易泌盐。花小，色黄或橙。近球状果，隐胎生，可食用。发达指状呼吸根。

白骨壤（张颖摄）

木果楝 *Xylocarpus granatum* Köenig

常绿灌木或小乔木。为全球广布种，在我国天然分布于海南，引种分布于雷州附城。常分布于高潮带滩涂上或与半红树植物混生生长。羽状一回复叶互生。聚伞花序，花色白、四瓣幽香，花朵小。蒴果巨大如球形。蛇形根。

木果楝（张颖摄）

海漆 *Excoecaria agallocha* L.

半常绿或落叶乔木。为全球广布种，在我国天然分布于海南、广东、广西、福建、香港和台湾等地区。广泛分布于雷州半岛的高潮带及以上的红树林内缘。花单性，雌雄异株。全株具乳白色枝液（有毒）。果小，蒴果球形。

海漆（张颖摄）

海滨猫尾木 *Dolichandrone spathacea* （L. F.） K. Schum.

文献记载广东湛江有天然分布。雷州半岛的九龙山、遂溪、徐闻和高桥有引种。属濒危红树植物，被列入《海南省省级重点保护野生植物名录》（2006）。生长于海岸大潮可到达的内滩或陆地。常绿乔木。叶对生，奇数一回羽状复叶。花大，色白，顶生，总状聚伞花序。蒴果长柱形，扁，无被毛，似猫尾状。

海滨猫尾木（张颖摄）

水黄皮 *Pongamia pinnata* （L.） Merr.

落叶乔木。自然分布于雷州半岛的良桐、高桥、界炮、杨柑和沈塘等地。通常生长于溪边、塘边及海边潮汐可至的地方。在我国天然分布于福建、广东、广西、海南、香港、台湾等地。总状花序腋生，花白或粉红色。羽状复叶互生，叶近革质，卵形。荚果，表面有小疣凸，顶端具微弯的短喙。

水黄皮（张颖摄）

黄槿 *Hibiscus tiliaceus* L.

常绿灌木或乔木。广泛分布于雷州半岛的河岸及海边潮间带。常作行道树栽培。生境多样。在我国天然分布于福建、广东、广西、海南、香港和台湾等地。初花黄色，终花红色。单叶互生，叶近圆形至广卵形。蒴果卵圆形，木质。

黄槿（张颖摄）

玉蕊 *Barringtonia racemosa*（L.）Spreng.

常绿小乔木或中等大乔木。自然分布于雷州半岛的九龙山，该处为我国大陆现存最大的玉蕊野生种群。玉蕊是濒危红树植物，被列入《中国生物多样性红色名录（高等植物卷）》。易生长于受潮汐影响的河流两岸或有淡水输入的红树林内缘。花晚开，朝谢，香气浓郁，有"月光美人"之称。叶大丛生枝顶。总状花序顶生，花开自上而下，花序美丽，花期几全年。果实卵圆形，微具4钝棱。

玉蕊（张颖摄）

海杜果 *Cerbera manghas* L.

常绿小乔木。广泛分布于雷州半岛沿海。常分布于海边潮上带的林缘。花多，花美而芳香，树冠型优美常用于庭园、公园、道路和湖边供观赏。在我国天然分布于广东、广西、海南、香港和台湾等地。聚伞花序顶生，花白色。全株具丰富乳汁。核果球形或阔卵，有毒。

海杜果（张颖摄）

阔苞菊 *Pluchea indica*（L.）Less.

灌木。是红树林潮上带常见的灌丛。在雷州半岛自然分布于河岸及海边潮间带的空旷地。直立茎，分枝或上部多分枝。叶互生，有短叶柄，全缘或有少数小尖齿。花异形筒状，头状花序，枝顶做伞房花序排列。瘦果有棱，圆柱形。

阔苞菊（张颖摄）

草海桐 *Scaevola sericea* Vahl.

常绿直立或铺散灌木，是红树林潮上带常见的灌丛。天然分布于雷州半岛的特呈岛和硇州岛。耐盐，亦耐贫瘠。常用于园林绿化。聚伞花序，扇形花，花白，带紫色。花柱弯曲。叶螺旋排列于枝顶。核果，卵球形，初果白色。

草海桐（张颖摄）

海南草海桐 *Scaevola hainanensis* Hance

常绿直立或铺散小灌木。天然分布于雷州半岛的廉江高桥、遂溪北潭、东海岛和徐闻。在我国的广东和海南均有分布。

海南草海桐（张颖摄）

许树 *Clerodendrum inerme*（L.）Gaertn.

攀缘状灌木，是红树林潮上带常见的灌丛。亦叫苦蓝盘、假茉莉和海常山。天然分布于雷州半岛河岸及海边潮间带。耐盐，亦耐贫瘠。在我国的广东、广西、海南、福建、香港和台湾的滨海地区均有分布。

许树（张颖摄）

银叶树 *Heritiera littoralis* Dryand.

常绿乔木。生长于高潮带海水可淹及的沙泥质和淤泥质滩涂以及陆地上。完全不受潮汐的影响。天然分布于雷州半岛的九龙山、鸡笼山和太平等地。在我国的广东、广西、海南、福建、香港和台湾的滨海地区均有分布。叶背银灰色。圆锥花序腋生，花小，无花瓣。坚果木质，近椭圆形，背部有龙骨状突起。发达板根。

银叶树（张颖摄）

二、 红树林鸟类多样性

（一）湛江鸟类概况

湛江是中国大陆最南端的沿海城市。东临南海，南濒琼州海峡，西临北部湾。地处北回归线以南，为热带季风气候，受热带海洋暖湿气流的影响。年均温23.3℃，年均降水量 1 640 毫米。总土地面积 13 263 平方公里，海岸线总长2 033.6 公里，在绵长的海岸线上着生着大片的红树林。受潮汐影响，沿着海岸线分布的潮间带在低潮位时裸露出大面积的滩涂，滩涂上具有丰富的底栖生物资源，给滨海湿地鸟类提供了非常好的栖息场所和觅食场所。而当涨潮海水淹没滩涂时，滨海湿地鸟类或停留于潮水不能淹没的潮间带高地，或利用内陆的浅滩、人工湿地如养殖塘等作为其高潮位栖息地。在湛江的内陆，各种"森林公园"、自然风景区，以及乡村的"风水林"等保留了热带雨林时期部分的原生林、次生林，为各种林鸟提供了栖息及觅食场所。

同时，湛江还位于"东亚－澳大利西亚"候鸟迁飞路线上。在这条路线上，迁徙的候鸟种类繁多，是全球九大候鸟迁徙路线通道中最拥挤的一条，该路线上水鸟占迁徙鸟种的比例比其他通道都要高，多达 5 000 万只。该路线上的濒危候鸟及特有候鸟也多，比如各种鹤类以及极危鸟种勺嘴鹬都在这条通道上进行迁徙。而在这条通道上，受威胁的候鸟比例也远远高于其他通道。

湛江独特的地理位置，冬季温暖的气候，广袤的滨海湿地，以及处于"东亚－澳大利西亚"候鸟迁飞路线上，造就了湛江非常独特的鸟类资源。湛江的鸟类具有数量多、种类多、珍稀物种多的特点。近年来根据岭南师范学院鸟类学研究团队及湛江市爱鸟协会调查记录，目前湛江的鸟类有 345 种，而广东湛江国家级红树林保护区管理局多年的本底监测数据显示，在湛江红树林保护区内记录的鸟类就有 297 种，含国家重点保护鸟类 66 种。

（二）红树林与鸟类的关系

鸟类是身体被羽，恒温卵生的一类脊椎动物。它们善飞翔，活动能力强，且能适应多种生态环境，因而鸟类是陆生脊椎动物中分布最广、种类最多的类群之一。而红树林湿地与滨海水鸟的关系非常密切。一方面，鸟类分布的范围广，对环境的敏感性高，相对容易被观察到，因此常被作为生物多样性的重要指示类群以及生态环境健康的指示剂。以红树林生态系统为例，红树植物在生态系统中是初级生产力，它们的凋落物产生的有机质、腐殖质可以为滩涂上的菌类、藻类提供营养，这些低等生物又为鱼、虾、贝类等提供食物来源，鸟类则以这些鱼虾甚至藻类为食。鸟类同时还可以为红树植物清除病虫害，使红树林得以健康生长，这样便形成了一个健康的生态系统。因而在一个良好的生态系统里面，我们可以看到其中鸟类的种类和数量都比较多。另一方面，红树林滨海湿地不仅为各种水鸟提供繁殖地和越冬场所，也是很多迁徙水鸟飞行途中停留休息、补充能量的驿站，为鸟类种群的生存、繁衍提供了重要支撑。

鸟类也能为红树林进行代言。由于鸟类的观赏性强，其艳丽的羽毛、优美的体型、婉转的鸣声，加上它们较容易被观察到，使它们受到越来越多公众的喜爱。我国的观鸟爱好者、拍鸟爱好者人群也在日益壮大，这些爱好者追随着鸟儿的步伐来到各个城市、各个鸟类栖息地，对这些城市及鸟类栖息地有了良好的印象，城市及这些鸟类栖息地的知名度也因此得到了提升；同时，随着社会主义生态文明思想的推广和公众对生态文明的理解程度加深，鸟类的生态价值及其与生态环境的关系受到越来越多的关注。生态环境好不好、市民生态文明素养高不高，从鸟类就可以看到答案。一个城市或一片栖息地有好的生态环境，该地公众有着爱鸟护鸟的习惯，这里的鸟类数量及种类就会越来越多，人与鸟也可以达到较近的距离，真正形成"人与自然和谐共生"的局面。因而，通过鸟类我们可以了解城市的文明程度。而鸟类的栖息地——红树林也因为有鸟类的存在而更显勃勃生机。

另外，不容忽视的是，很多地方都发展起观鸟旅游。栖息在湛江红树林湿地的鸟类，诸如勺嘴鹬、中华凤头燕鸥等，年复一年地吸引着全国乃至全世界科研工作人员以及拍鸟、观鸟爱好者来到湛江，来到这里的红树林，这正体现了鸟类对红树林、对湛江的代言效应。

（三）湛江红树林珍稀鸟类代表物种介绍

勺嘴鹬 *Calidris pygmaea*

勺嘴鹬是一种小型的滨海湿地水鸟，体长约15厘米。它因为嘴巴长得像勺子而得名，人们也亲切地称呼它为"小勺子"，它的保护等级在国内、国际都是最高的。在世界自然保护联盟（International Union for Conservation of Nature，以下简称IUCN）发布的《濒危物种红色名录》（以下简称"红色名录"）里勺嘴鹬属于极度濒危（CR）等级；在我国颁布的《国家重点保护野生动物名录》里，勺嘴鹬属于国家一级重点保护鸟类①。目前，它在全球的种群数量仅为 600 只左右；根据广东湛江红树林国家级自然保护区管理局、岭南师范学院生命科学与技术学院、湛江市爱鸟协会等单位进行的联合调查，2016年 1 月在湛江单次调查所记录的勺嘴鹬数量为 43 只，约占当时全球种群数量的十分之一。近年来，每年冬季研究人员都会在相同的时间段对全国可能有勺嘴鹬分布的地区进行调查，记录勺嘴鹬的分布和数量。经过多年的全国勺嘴鹬越冬同步调查，发现湛江红树林湿地是勺嘴鹬在我国最为重要的越冬地。在每年全国的勺嘴鹬栖息地、越冬地同步调查中，湛江所记录的勺嘴鹬数量都是最多的。勺嘴鹬在湛江主要分布在雷州市（湛江市县级市）沿海红树林湿地，吴川市（湛江市县级市）以及坡头区等地。

勺嘴鹬的繁殖地在俄罗斯的苔原地带，每年繁殖结束后它们沿着海岸线途经韩国和我国黄渤海沿海一路南下，并留在湛江的沿海湿地越冬或经过湛江飞往缅甸、孟加拉国等地越冬，到了春季又开始原路返回俄罗斯的苔原地带繁衍后代。② 每年勺嘴鹬的迁徙历程大约有 16 000 公里。作为勺嘴鹬重要的迁徙途经地以及其在国内最重要的越冬栖息地，湛江沿海湿地的存在以及这些栖息地的质量对勺嘴鹬种群的延续至关重要。

勺嘴鹬（程立摄）

① 郑光美、王岐山：《中国濒危动物红皮书：鸟类》，北京：科学出版社，1998 年。
② 郑光美：《中国鸟类分类与分布名录》（第三版），北京：科学出版社，2011 年。

黑脸琵鹭 *Platalea minor*

黑脸琵鹭又被叫作琵嘴鹭，因其扁平如汤匙状的长嘴与中国乐器中的琵琶非常相似而得名。它们是体型较大的水鸟，体长约 76 厘米，非繁殖期通体的羽毛为白色，而繁殖期时头部后方会长出黄色的饰羽以及颈部会长出黄色的羽毛，非常美丽。幼年的黑脸琵鹭初级飞羽外缘黑色，可与成鸟进行辨别。黑脸琵鹭在 IUCN "红色名录" 里属于 "濒危"（ER）等级，在我国被列为国家一级重点保护鸟类。

黑脸琵鹭和朱鹮一样也是鸟类保育工作的一个成功范例。19 世纪 30 年代，黑脸琵鹭在中国东南沿海还比较常见，但是随着日益严重的水域污染及栖息地被破坏等因素，黑脸琵鹭种群数量锐减，到 19 世纪 80 年代，其全球种群数量已下降至不足 300 只，当时被 IUCN "红色名录" 列入 "极危" 等级。1994 年 8 月，全球第一次黑脸琵鹭保护会议召开，并将 "黑脸琵鹭保护行动计划工作" 列入国际鸟类保护联盟亚洲计划的优先项目[1]。在政府及科学家、志愿者的共同努力下，2023 年 1 月全球黑脸琵鹭调查所记录的种群数量已增加至 6 603 只。

湛江雷州、廉江等红树林滨海湿地都有黑脸琵鹭的记录，黑脸琵鹭主要以小型鱼、虾、蟹、软体动物、水生昆虫等为食，它们觅食的方式非常独特，是用长长的喙在水中来回扫荡的方式捕获水中的食物。

黑脸琵鹭（程立摄）

① 张国钢、王征吉、顾晓军：《黑脸琵鹭：中国海岸 "黑面天使"》，《森林与人类》2020 年第 40 卷第 2 期，第 86 - 99 页。

中华凤头燕鸥 *Thalasseus bernsteini*

中华凤头燕鸥是一种中型的鸥科鸟类，其体长平均在 35 厘米左右，翼展约 80 厘米，因为它喙的先端为黑色又被叫作黑嘴端凤头燕鸥。中华凤头燕鸥保护等级和勺嘴鹬一样在国内、国际都是最高的，在 IUCN "红色名录" 里属于 "极度濒危"（CR）等级，在我国被列为国家一级重点保护鸟类。中华凤头燕鸥还有个特别的称谓：神话之鸟。它第一次为世人所知是在 1861 年，当时波兰的一名博物学家采集到第一只中华凤头燕鸥标本。然而至 1937 年科学家在我国青岛采集到样本后，从此再也没有了中华凤头燕鸥的踪迹，而这一 "消失" 就是 63 年。直到 2000 年 4 月，人们在马祖列岛才再次拍到中华凤头燕鸥的影像。据估测，当时中华凤头燕鸥的全球种群数量不超过 50 只。由于数量稀少、踪迹神秘，加上一度曾被认为已经灭绝却又奇迹般被再次发现，它们被冠以 "神话之鸟" 这一称谓。

近年来，为了保护中华凤头燕鸥，我国建立了中华凤头燕鸥的监测和保护基地。从 2013 年开始，中华凤头燕鸥种群招引和恢复项目在中国浙江韭山列岛和五峙山列岛先后实施，研究者和志愿者们制作中华凤头燕鸥的人工模型鸟在浙江韭山列岛和五峙山列岛上进行安装，以吸引中华凤头燕鸥来该地繁殖，同时对该地严格保护，以免村民捡拾中华凤头燕鸥的卵。这些举措让中华凤头燕鸥的生存和繁殖有了极大的保障，经过十年的努力，最终取得显著保护效果，中华凤头燕鸥繁殖种群逐渐稳定，数量开始上升，为该珍稀物种的拯救和保护带来了希望。目前，中华凤头燕鸥全球种群数量有 150 只左右。

湛江记录的中华凤头燕鸥仅出现在冬季，其记录数量也非常少。中华凤头燕鸥在湛江主要分布在雷州沿海，与其他鸥类混群活动。主要以鱼类、甲壳类、软体动物和其他海洋无脊椎动物为食物。

中华凤头燕鸥（程立摄）

（四）红树林常见鸟类

白鹭 *Egretta garzetta*

白鹭体长约 60 厘米，嘴黑色，跗趾黑色但脚趾为黄色，全身的羽毛都为纯白色；到了繁殖期，其头后部会长出两根长长的像辫子一样的羽毛，随风飘动，非常飘逸。白鹭是红树林湿地常见的鸟类。而湛江常见的还有另外几种白色羽毛的鹭，它们很容易与白鹭相混淆，在辨识时需要加以注意。其他几种白色羽毛的鹭类分别是：中白鹭，其体型比白鹭大，但脚趾为黑色；大白鹭，其体型比中白鹭更大，脚趾也为黑色；牛背鹭，其体型与白鹭相似，但牛背鹭的嘴为黄色，且体型更加粗壮。

白鹭的适应能力强、分布范围非常广，沿海滩涂、鱼塘、湖泊、农田都能见到它们的身影。白鹭在湛江部分为留鸟，部分为冬候鸟，因此在湛江一年四季都能见到白鹭。

白鹭（魏志华摄）

池鹭 *Ardeola bacchus*

池鹭体长约 47 厘米，飞行时可以见到其翼为白色，非繁殖期时其头部、颈部具有褐色纵纹，背部褐色，这样的羽色很容易与周围的环境融合在一起而不被天敌发现，是非常好的保护色；而其繁殖期的羽色则非常艳丽，头和颈深栗色，背部酱紫色。

池鹭的分布范围非常广，是湛江常年能见的一种水鸟。沿海滩涂、鱼塘、湖泊、农田都能见到它们的身影。

池鹭（繁殖期）（莫振摄）　　　池鹭（非繁殖期）（程立摄）

夜鹭 *Nycticorax nycticorax*

夜鹭是中等体型（约61厘米）的鹭科鸟类，脚黄色或红色，成鸟的头枕部、背部为黑色，两翼及尾为灰色；亚成鸟则全身棕色，具纵纹和白色的点斑。它们主要在晨昏和夜间进行活动、觅食，因此得名夜鹭。

夜鹭在湛江被叫作夜游鹤，但鹭科鸟类与鹤类相差甚远。鹤类的体型一般较大，飞行时腿部和颈部都是伸直的状态，最为重要的是鹤类的第四趾朝后且较小，不与前三趾在同一平面，因此其抓握能力较差，基本不在树上活动。而鹭科鸟类体型一般较鹤类小，飞行时腿部伸直，但颈部是收缩的状态。鹭类的第四趾朝后且与前三趾在同一平面，具有较好的抓握能力，因此我们可以经常看到鹭类在树上活动。

在湛江的各片红树林、淡水湖泊等湿地常年可见集群的夜鹭栖息于树枝上。它们主要以鱼、蛙、虾、水生昆虫等动物性食物为食。

夜鹭（莫振摄）

红嘴鸥 *Larus ridibundus*

红嘴鸥体长约40厘米，嘴和脚红色，成鸟的体型、毛色与白鸽相似，尾羽黑色，繁殖期头部为深巧克力褐色，像是戴了一个深色的头盔。幼鸟的羽色则相对斑驳。

红嘴鸥在湛江是冬候鸟。每年秋季开始，在沿海滩涂便能见到红嘴鸥，直到次年的春季，红嘴鸥便开始往北迁徙，返回高纬度的繁殖地。湛江的多个沿海湿地在秋冬季节都能见到红嘴鸥。它们以鱼虾、昆虫为食，常在鱼群上空盘旋飞行或者浮于水面，甚至会取食渔民投放至养殖塘中饲喂鱼虾的饵料。

红嘴鸥（魏志华摄）　　　　　　　红嘴鸥（程立摄）

青脚鹬 *Tringa nebularia*

青脚鹬是鹬科的中等体型鸟类，体长约35厘米，跗趾较长、呈黄绿色，嘴灰色较长且略向上翘，背部、肩部为灰褐或黑褐色，具黑色羽干纹和窄的白色羽缘，飞行时可以见到腰部为白色。

青脚鹬（程立摄）

青脚鹬在湛江红树林湿地常年可见，主要栖息于沿海或内陆的沼泽地或河滩。

黑腹滨鹬 *Calidris alpina*

黑腹滨鹬是鹬科滨鹬属的小型涉禽，体长约20厘米。嘴黑色、较长，尖端微向下弯曲，脚黑色。黑腹滨鹬繁殖期背部栗红色、具有黑色中央斑和白色羽缘，腹部中央具有大型黑色斑块，因此得名黑腹滨鹬，但它们冬季腹部的羽色为白色。在湛江的黑腹滨鹬是冬候鸟，此时它们经过换羽后腹部羽色已经变成了白色，所以我们在湛江所观察到的黑腹滨鹬大多没有"黑腹"，而是白色的腹部。

秋冬季节，湛江人为干扰较少的沿海滩涂几乎都能见到黑腹滨鹬，它们喜欢集群觅食，是湛江沿海滩涂上种群数量较多的冬候鸟。

黑腹滨鹬（程立摄）

蒙古沙鸻 *Charadrius mongolus*

蒙古沙鸻是鸻属小型涉禽，体长约20厘米。其上体灰褐色；下体包括颏、喉、前颈、腹部为白色。它们非常善于奔跑，在沿海滩涂经常可以看到它们先是急速奔跑一段距离后再停下来观察周围，然后再急速奔跑。鸻属鸟类均具有类似的特点。

整个湛江沿海滩涂几乎都能见到蒙古沙鸻，冬季的种群数量相比夏季更多。它们喜欢在滩涂上取食螃蟹、小虾等底栖生物。

蒙古沙鸻（程立摄）

白胸苦恶鸟 *Amaurornis phoenicurus*

白胸苦恶鸟是秧鸡科鸟类，体长约30厘米，上体暗灰色，两颊、喉以至胸、腹均为白色，尾下覆羽红棕色，在野外非常显眼。它名字中的"苦恶"二字来源于它的鸣声，音似"苦恶"。春夏的繁殖季节，在野外湿地经常能听到它们类似"苦恶"的鸣声。

它们性格较为羞怯，较少在沿海滩

白胸苦恶鸟（莫振摄）

涂上活动，喜欢栖息于红树林或有杂草、灌木的湿地，在人类住地附近的池塘或公园也能见到它们。白胸苦恶鸟为杂食性动物，其动物性食物有昆虫、软体动物、小鱼等，它们也吃植物的嫩茎和根。

近年来，广东省深入贯彻习近平生态文明思想，积极推进绿美广东生态建设，在此背景下，湛江市大力推进"红树林之城"建设。湛江拥有丰富的红树林资源和独特的鸟类景观，应保护和利用好红树林及其鸟类资源，确保红树林的生态功能和景观特色的完整性，践行"绿水青山就是金山银山"理念，为绿美广东生态建设贡献积极力量。

参考文献

[1] 郑光美、王岐山主编：《中国濒危动物红皮书——鸟类》，北京：科学出版社，1998年。

[2] 郑光美编著：《中国鸟类分类与分布名录》（第三版），北京：科学出版社，2011年。

[3] 张国钢、王征吉、顾晓军：《黑脸琵鹭：中国海岸"黑面天使"》，《森林与人类》2020年第40卷第2期。

后 记

红树林之城赋予中国大陆最南端的海滨城市——湛江以神秘色彩。这块红土地上衍生的"红"文化系列（红色革命文化、红土地文化、红树林文化）成为绿色生态发展的亮丽底色。毛泽东主席曾以"湛江是个方向"强调地域布局的重要性。习近平总书记视察湛江时以"国宝"一词突显红树林的价值。《红树林之城：湛江》课题组试图从经济、政治、社会、文化、教育、生态、"双碳"、精神品质、国际意蕴等多层面揭开新时代湛江绿色生态发展的本质和神秘面纱。

本书是广东省红树林生态文明建设科普基地成果、湛江市哲学社会科学规划（委托项目）"红树林之城——湛江"（批准号：ZJ23WT01）的阶段性成果。

施保国、何增光、叶继海、张艳伟、陈跃瀚、王洪东、林兴等为本书提供了最初的撰写思路。本书主要分工如下：施保国撰写绪论；叶继海撰写《红树林与湛江生态标签》；陈跃瀚撰写《红树林与湛江绿色发展》；潘文全、王洪东撰写《红树林与湛江经济》；邹秀季、梁丽华撰写《红树林与湛江文化》；张莹撰写《红树林与湛江社会》；蔡秋菊、林兴撰写《红树林与湛江旅游》；俞娟撰写《红树林的精神内涵与文化特质》；黄敏、杨进军撰写《红树林与湛江教育》；韩小香、岳春柳撰写《红树林与湛江生态文明建设》；张艳伟、赵德芳撰写《红树林与国际合作》；刘锴栋、钟军弟、梁金荣撰写《红树林与"双碳"》；张颖、田丽撰写《红树林生物多样性》。龙琪秀对本书进行校对和统一编排。

本书的撰写得到多方面支持。广东省红树林生态文明建设科普基地，岭南师范学院马克思主义学院、马克思主义理论重点学科，广东省普通高校人文社科重点基地——当代中国马克思主义研究中心对图书出版给予经费支持。本书作者以岭南师范学院马克思主义学院教师为主，亦有岭南师范学院红树林研究院、生命科学与技术学院教师，文理兼容，探究生态与发展相得益彰的发展共同体。

尤其值得提出的是，岭南师范学院原党委书记兰艳泽教授多次关心书稿的写作并在百忙之中赐序。岭南师范学院校长阳爱民、党委副书记林晓敏、副校长吴涛、宣传部部长刘坤章、湛江市社会科学界联合会主席刘喜、岭南师范学院科研处处长刘群慧、教务处处长周立群、马克思主义学院党总支书记邓倩文、原院长何增光、院长夏松涛、副院长贺永田等多次对书稿给予建设性意见。广东省红树林生态文明建设科普基地主任、岭南师范学院马克思主义学院副院长施保国统筹书稿。由于能力和学识有限，恐有不足之处，恳请阅读者海涵，并加以指正。感激不尽，谨此致谢。

编　者

2024 年 10 月 4 日